普通高等教育数学与物理类基础课程系列教材
国家级一流课程(大学物理)建设配套教材
省级课程思政示范课(大学物理)建设配套教材

大学物理导论

主 编 王 珩 杨 迪
副主编 聂 琴 王 微 罗宏超 徐世峰

U0233356

北京理工大学出版社
BEIJING INSTITUTE OF TECHNOLOGY PRESS

内 容 简 介

本书根据《理工科类大学物理课程教学基本要求（2023 年版）》，精练核心内容，结合编者多年教学经验和教学改革成果编写完成。全书共 12 章，以清晰、准确的语言和精心设计的例题、习题，向读者介绍物理学的各个重要领域，包括力学、光学、热学、电磁学和量子物理等。本书具有内容精练、概念清晰、突出基础、兼顾前沿的特点，既可作为高等院校大学物理课程的教材，也可作为成人教育、高职院校的教材。

图书在版编目（CIP）数据

大学物理导论 / 王珩，杨迪主编. --北京：北京理工大学出版社，2024.5（2024.9 重印）

ISBN 978-7-5763-4017-4

Ⅰ. ①大… Ⅱ. ①王… ②杨… Ⅲ. ①物理学-高等学校-教材 Ⅳ. ①O4

中国国家版本馆 CIP 数据核字（2024）第 100313 号

责任编辑： 陈　玉　　　**文案编辑：** 李　硕
责任校对： 刘亚男　　　**责任印制：** 李志强

出版发行 / 北京理工大学出版社有限责任公司
社　　址 / 北京市丰台区四合庄路 6 号
邮　　编 / 100070
电　　话 / （010）68914026（教材售后服务热线）
　　　　　　（010）63726648（课件资源服务热线）
网　　址 / http://www.bitpress.com.cn

版 印 次 / 2024 年 9 月第 1 版第 2 次印刷
印　　刷 / 北京国马印刷厂
开　　本 / 787 mm×1092 mm　1/16
印　　张 / 16
字　　数 / 373 千字
定　　价 / 52.00 元

前 言
PREFACE

物理学是一门研究自然界的基本规律和现象的科学,旨在揭示世界的奥秘并培养人们的科学思维。作为一门重要的自然科学学科,物理学不仅对人们理解自然现象、推动科技进步至关重要,而且对于培养学生的逻辑思维、创新思维和问题解决能力具有深远的意义。以介绍物理学基础知识为主要内容的大学物理课程,它包含经典物理、近代物理和现代物理,以及它们在科学技术上的应用等知识,这些知识都是一个高级工程技术人员应该具备的。

本书根据《理工科类大学物理课程教学基本要求(2023年版)》编写,精练核心内容,数学推导方面强调简洁性,更加注重物理原理的介绍和物理思想的培养。同时,为了满足不同层次读者的需求,本书在每章之后提供了扩展阅读和深入学习的参考资料,有兴趣的读者可以进一步探索物理学的前沿领域和应用。

本书的编写工作由沈阳航空航天大学理学院大学物理教学团队完成。其中,力学团队的罗宏超、鞠丽平、李文博负责编写第一至四章,光学团队的王微、陈识璞、杨柳、于文革、曹泽新负责编写第五、六章,热学及近代物理团队的杨迪、徐世峰、杨俊梅、张蓉瑜、李娜、王兆阳负责编写第七、八章和第十二章,电磁学团队的聂琴、王珩、杨姝、高峰、梅迪、张超、杨旭负责编写第九至十一章。王珩、杨迪负责全书统稿、审定。

编者在编写过程中借鉴和引用了国内外相关教材,受益匪浅,在此向其作者们表示衷心的感谢!本书的编写还得到了沈阳航空航天大学教务处和理学院的大力支持,北京理工大学出版社为本书的出版给予了大量帮助,在此编者一并致以深深的谢意!

由于编者水平有限,书中难免存在疏漏与不足之处,真诚欢迎广大教师和学生在使用中提出宝贵的意见和建议,以便在今后的修订中使教材不断完善。

编　者
2023年9月
于沈阳航空航天大学逸夫科技馆

目 录
CONTENTS

第一章 | 质点运动学

　　自然界中的所有物体都在不停地运动，其中最简单、最普遍的是机械运动。机械运动是指物体之间或同一物体各部分之间相对位置的变化，这是一种比较简单的运动形式，地球的转动、弹簧的伸长和压缩、机器部件的运转等都是机械运动。但是，实际遇到的情况往往是复杂的，因此必须抓住其主要因素，把复杂的研究对象及其演变过程简化成理想化的物理模型，以便能更深刻地凸显问题的本质。

第一章　质点运动学
思维导图

　　对于运动规律的认识，春秋时期墨家已经有细致的描述，如"动，域徙也""止，以久也"表达了运动和静止的关系，"无久之不止，当牛非马，若矢过楹"则可看作惯性定律的表达。现代意义上关于位矢、位移、速度和加速度等概念的建立要归功于伽利略的运动理论。伽利略首先定义了匀速运动，进一步给出了瞬时速度的概念，从落体运动的观察和研究角度定义了加速度。为使物理规律形式简明，物理学家吉布斯创立了一种非常重要的工具——矢量表示法。运动学中很多重要概念都可以建立在矢量表示法的基础上。

　　在研究物体的机械运动时，如果物体的形状和大小不影响物体的运动，或其影响甚微，就可以将物体看作没有形状和大小而只有质量的一个点，称为质点。因此，质点是将真实物体经过简化、抽象后的一个物理模型，它并不是真实物体本身。能否将一个物体看作质点，取决于该物体所处的环境是否与其大小无关。例如，对于马路上行驶的汽车，若研究它运动的快慢和行进的路程，则可以将其看作质点，而忽略内部结构的运动；若研究汽车的平衡，则必须考虑汽车的内部结构，这时便不能将其看作质点了。质点运动学的任务是研究做机械运动的物体在空间的位置的改变，而不涉及物体相互作用和运动之间的关系。本章主要介绍质点的运动，探究质点的位置、速度和加速度，以及质点轨道的变化规律。

1.1　参考系和坐标系

　　自然界中所有的物体都在不停地运动，运动具有绝对性，但一个物体的运动情况如何则具有相对性。一个物体相对于不同的标准具有不同的运动，因此在描述一个物体的运动时，需要选定某一物体作为参考物体。参考物体可以是一个不变形的物体，或若干个非相对运动的物体，通常把选为参考的物体称为参考系。

1.1　运动学基本概念

有了参考系只能定性地描述物体的运动，为了定量地描述物体相对于一定参考系的运动，还需在参考系上固定一个坐标系。例如，考虑空间的均匀性，可采用等间隔刻度的直角坐标系；考虑圆周运动，可以使用极坐标系。常用的坐标系还有自然坐标系、球坐标系和柱坐标系等。

1.2　位置矢量和运动方程

要描述质点的运动，先要确定任意时刻质点所处的位置。在直角坐标系中，一个质点某时刻运动到位置 P，该位置既可用一组坐标 (x, y, z) 来确定，也可用从原点 O 到点 P 的有向线段 $\boldsymbol{r}$ 来表示，如图 1-1 所示。矢量 $\boldsymbol{r}$ 称为位置矢量，简称位矢。在直角坐标系中，位矢表示为

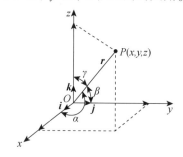
1.2　位置矢量和位移

$$\boldsymbol{r} = x\boldsymbol{i} + y\boldsymbol{j} + z\boldsymbol{k} \tag{1-1}$$

式中，$\boldsymbol{i}$、$\boldsymbol{j}$、$\boldsymbol{k}$ 分别为 x 轴、y 轴、z 轴上的单位矢量。位矢的大小为

$$r = |\boldsymbol{r}| = \sqrt{x^2 + y^2 + z^2} \tag{1-2}$$

位矢 $\boldsymbol{r}$ 的方向余弦为

$$\cos\alpha = \frac{x}{r}, \ \cos\beta = \frac{y}{r}, \ \cos\gamma = \frac{z}{r} \tag{1-3}$$

式中，α、β、γ 分别是位矢 $\boldsymbol{r}$ 与 x 轴、y 轴、z 轴之间的夹角。

图 1-1　直角坐标系中的质点运动

当质点运动时，它在空间的位矢 $\boldsymbol{r}$ 是随时间 t 变化的，即其位矢 $\boldsymbol{r}$ 是时间 t 的函数，可表示为

$$\boldsymbol{r}(t) = x(t)\boldsymbol{i} + y(t)\boldsymbol{j} + z(t)\boldsymbol{k} \tag{1-4}$$

式（1-4）称为质点的运动方程。在直角坐标系中，它的分量式为

$$x = x(t), \ y = y(t), \ z = z(t) \tag{1-5}$$

知道了质点的运动方程，就能确定质点在任意时刻的位置，从而确定质点的运动。

从运动方程分量式中消去时间 t，即可得到描述质点在空间运动的轨迹方程。质点的运动轨迹为直线时，称为直线运动；质点的运动轨迹为曲线时，称为曲线运动。轨迹方程和运动方程的区别如下：运动方程的自变量是时间，各个三维分量都是与时间有关的函数；轨迹方程一般不包含时间变量，它代表运动时遵循的径迹。

1.3　位移和路程

质点在运动时，它的位置在不断地随时间变化，因此需要引入位移的概念来描述运动过程中质点位置的变化。设 t 时刻质点在点 A，位矢为 $\boldsymbol{r}(t)$，$t + \Delta t$ 时刻质点运动到点 B，位矢为 $\boldsymbol{r}(t + \Delta t)$，如图 1-2 所示，则在这一段时间内，质点位置的变化可用从起点 A 指向终点 B 的有向线段 $\Delta \boldsymbol{r}$ 表示，即

$$\Delta \boldsymbol{r} = \boldsymbol{r}(t + \Delta t) - \boldsymbol{r}(t) \tag{1-6}$$

$\Delta \boldsymbol{r}$ 称作质点在 Δt 时间内的位移。在直角坐标系下，位移可表示为

$$\Delta \boldsymbol{r} = \boldsymbol{r}_B - \boldsymbol{r}_A = (x_B - x_A)\boldsymbol{i} + (y_B - y_A)\boldsymbol{j} + (z_B - z_A)\boldsymbol{k} \tag{1-7}$$

仿照位矢大小和方向的计算，可以很容易地计算位移的大小和方向。

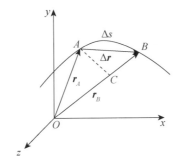

图 1-2　质点的位移

值得注意的是，位矢和坐标原点的选择有关，而位移与坐标原点的选择无关；位移不是质点在 Δt 时间内运动的实际行程，我们把质点运动所经历的实际行程的长度称为路程。路程是一个正的标量，只有大小，没有符号，也没有方向，记作 Δs。在一般情况下，路程与位移的大小不相等，但在 $\Delta t \to 0$ 时，路程等于位移的大小，即 $\mathrm{d}s = |\mathrm{d}\boldsymbol{r}|$。

1.4　速　度

在研究质点的运动时，不但要知道质点在任意时刻的位置，还要知道质点的运动方向和运动快慢，为此还需引入反映质点位置变化快慢的物理量——速度，用位移与时间的比值来表示。

1.4　速度

1. 平均速度

质点在一个运动过程中的平均速度定义为该运动过程中质点的位移与时间间隔的比值，即

$$\bar{\boldsymbol{v}} = \frac{\Delta \boldsymbol{r}}{\Delta t} \tag{1-8}$$

显然，平均速度是一个矢量，它的方向也就是运动过程中质点位移的方向。

2. 瞬时速度

平均速度只能对 Δt 时间内质点位置随时间变化的情况作粗略的描述。为了精确地描述

质点在运动过程中某一时刻的运动状态,应使 Δt 尽可能小。当 $\Delta t \to 0$ 时,质点的平均速度趋近于某一极限值,称为瞬时速度,简称速度,用 $\boldsymbol{v}$ 表示,即

$$\boldsymbol{v} = \lim_{\Delta t \to 0} \frac{\Delta \boldsymbol{r}}{\Delta t} = \frac{\mathrm{d}\boldsymbol{r}}{\mathrm{d}t} \tag{1-9}$$

可以看出,速度的大小表示质点运动的快慢,速度的方向是轨迹在该位置的切线方向,指向运动前方。

在直角坐标系中,速度可以表示成

$$\boldsymbol{v} = \frac{\mathrm{d}\boldsymbol{r}}{\mathrm{d}t} = \frac{\mathrm{d}x}{\mathrm{d}t}\boldsymbol{i} + \frac{\mathrm{d}y}{\mathrm{d}t}\boldsymbol{j} + \frac{\mathrm{d}z}{\mathrm{d}t}\boldsymbol{k} = v_x\boldsymbol{i} + v_y\boldsymbol{j} + v_z\boldsymbol{k} \tag{1-10}$$

速度的大小和方向余弦可以表示为

$$v = \sqrt{v_x^2 + v_y^2 + v_z^2} \tag{1-11}$$

$$\cos \alpha_v = \frac{v_x}{v}, \quad \cos \beta_v = \frac{v_y}{v}, \quad \cos \gamma_v = \frac{v_z}{v} \tag{1-12}$$

有时也用速率这一物理量来表征质点运动的快慢。与平均速度定义相对应,平均速率定义为路程与时间间隔的比值,即 $\bar{v} = \frac{\Delta s}{\Delta t}$。在 $\Delta t \to 0$ 的极限条件下,曲线 $\overset{\frown}{AB}$ 的长度 Δs 和直线 AB 的长度相等,即 $\mathrm{d}s = |\mathrm{d}\boldsymbol{r}|$,所以瞬时速率为

$$v = \lim_{\Delta t \to 0} \frac{\Delta s}{\Delta t} = \frac{\mathrm{d}s}{\mathrm{d}t} = \frac{|\mathrm{d}\boldsymbol{r}|}{\mathrm{d}t} = |\boldsymbol{v}| \tag{1-13}$$

式(1-13)表明瞬时速率等于速度的大小,它同样反映了质点运动的快慢程度,但不涉及质点的运动方向。速度和速率在量值上都是长度与时间的比,在国际单位制中,它们的单位都为 $\mathrm{m \cdot s^{-1}}$。

1.5 加速度

质点在运动过程中,瞬时速度的大小和方向都可能随时间变化,为描述这种变化,还需引入加速度这个物理量。如果 t 时刻质点在 A 处,其速度是 $\boldsymbol{v}_A$,在 $t + \Delta t$ 时刻,质点在 B 处,其速度是 $\boldsymbol{v}_B$,如图 1-3 所示,那么在 Δt 时间内,质点速度的变化为 $\Delta \boldsymbol{v} = \boldsymbol{v}_B - \boldsymbol{v}_A$。与讨论速度矢量的情况相似,称

$$\bar{\boldsymbol{a}} = \frac{\Delta \boldsymbol{v}}{\Delta t} \tag{1-14}$$

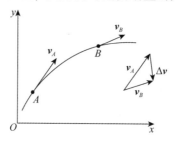
1.5 加速度

为平均加速度。平均加速度也是矢量,其方向与速度增量的方向相同。

图 1-3　质点的加速度

平均加速度仅粗略地描述了质点的速度在 Δt 时间内的变化情况。当 $\Delta t \to 0$ 时，式 (1-14) 的极限称为瞬时加速度，简称加速度，记为

$$\boldsymbol{a} = \lim_{\Delta t \to 0} \frac{\Delta \boldsymbol{v}}{\Delta t} = \frac{\mathrm{d}\boldsymbol{v}}{\mathrm{d}t} = \frac{\mathrm{d}^2 \boldsymbol{r}}{\mathrm{d}t^2} \tag{1-15}$$

在直角坐标系中，加速度可表示为

$$\boldsymbol{a} = \frac{\mathrm{d}^2 x}{\mathrm{d}t^2}\boldsymbol{i} + \frac{\mathrm{d}^2 y}{\mathrm{d}t^2}\boldsymbol{j} + \frac{\mathrm{d}^2 z}{\mathrm{d}t^2}\boldsymbol{k} = a_x\boldsymbol{i} + a_y\boldsymbol{j} + a_z\boldsymbol{k} \tag{1-16}$$

加速度的大小和方向余弦可以表示为

$$a = \sqrt{a_x^2 + a_y^2 + a_z^2} \tag{1-17}$$

$$\cos \alpha_a = \frac{a_x}{a}, \quad \cos \beta_a = \frac{a_y}{a}, \quad \cos \gamma_a = \frac{a_z}{a} \tag{1-18}$$

加速度 $\boldsymbol{a}$ 既反映了速度方向的变化，也反映了速度数值的变化。因此，任意时刻质点的加速度方向并不一定与速度方向相同。在国际单位制 (SI) 中，加速度的单位为 $\mathrm{m \cdot s^{-2}}$。

质点运动中的问题可归纳为以下两类：

(1) 已知质点的运动方程，求质点在任意时刻的位置、速度、加速度及轨迹方程；

(2) 已知质点运动的加速度或速度与时间的函数关系以及初始条件 ($t = 0$ 时刻质点的位置和速度)，求质点在任意时刻的速度或运动方程。

第 (1) 类问题通过对运动方程 $\boldsymbol{r}(t)$ 求导即可解决，第 (2) 类问题通过对已知的加速度函数 $\boldsymbol{a}(t)$ 或速度函数 $\boldsymbol{v}(t)$ 积分来解决。

例 1-1 已知质点从 $t = 0$ 时刻起，在 x、y 平面内由静止开始运动，运动方程为 $\boldsymbol{r}(t) = t\boldsymbol{i} + 2t^2\boldsymbol{j}$ (SI)。求在 $t = 3$ s 时质点的位矢、速度和加速度。

解： 将 $t = 3$ s 代入运动方程，得

$$\boldsymbol{r}(3) = (3\boldsymbol{i} + 2 \times 3^2\boldsymbol{j})\,\mathrm{m} = (3\boldsymbol{i} + 18\boldsymbol{j})\,\mathrm{m}$$

根据质点的速度定义，可得质点的速度为

$$\boldsymbol{v}(t) = \frac{\mathrm{d}\boldsymbol{r}}{\mathrm{d}t} = \boldsymbol{i} + 4t\boldsymbol{j}$$

由 $t = 3$ s，得到

$$\boldsymbol{v} = (\boldsymbol{i} + 12\boldsymbol{j})\,\mathrm{m \cdot s^{-1}}$$

根据质点的加速度定义，可得加速度为

$$\boldsymbol{a} = \frac{\mathrm{d}\boldsymbol{v}}{\mathrm{d}t} = 4\boldsymbol{j}\ \mathrm{m \cdot s^{-2}}$$

可见，质点的加速度为一常量。

例 1-2 已知质点的加速度为 $a = 1 - 24t$ (SI)。当 $t = 0$ 时，质点的速度大小和位移分别为 $v_0 = 5\ \mathrm{m \cdot s^{-1}}$ 和 $x_0 = 0$，求质点的速度和运动方程。

解： 由加速度的定义 $a = \dfrac{\mathrm{d}v}{\mathrm{d}t}$，有

$$\mathrm{d}v = a\mathrm{d}t = (1 - 24t)\mathrm{d}t$$

对上式两边积分，再根据已知初始条件，有

$$\int_0^v \mathrm{d}v = \int_0^t (1 - 24t)\mathrm{d}t$$

得质点的速度大小为

$$v = 5 + t - 12t^2$$

再由质点速度大小的定义 $v = \dfrac{dx}{dt}$，有

$$dx = vdt = (5 + t - 12t^2)\,dt$$

对上式两边积分，并代入初始条件可得

$$\int_0^x dx = \int_0^t (5 + t - 12t^2)\,dt$$

即可得质点的运动方程为

$$x = 5t + \frac{1}{2}t^2 - 4t^3$$

1.6　圆周运动

圆周运动是一种比较常见的、特殊的平面曲线运动。在质点绕固定轴转动时，若其运动轨迹是一个平面圆，则称质点做圆周运动，它对研究刚体的转动有着重要的意义。本节主要介绍圆周运动的速度、加速度特点，以及圆周运动的线量和角量描述方法。

1.6　自然坐标系
的加速度

1.6.1　圆周运动的线量描述

1. 圆周运动的线速度

以质点的运动轨迹为"坐标轴"，选取轨迹上任意一点 O 为坐标原点，并用质点运动到点 P 时，距离原点 O 的轨迹长度 s 作为质点的位置坐标，如图 1-4 所示。若轨迹限于平面内，则轨迹长度 s 叫作平面自然坐标，其运动方程为

$$s = s(t) \tag{1-19}$$

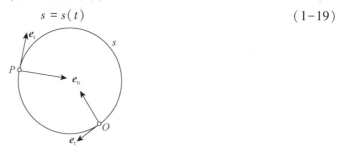

图 1-4　圆周运动的线速度

使用自然坐标时，也需要对矢量进行正交分解。其中一个分量沿轨迹上点 P 的切线方向且指向自然坐标 s 增加的方向，称为切向分量，单位矢量用 $\boldsymbol{e}_t$ 表示；另一分量沿该点的法线并指向曲线凹侧，相应单位矢量用 $\boldsymbol{e}_n$ 表示。需要注意的是，单位矢量 $\boldsymbol{e}_t$ 和 $\boldsymbol{e}_n$ 的方向随着质点的运动而改变。

质点在 Δt 时间内发生的位移为 $\Delta \boldsymbol{r}$，则在任意时刻，质点速度为

$$\boldsymbol{v} = \lim_{\Delta t \to 0} \frac{\Delta \boldsymbol{r}}{\Delta t} = \lim_{\Delta t \to 0} \frac{\Delta s}{\Delta t}\boldsymbol{e}_t = \frac{ds}{dt}\boldsymbol{e}_t = v\boldsymbol{e}_t \tag{1-20}$$

圆周运动的速度方向沿轨迹的切线方向，这个速度通常称为线速度。

由于圆弧切向方向处处不同，因此圆周运动的速度方向是时时变化的，则速度也是时时变化的。若圆周运动的速度大小随时间变化，则称为变速率圆周运动或变速圆周运动；若圆周运动的速度大小不随时间变化，则称为匀速率圆周运动或匀速圆周运动。

2. 圆周运动的加速度

考虑质点 t 时刻在曲线上的点 P 时的速度为 $\boldsymbol{v}$，经过 Δt 时间，速度的增量 $\Delta \boldsymbol{v}$ 与 $\boldsymbol{v}$ 的大小变化和方向变化都有关。此时，讨论它在两个特定方向（即切向和法向）上的变化比较方便，当 $\Delta t \to 0$ 时，可求得质点 t 时刻在点 P 的法向加速度 a_{n} 和切向加速度 a_{t}（推导从略）分别为

$$a_{\mathrm{t}} = \frac{\mathrm{d}v}{\mathrm{d}t}, \quad a_{\mathrm{n}} = \frac{v^2}{\rho} \tag{1-21}$$

式中，ρ 为点 P 处的曲率半径；a_{t} 为描述速度大小改变而引起的加速度；a_{n} 为描述速度方向改变而引起的加速度。

总加速度为

$$\boldsymbol{a} = a_{\mathrm{t}} \boldsymbol{e}_{\mathrm{t}} + a_{\mathrm{n}} \boldsymbol{e}_{\mathrm{n}} = \frac{\mathrm{d}v}{\mathrm{d}t} \boldsymbol{e}_{\mathrm{t}} + \frac{v^2}{r} \boldsymbol{e}_{\mathrm{n}} \tag{1-22}$$

总加速度大小为

$$a = \sqrt{a_{\mathrm{t}}^2 + a_{\mathrm{n}}^2} = \sqrt{\left(\frac{\mathrm{d}v}{\mathrm{d}t}\right)^2 + \left(\frac{v^2}{r}\right)^2} \tag{1-23}$$

总加速度方向可用夹角 θ 来表示，即

$$\theta = \arctan \frac{a_{\mathrm{n}}}{a_{\mathrm{t}}} \tag{1-24}$$

需要注意的是，质点做匀速圆周运动时，其速率 v 不变，方向不断地发生变化，因而加速度只有法向分量，没有切向分量。

例 1-3 一质点在平面内做半径 $R = 0.1$ m 的圆周运动，已知质点所经历的路程随时间变化的关系为 $s = 3t - 4t^2$，式中 s 以 m 为单位，t 以 s 为单位。试求：

（1）$t = 2$ s 时质点的速度；

（2）$t = 2$ s 时质点的加速度。

解：（1）根据路程随时间的变化关系，可得质点运动的速率为

$$v = \frac{\mathrm{d}s}{\mathrm{d}t} = 3 - 8t$$

把 $t = 2$ s 代入上式，可得

$$v_2 = (3 - 8 \times 2) \, \mathrm{m} \cdot \mathrm{s}^{-1} = -13 \, \mathrm{m} \cdot \mathrm{s}^{-1}$$

速度为

$$\boldsymbol{v}_2 = -13 \boldsymbol{e}_{\mathrm{t}} \, \mathrm{m} \cdot \mathrm{s}^{-1}$$

（2）根据速率表达式，可得法向加速度和切向加速度大小分别为

$$a_{2\mathrm{n}} = \frac{v_2^2}{R} = \frac{(-13)^2}{0.1} \, \mathrm{m} \cdot \mathrm{s}^{-2} = 1 \, 690 \, \mathrm{m} \cdot \mathrm{s}^{-2}$$

$$a_{2\mathrm{t}} = \frac{\mathrm{d}v}{\mathrm{d}t} = \frac{\mathrm{d}(3 - 8t)}{\mathrm{d}t} = -8 \, \mathrm{m} \cdot \mathrm{s}^{-2}$$

$t = 2$ s 时，质点的加速度为

$$\boldsymbol{a} = a_{2n}\boldsymbol{e}_n + a_{2t}\boldsymbol{e}_t = (1\ 690\boldsymbol{e}_n - 8\boldsymbol{e}_t)\text{m} \cdot \text{s}^{-2}$$

1.6.2　圆周运动的角量描述

做圆周运动的物体，位矢、速度和加速度的方向是随时间不断变化的，用这些线量来描述运动不是很方便。考虑到半径 R 始终是一个不变的量，质点的位置只与转过角度 θ 有关，因此使用角量描述质点的圆周运动最方便。

1. 角位置

质点在平面内绕点 O 做半径为 R 的圆周运动，如图 1-5 所示。t 时刻质点位于点 A，质点的位置可以用该点对应的位矢 $\overrightarrow{OA}$ 与 Ox 轴正向的夹角 θ 来描述，θ 称为质点的角位置。θ 是标量，通常规定从 Ox 轴起沿逆时针方向为正，反之为负。

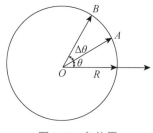

图 1-5　角位置

若质点运动，则其对应的角位置是一个随时间变化的函数，可写为

$$\theta = \theta(t) \tag{1-25}$$

式(1-25)称为用角量描述的圆周运动方程。

2. 角位移

若质点在 Δt 时间从点 A 运动到点 B，沿着圆周走过的路程为 Δs，对应转过的角度为 $\Delta\theta$，则称质点 $\Delta\theta$ 的角位移。它是时间 Δt 内质点角位置的增量，即

$$\Delta\theta = \theta(t + \Delta t) - \theta(t) \tag{1-26}$$

在国际单位制中，角位移的单位是弧度(rad)。

3. 角速度

为了方便地描述质点做圆周运动的快慢，还需要引入角速度这个物理量。

将角位移 $\Delta\theta$ 与产生这段角位移所经历时间 Δt 的比值称为这段时间内质点的平均角速度，用 $\overline{\omega}$ 表示，即

$$\overline{\omega} = \frac{\Delta\theta}{\Delta t} \tag{1-27}$$

平均角速度只能粗略地描述质点做圆周运动的快慢，若想精确地知道质点在某一时刻做圆周运动的快慢，则需要把所讨论的时间段取得尽可能小。当 $\Delta t \to 0$ 时，平均角速度的极限值称为质点在 t 时刻的瞬时角速度(简称角速度)，用 ω 表示，即

$$\omega = \lim_{\Delta t \to 0}\frac{\Delta\theta}{\Delta t} = \frac{\mathrm{d}\theta}{\mathrm{d}t} \tag{1-28}$$

在国际单位制中，平均角速度和(瞬时)角速度的单位都是弧度每秒($\text{rad} \cdot \text{s}^{-1}$)，常用的单位还有转每分钟($\text{r} \cdot \text{min}^{-1}$)、转每小时($\text{r} \cdot \text{h}^{-1}$)。

4. 角加速度

与定义角速度类似，为了描述质点转动角速度的变化快慢，需要引入角加速度这个物理量。

角速度增量 $\Delta\omega$ 与发生这一增量所经历的时间 Δt 的比值称作平均角加速度，用 $\bar{\beta}$ 表示，则

$$\bar{\beta} = \frac{\Delta\omega}{\Delta t} \tag{1-29}$$

与定义角速度类似，定义角加速度为

$$\beta = \lim_{\Delta t \to 0} \frac{\Delta\omega}{\Delta t} = \frac{\mathrm{d}\omega}{\mathrm{d}t} = \frac{\mathrm{d}^2\theta}{\mathrm{d}t^2} \tag{1-30}$$

角加速度的单位是弧度每二次方秒($\text{rad} \cdot \text{s}^{-2}$)。

在圆周运动中，若角加速度与角速度符号相同，则为加速圆周运动；若角加速度与角速度符号相反，则为减速圆周运动；若角加速度为零，则角速度不变，为匀速圆周运动。和匀变速直线运动方程完全相似，匀变速圆周运动的基本公式为

$$\omega = \omega_0 + \beta t, \quad \theta = \theta_0 + \omega_0 t + \frac{1}{2}\beta t^2, \quad \omega^2 - \omega_0^2 = 2\beta(\theta - \theta_0) \tag{1-31}$$

例 1-4 飞轮以转速 $n = 900\ \text{r} \cdot \text{min}^{-1}$ 转动，制动后均匀地减速，经 $t = 50\ \text{s}$ 静止。试求：

(1)飞轮的角加速度 β；

(2)从制动开始至静止，飞轮转过的转数；

(3)$t = 25\ \text{s}$ 时，飞轮的角速度。

解：(1)由题意可知

$$\omega_0 = \frac{2\pi \times 900}{60}\ \text{rad} \cdot \text{s}^{-1} = 30\pi\ \text{rad} \cdot \text{s}^{-1}$$

根据匀变速圆周运动的角速度公式 $\omega = \omega_0 + \beta t$，得角加速度为

$$\beta = \frac{\omega - \omega_0}{t} = \frac{0 - 30\pi}{50}\ \text{rad} \cdot \text{s}^{-2} = -0.6\pi\ \text{rad} \cdot \text{s}^{-2}$$

(2)根据角位置公式 $\theta = \theta_0 + \omega_0 t + \frac{1}{2}\beta t^2$，得这段时间内飞轮的角位移为

$$\Delta\theta = \theta - \theta_0 = \omega_0 t + \frac{1}{2}\beta t^2 = \left(30\pi \times 50 - \frac{1}{2} \times 0.6\pi \times 50^2\right)\text{rad} = 750\pi\ \text{rad}$$

飞轮转数为

$$N = \frac{\Delta\theta}{2\pi} = \frac{750\pi}{2\pi} = 375$$

(3)根据 $\omega = \omega_0 + \beta t$，得 $t = 25\ \text{s}$ 时角速度为

$$\omega = \omega_0 + \beta t = (30\pi - 0.6\pi \times 25)\ \text{rad} \cdot \text{s}^{-1} = 15\pi\ \text{rad} \cdot \text{s}^{-1}$$

5. 角量和线量的关系

在圆周运动中，运动的状态既可以使用线量描述，也可以使用角量描述，因而二者之间

必然存在一定的关系。由几何知识可得，它们之间关系如下。

（1）圆周运动的路程与角位移的关系为

$$\Delta s = r\Delta\varphi \tag{1-32}$$

（2）圆周运动的线速度大小与角速度的关系为

$$v = \frac{ds}{dt} = \frac{rd\varphi}{dt} = r\omega \tag{1-33}$$

（3）向心加速度与角速度、角加速度的关系为

$$a_t = \frac{dv}{dt} = r\frac{d\omega}{dt} = r\beta \tag{1-34}$$

$$a_n = \frac{v^2}{r} = \frac{r^2\omega^2}{r} = r\omega^2 \tag{1-35}$$

例 1-5 一质点做半径为 $R = 0.1$ m 的圆周运动，运动方程为 $\theta = 2 - 4t^3$，式中，θ 以 rad 计，t 以 s 计。试求：

（1）$t = 2$ s 时，质点的切向加速度和法向加速度的大小；

（2）θ 为多大时，切向加速度和法向加速度的大小相等。

解：（1）根据 $\theta = 2 + 4t^3$，可得

$$\omega = \frac{d\theta}{dt} = -12t^2, \quad \beta = \frac{d\omega}{dt} = -24t$$

把 $t = 2$ s 代入，得

$$\omega_2 = -12 \times 2^2 \text{ rad} \cdot \text{s}^{-1} = -48 \text{ rad} \cdot \text{s}^{-1}, \quad \beta_2 = 24 \times 2 \text{ rad} \cdot \text{s}^{-2} = -48 \text{ rad} \cdot \text{s}^{-2}$$

根据角量和线量关系，有

$$a_{2n} = R\omega_2^2 = 0.1 \times (-48)^2 \text{rad} \cdot \text{s}^{-2} = 200.4 \text{ m} \cdot \text{s}^{-2}$$

$$a_{2t} = R\beta_2 = 0.1 \times (-48) \text{rad} \cdot \text{s}^{-2} = -4.8 \text{ m} \cdot \text{s}^{-2}$$

（2）若 $|a_n| = |a_t|$，应有

$$|R\omega_2^2| = |R\beta_2|$$

把 $\omega = -12t^2$，$\beta = -24t$ 代入，并整理得

$$144t^4 = 24t$$

解方程得 $t^3 = \dfrac{1}{6}$，代回运动方程，得

$$\theta = 2 - 4t^3 = \left(2 - 4 \times \frac{1}{6}\right) \text{rad} = 1.33 \text{ rad}$$

例 1-6 一质点做半径 $R = 1.61$ m 的圆周运动，$t = 0$ 时质点位置 $\theta_0 = 0$，质点角速度 $\omega_0 = 3.14$ s^{-1}。若质点角加速度 $\beta = 1.24t$（t 以 s 为单位，β 以 s^{-2} 为单位），求 $t = 2$ s 时质点的速率、切向加速度和法向加速度。

解：按角加速度公式，质点在 $t = 2$ s 时的角速度为

$$\omega = \omega_0 + \int_0^t \beta dt = 3.14 + \int_0^2 1.24t dt = 5.62 \text{ s}^{-1}$$

速率为

$$v = R\omega = 9.05 \text{ m} \cdot \text{s}^{-1}$$

切向加速度为

$$a_t = R\beta = 4.00 \text{ m} \cdot \text{s}^{-2}$$

法向加速度为

$$a_n = R\omega^2 = 50.9 \ \mathrm{m \cdot s^{-2}}$$

1.7 相对运动

物体的运动是绝对的，但对于运动的描述却是相对的。即使是同一物体的运动，相对于不同的参考系的运动形式也可能不同，这就是运动的相对性。因此，需要进一步探讨在不同的参考系中描述物体的同一个运动时，所得的位矢、位移、速度和加速度之间的变换关系。

相对于观察者运动的参考系，称为运动参考系 S'（简称 S' 系）；相对于观察者静止的参考系，称为静止参考系 S（简称 S 系）。分别固定两个坐标系 $O'x'y'$ 和 Oxy，质点 P 相对 O 的位矢为 $\boldsymbol{r}$，质点 P 相对 O' 的位矢为 $\boldsymbol{r}'$，O' 相对于 O 的位矢为 $\boldsymbol{r}_0$，如图 1-16 所示，显然有

$$\boldsymbol{r} = \boldsymbol{r}_0 + \boldsymbol{r}' \tag{1-36}$$

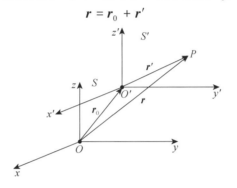

图 1-6 相对运动

当质点 P 随时间变化时，$\boldsymbol{r}$、$\boldsymbol{r}_0$、$\boldsymbol{r}'$ 也会随时间变化，将质点运动作为函数，两端对 t 求导得

$$\frac{\mathrm{d}\boldsymbol{r}}{\mathrm{d}t} = \frac{\mathrm{d}\boldsymbol{r}_0}{\mathrm{d}t} + \frac{\mathrm{d}\boldsymbol{r}'}{\mathrm{d}t} \tag{1-37}$$

即

$$\boldsymbol{v} = \boldsymbol{u} + \boldsymbol{v}' \tag{1-38}$$

式中，$\boldsymbol{v}$ 为质点 P 相对于 S 系的速度，称为绝对速度；$\boldsymbol{v}'$ 为质点 P 相对于 S' 系的速度，称为相对速度；$\boldsymbol{u}$ 为 S' 系相对于 S 系的速度，称为牵连速度。

同理，对式(1-38)两端取时间的导数，可以得到同一个质点在两个相对运动的参考系中加速度之间关系，为

$$\boldsymbol{a} = \boldsymbol{a}_0 + \boldsymbol{a}' \tag{1-39}$$

式中，$\boldsymbol{a}$ 表示质点相对于 S 系的加速度，称为绝对加速度；$\boldsymbol{a}'$ 表示质点相对于 S' 系的加速度，称为相对加速度；$\boldsymbol{a}_0$ 表示 S' 系相对于 S 系的加速度，称为牵连加速度。

如果 S' 系相对于 S 系的运动是匀速的，那么相对速度 $\boldsymbol{u}$ 应是一个恒矢量，该矢量随时间的变化率 $\boldsymbol{a}_0$ 为零，此时

$$\boldsymbol{a} = \boldsymbol{a}' \tag{1-40}$$

也就是说，在两个相对静止或匀速直线运动的参考系中观测同一个运动质点的加速度时，结果是相同的。

知识扩展

一、飞行力学中的坐标系

为了确定飞机的姿态、运动轨迹、气动力及方向，需要建立合适的坐标系，在此基础上定义各种参数描述飞机的运动状态。因此，坐标系的设定对飞行状态描述有极其重要的意义。下面介绍几种常用的坐标系，各坐标系均为三维正交轴系，各轴系三轴间的关系均使用右手定则确定。

1. 地面惯性坐标系 $OX_gY_gZ_g$

地面惯性坐标系是相对于地球表面不动的一种坐标系，将地球视为椭球体，坐标原点 O 取地面上的某一点，如飞机在地面上的起飞点；Z_g 轴垂直于地平面向下，与椭球法线重合；X_g 轴位于过坐标原点的椭球切平面上，指向某一固定方向，如飞机的航线；Y_g 轴则由右手定则来确定。

地面惯性坐标系常用于指示飞机的方位及近距离导航和航迹控制。

2. 机体坐标系 $OX_bY_bZ_b$

机体坐标系是固定在飞机机体上的一个坐标系，坐标原点 O 取飞机的质心；X_b 轴平行于机身轴线，指向飞机前方；Y_b 轴垂直于飞机对称面并指向右翼；Z_b 轴在飞机对称面内并且垂直于纵轴，指向下方。

机体坐标系常用来描述飞机的气动力矩和绕质心的转动。

3. 气流坐标系(速度坐标系) $OX_aY_aZ_a$

气流坐标系的坐标原点 O 位于飞机的质心；X_a 轴沿飞机相对于空气的速度矢量的方向；Z_a 轴位于飞机对称面内，且垂直于 X_a 轴，指向下方；Y_a 轴垂直于 X_a 和 Z_a 轴所在平面，指向右方。

由于飞机速度方向与气流坐标系 X_a 轴方向相同，因此，气流坐标系又称为速度坐标系，或速度轴系。

气流坐标系常用来描述飞机的气动力。其中，升力与阻力分别沿 Z_a 轴和 X_a 轴的负向，若无侧滑，则气流坐标系横轴和机体坐标系横轴一致。

4. 稳定性坐标系($OX_sY_sZ_s$)

稳定性坐标系坐标原点 O 位于质心，X_s 轴沿未受扰动的速度在对称面内的投影方向；Y_s 轴在飞机对称面内，指向右方，与机体轴 Y_b 重合一致；Z_s 轴在飞机对称平面与 X_s 轴垂直并指向机腹下方，与气流坐标系 Z_a 轴一致。

稳定性坐标系和机体坐标系差一个迎角，机体坐标系绕 OY 轴向下转一个迎角可得稳定性坐标系，稳定性坐标系再绕机体 Y_b 轴向右转一个侧滑角即得气流坐标系。

5. 航迹坐标系($OX_kY_kZ_k$)

航迹坐标系坐标原点 O 通常固定于飞机的重心；X_k 轴沿航迹速度的方向；Z_k 轴在包含 X_k 轴的铅垂平面内，与 X_k 轴垂直并指向下方；Y_k 轴垂直于 X_kOZ_k 平面指向右方。

在描述飞机质心相对于地面的运动，即建立质心运动方程时，常采用航迹坐标系。

航迹坐标系 X_k 轴和气流坐标系 X_a 轴相同，航迹坐标系绕 X_k 轴转动一个航迹滚转角得到气流坐标系。地面惯性坐标系绕 Z_g 轴转一个航迹方位角，再绕 Y_g 轴转一个航迹倾斜角得航迹坐标系。

二、空中航线

由几何知识可知，两点之间直线距离最短，但实际的飞行航线一般不是一条直线，而是接近于圆弧。因为地球是个近似球体，通过地面上任意两点和地心作一平面，平面与地球表面相交得到的圆周就是大圆（Great Circle），大圆才是连接两点之间最短的路径。所以理论上，飞机按大圆航线飞行距离最短，省时高效。可是，实际上飞机的航迹不一定严格按照"大圆"执行，如从上海飞洛杉矶的实际飞行路线要比这个大圆航线偏南一些。这样就引入另一种飞行航线的方式，叫作"气流航线"。飞机在跨洋、跨大洲飞行的时候，都是在一万米以上的高空，这里常年有气流带，所以飞行员通常会设定"跟着气流行进"，从而节省大量的燃油，飞行时间也会更短。但是，从洛杉矶回上海却不是按这条路线飞行了，因为这样飞行路线太长又是逆风，所以回来的路线选择"大圆"航线更好。

思 考 题

1-1　什么叫质点？一个物体可以抽象地定义为质点的物理条件是什么？为什么要把物体抽象为质点？

1-2　为了测量一架客机在天空中飞行的速度，可否将此飞机看成质点？若要研究此飞机在机场降落时的运动阻力情况，这时将飞机看成质点是否正确？

1-3　参考系和坐标系的概念是什么？诗句"不疑行舫动，唯看远树来"中"远树来"是如何选择的参照物？

1-4　简述位移和路程的区别及联系。

1-5　沿直线运动的物体，位移和路程是相等的，这种说法正确吗？

1-6　质点的位矢方向不变，质点是否一定做直线运动？质点做直线运动，其位矢的方向是否一定不变？

1-7　一物体以恒定速率 v_1 向东运动，当它刚到达距出发点距离为 l 的一点时，立即以恒定速率 v_2 往回运动并回到原处。其全程的平均速度和平均速率各是多少？

1-8　物体有无下列运动？（如果有，请举例说明）

（1）具有恒定的加速度，但运动方向在不断改变。

（2）具有恒定的速率，但速度在不断改变。

（3）具有恒定的速度，但加速度不为零。

1-9　一质点的运动方程为 $r = A\cos\omega t\, i + B\sin\omega t\, j$，其中 A、B、ω 为常量，求质点的加速度、轨迹方程。

习　题

1-1　一辆汽车行驶的速率是 $30\ \mathrm{km\cdot h^{-1}}$，接着司机用力踩加速器踏板，产生 $0.625\ \mathrm{m\cdot s^{-2}}$ 的加速度，维持 $4\ \mathrm{s}$。问：在 $4\ \mathrm{s}$ 末汽车的速率是多少？

1-2　一个跳伞员离开飞机后自由下落 $50\ \mathrm{m}$，这时她张开降落伞，其后以 $2.0\ \mathrm{m\cdot s^{-2}}$ 大

小的加速度减速下降，到达地面时的速率为 $3.0\ \mathrm{m\cdot s^{-1}}$。问：(1)她在空中下落的时间是多长？(2)她在多高的地方离开飞机？

1-3 设质点的运动方程为 $r = 5\sin t^2 \boldsymbol{i} + 5\cos t^2 \boldsymbol{j}\,(\mathrm{SI})$，求：(1)质点的轨道方程；(2)质点在 t 时刻的速度和加速度。

1-4 一质点的运动方程为 $x = t^2$，$y = (t-1)^2$，其中 x 和 y 均以 m 为单位，t 以 s 为单位。求：(1)质点的轨迹方程；(2)在 $t = 2\ \mathrm{s}$ 时质点的速度和加速度。

1-5 质点沿直线运动，加速度大小为 $a = 4 - t^2$，其中 a 的单位为 $\mathrm{m\cdot s^{-2}}$，t 的单位为 s。当 $t = 3\mathrm{s}$ 时，$x = 9\ \mathrm{m}$，$v = 2\ \mathrm{m\cdot s^{-1}}$，求质点的运动方程。

1-6 飞机做桶滚运动，已知其质心运动方程为 $x = r\sin \omega t$，$y = r\cos \omega t$，$z = ut$，其中 r、u、ω 是常数，试求飞机质心的：(1)运动轨迹；(2)速率；(3)加速度大小。

1-7 大型喷气式客机在跑道上达到 $100\ \mathrm{m\cdot s^{-1}}$ 的速率才能正常起飞，假定客机从静止开始做匀加速直线运动，客机跑道长为 2 km，若要保证客机正常起飞，问：(1)客机的加速度大小至少为多大？(2)客机加速的最长时间是多少？

1-8 飞机起飞过程分为地面加速滑跑和离地加速上升两个阶段。设飞机在地面滑跑中的加速度大小为 $a = a_0 - cv^2$，飞机离地速率为 v_d，求飞机在地面滑跑的距离 d 和时间 t。

1-9 当某飞行器以 $v = 2\,500\ \mathrm{km\cdot h^{-1}}$ 的速率飞过曲率半径 $r = 8.2\ \mathrm{km}$ 的圆弧时，向心加速度应为多大？

1-10 一质点做半径为 R 的圆周运动，运动方程为 $s = v_0 t + \dfrac{1}{2}bt^2$，其中 v_0、b 都是大于零的常量。求：(1)t 时刻质点的加速度大小及方向；(2)t 为何值时，质点的加速度大小为 $\sqrt{2}\,b$？

1-11 飞机以 $100\ \mathrm{m\cdot s^{-1}}$ 的速度沿水平直线飞行，在离地面高为 100 m 时，驾驶员要把物品空投到前方某一地面目标处。问：(1)此时目标距飞机下方多远？(2)物品投出 2 s 后，它的法向加速度和切向加速度各为多少？

1-12 喷气发动机的涡轮做匀加速转动，初瞬时转速 $n_0 = 9\,000\ \mathrm{r\cdot min^{-1}}$，经过 30 s，转速达到 $12\,600\ \mathrm{r\cdot min^{-1}}$，求：(1)涡轮的角加速度；(2)在这段时间内转过的转数。

1-13 一质点在半径为 0.1 m 的圆周上运动，其角位置变化关系为 $\theta = 2 + 4t^3\,(\mathrm{rad})$。试问：(1)在 $t = 2\ \mathrm{s}$ 时，质点的法向加速度和切向加速度大小；(2)当切向加速度大小恰等于总加速度大小的一半时的 θ 值；(3)在什么时刻，切向加速度和法向加速度恰好大小相等？

第二章 牛顿运动定律

运动学可以用运动方程描述物体的机械运动，但这仅从几何角度分析了机械运动，没有涉及引起运动变化的原因。为此，需要研究物体间的相互作用以及这种相互作用所引起的物体运动状态变化的规律。力学中的这部分内容称为动力学。

第二章 牛顿运动定律
思维导图

质点动力学研究的是质点在力的作用下运动状态变化的规律。这个规律首先是由牛顿提出的，即人们熟悉的牛顿运动定律。牛顿运动定律是经典力学的基础，虽然一般是针对质点而言的，但这并不限制其广泛适用性，因为复杂的物体在原则上可看作质点的组合。从牛顿运动定律出发，可以导出刚体、流体、弹性体等的运动规律，从而建立起整个经典力学体系。本章主要介绍牛顿运动定律及其应用，以及流体力学的一些基础知识。

2.1 牛顿运动定律概述

牛顿第一定律：任何物体都保持静止或沿一条直线做匀速运动的状态，除非有力加于其上迫使它改变这种状态。

牛顿第一定律涉及以下两个重要的力学概念：第一个概念是惯性，物体在不受外力作用时都具有保持静止或匀速直线运动状态的性质，物体的这种保持其原有运动状态的性质称为物体的惯性，因此，牛顿第一定律又称为惯性定律；第二个概念是力，力是物体之间的相互作用，当有力施加在物体上时，物体将改变原来的静止或匀速直线运动状态，因此力是使物体运动状态发生变化的原因。

由牛顿第一定律出发，可以定义一种参考系——惯性参考系。若在某参考系中，牛顿第一定律成立，则该参考系称为惯性参考系。牛顿第一定律是判断一个参考系是否为惯性参考系的标准。

牛顿第二定律：物体受到外力作用时，所获得的加速度的大小与合外力的大小成正比，与物体的质量成反比；加速度的方向与合外力的方向相同。数学表达式为

$$\boldsymbol{F} = m\boldsymbol{a} = m\frac{\mathrm{d}\boldsymbol{v}}{\mathrm{d}t} \tag{2-1}$$

在国际单位制中，力的单位是 $\mathrm{kg \cdot m \cdot s^{-2}}$，称为牛顿（N）。

牛顿第二定律是经典力学的核心，应用牛顿第二定律时必须注意以下几点：

（1）牛顿第二定律只适用于质点的运动，而且只适用于惯性参考系；

（2）它所表示的是一种瞬时关系，加速度 a 和合外力 F 同时变化；

（3）它所表示的是一种矢量关系，若作用在物体上的外力有若干个，则式中的 F 指的是所有作用力的合力，并且满足力的叠加原理。

力是矢量，在求解具体的力学问题时，常用它的分量式。例如，在直角坐标系中，把物体所受各力沿坐标轴分解，然后在每个坐标轴方向写出第二定律分量式

$$F_x = ma_x, \quad F_y = ma_y, \quad F_z = ma_z \tag{2-2}$$

又如，在圆周运动中，我们把力沿切向和法向分解，然后写这两个方向的分量式

$$F_t = ma_t = m\frac{dv}{dt}, \quad F_n = ma_n = m\frac{v^2}{R} \tag{2-3}$$

牛顿第三定律：两个物体之间的作用力 F 和反作用力 F' 总是大小相等、方向相反，沿一条直线，分别作用在两个物体上。数学表达式为

$$F = -F' \tag{2-4}$$

牛顿第三定律说明物体间的作用力具有相互作用的性质。对于牛顿第三定律的理解，需要注意以下两点。

（1）牛顿第三定律表明，物体间的作用是相互的。作用力和反作用力总是成对出现、分别作用在两个物体上，属于同一性质，同时产生、同时消失。

（2）作用力和反作用力不同于平衡力。作用力和反作用力大小相等、方向相反，但作用在不同的物体上，不是一对平衡力，因而，讨论力的作用效果时，这两个力不能互相抵消。

牛顿运动定律是有机整体，牛顿第一、第二定律分别定性和定量地说明了机械运动中的因果关系，侧重说明一个特定物体在不受力和受力时的情形，牛顿第三定律则侧重说明物体间的相互联系和制约。牛顿运动定律是从大量实验事实总结概括出来的，用它推导出的大量结论在广泛的范围中得到了验证，尤其是在天体运动的研究方面。目前，牛顿运动定律的可靠性已经得到了充分的肯定。

2.2　几种常见的力

自然界中存在着各种性质的力，若按它们相互作用的宏观表现形式来划分，可分为接触力和非接触力两大类。对于前者，两物体只有在接触时才能产生，如弹性力、摩擦力等；对于后者，两物体不必接触就可产生，如万有引力、库仑力、洛伦兹力等，这种力要通过场来实现。

1. 万有引力

任何两物体之间存在的引力，称为万有引力。牛顿在开普勒等人研究的基础上，总结出两个质点间的万有引力规律为

$$F_{21} = -G\frac{m_1 m_2}{r^2}e_r \tag{2-5}$$

式中，F_{21} 是质点 m_1 和 m_2 之间的万有引力；m_1、m_2 是两个质点的质量；r 是两质点之间的距

离；G 称为引力常量，值为 $6.67 \times 10^{-11} \, \text{N} \cdot \text{m}^2 \cdot \text{kg}^{-2}$；$\boldsymbol{e}_r$ 是由 m_1 指向 m_2 矢径上的单位矢量。

式（2-5）对质点与均匀球体以及均匀球体之间的引力同样成立，不过这时距离 r 应是两物体中心间的距离。

重力是地球对物体万有引力的一个分力，另一分力是提供物体随地球转动所需的向心力。忽略地球的自转，重力近似为地球施于该物体的引力。地球表面上质量为 m 的物体受到地球对其的引力大小为

$$F = G \frac{m_{\text{E}} m}{R_{\text{e}}^2} \tag{2-6}$$

式中，R_{e} 为地球半径；m_{E} 为地球质量。由牛顿第二定律可得，质点在地面上的重力加速度大小为

$$g = \frac{F}{m} = G \frac{m_{\text{E}}}{R_{\text{e}}^2} \approx 9.8 \, \text{m} \cdot \text{s}^{-2} \tag{2-7}$$

由于地球并不是严格的球体，其质量分布也并非严格的球对称分布，因此在地球表面不同位置，g 数值略有差别。

2. 弹性力

当两物体相互挤压时，物体将发生形变，而在物体内部产生的趋于恢复原来形状的力称为弹性力。常见的弹性力包括弹簧形变时产生的回复力、绳子被拉紧时内部出现的张力、物体放在支撑面上时产生的正压力和支持力等。一些弹性体（如弹簧）在形变不超过一定的限度时，其弹性力遵从胡克定律

$$F = -kx \tag{2-8}$$

式中，x 是形变量；k 是弹簧的弹性系数；负号表示回复力与形变反向。

3. 摩擦力

当两个相互接触的物体沿接触面有相对运动或有相对运动的趋势时，在接触面上产生的一对阻碍相对运动的力称为摩擦力。摩擦力分为滑动摩擦力和静摩擦力。

当相对滑动的速度不是太大或太小时，滑动摩擦力 f 与接触面上的正压力 N 成正比，即

$$f = \mu N \tag{2-9}$$

式中，μ 为滑动摩擦系数，它与接触面的材料和表面状态（如粗糙程度、干湿程度等）有关。

静摩擦力可在零与一个最大值（称为最大静摩擦力）之间变化，其大小视相对运动趋势的程度而定。实验证明，最大静摩擦力 $f_{\text{s, max}}$ 与两物体之间的正压力 N 成正比，即

$$f_{\text{s, max}} = \mu_{\text{s}} N \tag{2-10}$$

式中，μ_{s} 为静摩擦系数，它与接触面的材料和表面状态有关，同样的接触面 $\mu_{\text{s}} > \mu$，μ_{s} 的数值可查有关手册。

4. 流体阻力（也称流体内摩擦力）

当物体在流体（包含气体和液体）内运动时会受到流体施加的阻力，流体阻力与质点运动方向相反。当运动速率很小时，阻力的大小与速率成正比，即

$$F = -\alpha v \tag{2-11}$$

式中，α 为比例系数，与物体的形状、大小和流体性质等因素有关，可由实验测定。

现代科学研究表明，物体间的相互作用，按其基本性质可分为 4 种，如表 2-1 所示。

表 2-1　物体间的相互作用分类

相互作用的种类	相互作用的物体	力程/m	力的强度/N	媒介粒子
万有引力	全部粒子	∞	10^{-34}	引力子
电磁力	带电粒子	∞	10^{2}	光子
强力	夸克	$<10^{-15}$	10^{4}	胶子
弱力	大多数（基本粒子）	$<10^{-17}$	10^{-2}	中间玻色子

2.3　牛顿定律的应用

应用牛顿运动定律求解的动力学问题一般有以下两类：一类是已知物体的受力情况，求解物体的加速度或运动状态；另一类是已知物体的加速度或运动状态，求解物体的受力情况。无论是哪种类型的问题，解决问题的关键都是进行物体的受力分析，牛顿运动定律为矢量方程，求解时选择适当坐标系，取其投影进行分析计算较为方便。总的来说，两类问题的求解思路是相同的，方法也类似：

（1）确定研究对象，进行受力分析或运动状态变化情况分析；

（2）建立合适坐标系，列出牛顿第二定律方程；

（3）解方程，并进行必要的文字说明和讨论。

例 2-1　表面粗糙的固定斜面，倾角为 α，现将一质量为 m 的物体置于斜面上，物体和斜面间的最大静摩擦系数为 μ_0。试求：

（1）当物体静止于斜面上时，物体和斜面之间的静摩擦力，以及物体对斜面的压力；

（2）当物体和斜面间的静摩擦系数 μ_0 和斜面倾角 α 满足什么关系时，物体将会沿斜面下滑？

解：（1）当物体静止于斜面上时，其受重力 mg、斜面对其支持力 F（F 和物体对斜面的压力 F' 是一对作用力和反作用力）、斜面对它的静摩擦力 $F_{静}$。由牛顿第二定律得

$$mg + F + F_{静} = 0$$

建立沿斜面和垂直斜面的坐标系，则有

$$mg\sin\alpha - F_{静} = 0$$

$$F - mg\cos\alpha = 0$$

即

$$F_{静} = mg\sin\alpha$$

$$F' = F = mg\cos\alpha$$

值得注意的是，该情况下的 $F_{静}$ 不能按 $F_{静} = \mu_0 F$ 来计算。

（2）当物体沿斜面下滑时，由牛顿第二定律可得

$$mg + F + F_0 = ma$$

在 x（沿斜面）方向　　　$mg\sin\alpha - F_0 = ma > 0$，$F_0 = \mu_0 F$

在 y 方向　　　　　　　$F - mg\cos\alpha = 0$

将上面 3 式联立可得

$$mg\sin\alpha > F_0 = \mu_0 mg\cos\alpha$$

即

$$\mu_0 < \tan\alpha,\ a = g(\sin\alpha - \mu_0\cos\alpha)$$

因此，当 $\mu_0 < \tan\alpha$ 时，物体将沿斜面下滑，下滑的加速度大小为

$$a = g(\sin\alpha - \mu_0\cos\alpha)$$

例 2-2　一细绳绕过定滑轮，两端分别悬有质量为 m_1、m_2 的物体 A、B，且 $m_1 < m_2$，如图 2-1 所示。设滑轮轴承光滑且质量可以忽略不计，细绳的质量和伸长也可以忽略不计，试求两物体运动的加速度及细绳中的张力。

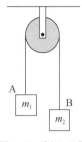

图 2-1　例 2-2 图

解：选两物体为研究对象，分别进行受力分析。物体受力都在一条直线上，因而只需要确立正方向即可。根据滑轮轴承光滑及 $m_2 > m_1$ 可知，物体 A 将加速上升，物体 B 将加速下降，选物体 B 的运动方向为正方向。

对于物体 A，有

$$F_{T1} - m_1 g = m_1 a_1$$

对于物体 B，列出牛顿第二定律方程，有

$$m_2 g - F_{T2} = m_2 a_2$$

考虑定滑轮的性质以及细绳不可以伸长，有

$$F_{T1} = F_{T2} = F_T$$

和

$$a_1 = a_2 = a$$

联立求解，可得

$$a = \frac{m_2 - m_1}{m_2 + m_1}g$$

$$F_T = \frac{2m_2 m_1}{m_2 + m_1}g$$

注意，正因为不考虑细绳和滑轮质量，绳中各处张力才相等，其大小均为 F_T，也等于 m_1、m_2 受到的绳的拉力的大小。

例 2-3　有一质量为 0.25 kg 的质点，受力 $\boldsymbol{F} = t\boldsymbol{i}$ (SI) 的作用。$t = 0$ 时，该质点以 $\boldsymbol{v}_0 = 2\boldsymbol{j}$ (SI) 的速度通过坐标原点，求该质点任意时刻的位矢。

解：由牛顿第二定律得

$$t\boldsymbol{i} = m\frac{\mathrm{d}\boldsymbol{v}}{\mathrm{d}t}$$

根据初始条件，两边积分，得

$$\int_{v_0}^{v}\mathrm{d}\boldsymbol{v} = \frac{1}{m}\int_0^t t\boldsymbol{i}\,\mathrm{d}t$$

解得

$$\boldsymbol{v} = \boldsymbol{v}_0 + \frac{t^2}{2m}\boldsymbol{i} = 2t^2\boldsymbol{i} + 2\boldsymbol{j}$$

利用速度函数对时间积分，得

$$r = r_0 + \int_0^t (2t^2 \boldsymbol{i} + 2\boldsymbol{j}) \, \mathrm{d}t$$

由题意 $r_0 = 0$，则有

$$r = \frac{2}{3}t^3 \boldsymbol{i} + 2t\boldsymbol{j}$$

例 2-4 跳伞员和伞具的总质量为 m，在空中某处由静止开始下落，设降落伞受到的空气阻力与速率成正比，即空气阻力为 $F = -kv$，式中 k 是常数，负号表示阻力的方向与速度方向相反，求跳伞员的运动速率。

解：设任意时刻跳伞员的速率为 v，取竖直向下为坐标轴的正方向，则跳伞员的运动方程为

$$mg - F = ma$$

代入已知条件，有

$$mg - kv = m\frac{\mathrm{d}v}{\mathrm{d}t}$$

分离变量，得

$$\frac{\mathrm{d}t}{m} = \frac{\mathrm{d}v}{mg - kv}$$

两边同时积分

$$\int_0^t \frac{\mathrm{d}t}{m} = \int_0^v \frac{\mathrm{d}v}{mg - kv}$$

可得

$$-\frac{kt}{m} = \ln \frac{mg - kv}{mg}$$

化简得

$$v = \frac{mg}{k}(1 - \mathrm{e}^{-\frac{kt}{m}})$$

由 v 的表达式可知，当时间 $t \to \infty$ 时，$v = mg/k$，称为终极速度（即物体在黏性流体中下落时能达到的极限速度）。物体达到终极速度后，就做匀速直线运动了。雨滴自高空中坠落、轮船在水中航行、飞机在空中飞行均可以采用这一物理模型进行近似的讨论。

例 2-5 一质量为 m 的物体，最初静止于 x_0 处，在力 $F = -kx^2$ 的作用下沿 x 轴做直线运动，证明它在 x 处的速率为

$$v = \sqrt{\frac{2k}{m}\left(\frac{1}{x} - \frac{1}{x_0}\right)}$$

证明：按牛顿第二定律，$a = \mathrm{d}v\mathrm{d}t$，可得此质点的加速度大小为

$$\frac{\mathrm{d}v}{\mathrm{d}t} = \frac{F}{m} = -\frac{k}{mx^2}$$

考虑力随位置变化，可将加速度化为

$$\frac{\mathrm{d}v}{\mathrm{d}t} = \frac{\mathrm{d}v}{\mathrm{d}x}\frac{\mathrm{d}x}{\mathrm{d}t} = v\frac{\mathrm{d}v}{\mathrm{d}x}$$

即

$$vdv = -\frac{k}{mx^2}dx$$

根据初始条件：$x = x_0$ 时 $v = 0$，对此式两边积分，有

$$\int_0^v vdv = -\int_{x_0}^x \frac{k}{mx^2}dx$$

即

$$\frac{1}{2}v^2 = \frac{k}{m}\left(\frac{1}{x} - \frac{1}{x_0}\right)$$

于是可得

$$v = \sqrt{\frac{2k}{m}\left(\frac{1}{x} - \frac{1}{x_0}\right)}$$

2.4 流体力学基础

流体是液体和气体的总称。我们周围丰富多彩的世界可以说或多或少都与流体相关：荷叶上的露珠表面总是球形的，也很容易滚落到地上；水黾总能轻松地在水面上滑行而不掉入水中；鸟儿可以在天空自由飞翔；鱼儿可以在水中快速游动……要解释这些现象，就需要讨论流体的性质。

流体力学是在生产实践中逐步发展起来的。我国古代有大禹治水疏通江河的传说；秦朝李冰父子带领劳动人民修建的都江堰，至今还在发挥着作用；古罗马人建成了大规模的供水管道系统……对流体力学学科的形成有贡献的学者：古希腊的阿基米德，他建立了包括物理浮力定律和浮体稳定性在内的液体平衡理论，奠定了流体静力学的基础；15 世纪，意大利达·芬奇的著作谈到水波、管流、水力机械、鸟的飞翔原理等问题；16 世纪，帕斯卡阐明了静止流体中压力的概念；17 世纪，牛顿研究了在流体中运动的物体所受到的阻力，得到阻力与流体密度、物体迎流截面积以及运动速度的平方成正比的关系；针对黏性流体运动时的内摩擦问题，欧拉采用了连续介质的概念，建立了欧拉方程，用微分方程组描述了无黏流体的运动；伯努利从经典力学的能量守恒出发，得到了流体定常运动下的伯努利方程……欧拉方程和伯努利方程的建立，是流体动力学作为一个分支学科建立的标志，人们从此开始了用微分方程和实验测量进行流体运动定量研究的阶段。目前，流体力学已经成为工程学和应用科学研究的核心和基础学科，下面简单介绍理想流体的一些基本知识。

1. 理想流体

在一定的外界条件下，根据物质分子间的距离和相互作用的强弱不同，物质的存在状态可分为气态、液态和固态。气态物质在标准状态(0 ℃，101 325 Pa)下分子间的平均距离大于分子直径的 10 倍，分子间的相互作用较小，具有较大的可压缩性。液态物质分子间平均距离约为分子直径的 1 倍，分子间相互作用较大，通常可以保持其固有体积，不易压缩。固态物质则具有固定的形状和体积。在一些问题中，如果流体各处密度不随时间发生明显变化，则可不考虑流体的可压缩性，便可以将它抽象为不可压缩流体的理想模型，反之，则可将其看作可压缩流体。

自然界中实际存在的流体都有或多或少的黏性，在静止流体中，黏性无法表现，当流

流动时，运动较快的流层将带动运动较慢的流层，而运动较慢的流层又将阻滞运动较快的流层，产生阻碍相对运动的内摩擦力。在某些问题中，若流体的流动性是主要的，黏性居于极次要的地位，则可认为流体完全没有黏性，这样的理想模型叫作非黏性流体，若黏性起着重要作用，则需看作黏性流体。

如果在流体力学问题中，可压缩性和黏性都处于极为次要的地位，就可以把它当作理想流体。理想流体是不可压缩且无黏性的流体。

2. 流迹、流线和流管

通常可以采用以下两种方法描述流体的运动：一种方法给出每一个流体质点的物理量随时间的变化，称为拉格朗日法；另一种方法给出流场中空间点的物理量分布，不管这些质点从哪里来，以及将要到哪里去，称为欧拉法，它比拉格朗日法更有效，在流体力学中应用得更为广泛。

流体质点在空间运动的轨迹叫流迹，它给出某一流体质点在不同时刻的空间位置。通常，充满运动流体质点的空间均会有物理量的分布，这些物理量通常包括压强、密度、速度等。每一点均有一定的流速矢量与之对应的空间叫作流速场，简称流场，流场是矢量场。

为了形象地描述流体的运动状况，可以在流场中画出一系列假想的光滑曲线，使曲线上每一点的切线与该点的流体质点速度矢量方向一致，这种曲线称为流线。流线与电场线、磁场线类似，是一种假想的曲线，流线的疏密程度对应该时刻流场中各点速度的变化。因为流线上每一点都有唯一值，所以流线不能相交，是一条光滑曲线。

在流场中任取一条非流线且不自相交的曲线，通过曲线上每一点绘出流线，这些流线组成的曲面称为流面。如果曲线为闭合曲线，流面就成了管状曲面，称为流管。流管内的全部流体称为流束。由于流体质点没有法向速度分量，因此流管如同真实的固体管壁，其内部的流体不会流出管外，管外的流体也不会流入管内。

3. 定常流动

流体内各空间的流速通常随时间而变化。在特殊情况下，尽管各空间点的流速不一定相同，但任意空间点的流速不随时间而改变，这种流动称为定常流动，可以表示为

$$v = v(x, y, z) \tag{2-12}$$

定常流动时的流线和流管均保持固定的形状和位置，流线与流迹重合。

4. 连续性方程

连续性方程是质量守恒定律在流体力学中的体现。在流体中取一面元 dS，在单位时间内通过该面元的流体体积，称为该横截面上的流量。过面元 dS 的边界作一长度为 dl 的流管（见图 2-2），在时间 dt 内，该流管内的流体都会通过面元 dS。用 v 表示该横截面上的流速，用 Q 表示流量，根据流量定义，有

$$dQ = \frac{dl\cos\theta dS}{dt} = v\cos\theta dS \tag{2-13}$$

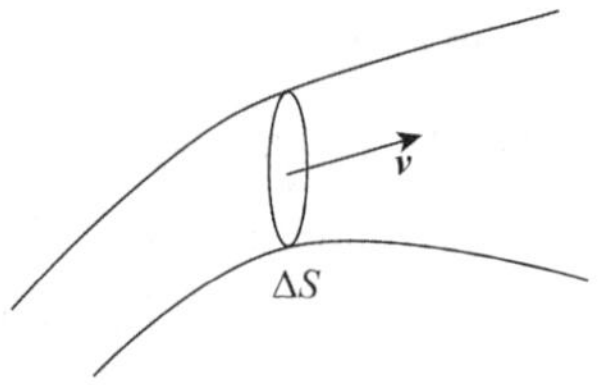

图 2-2　流管

若用矢量式表述，流量可以写为

$$\mathrm{d}Q = \mathbf{v} \cdot \mathrm{d}\mathbf{S} \tag{2-14}$$

通过有限曲面 S 的流量为

$$Q = \int_S \mathbf{v} \cdot \mathrm{d}\mathbf{S} \tag{2-15}$$

设理想流体做稳定流动，在流体中取任意一段流管，设其两端的横截面积分别为 ΔS_1 和 ΔS_2，流速分别为 $\mathbf{v}_1$ 和 $\mathbf{v}_2$（见图2-3）。在稳定流动中流体不可压缩，故这段流管内的流体质量为常量，密度 ρ 保持恒定，因而单位时间通过不同截面的质量相等，即

$$\rho \mathbf{v}_1 \cdot \Delta S_1 = \rho \mathbf{v}_2 \cdot \Delta S_2 \tag{2-16}$$

这表示进出流管的流量相等，故有

$$\mathbf{v}_1 \cdot \Delta S_1 = \mathbf{v}_2 \cdot \Delta S_2 \tag{2-17}$$

亦可以写作

$$\mathbf{v} \cdot \Delta \mathbf{S} = 恒量 \tag{2-18}$$

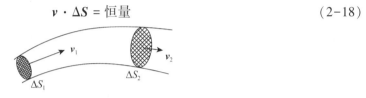

图2-3 连续性原理

对于不可压缩流体，通过流管各横截面的流量都相等，这叫作不可压缩流体的连续性原理，式(2-17)和式(2-18)叫作不可压缩流体的连续性方程。它体现了流体在流动中的流量守恒。

例2-6 水以 $3.0\ \mathrm{m \cdot s^{-1}}$ 的速率从水龙头流下，向下运动的加速度为 g，水龙头口的横截面积为 $1\ \mathrm{cm^2}$，在水龙头下 $0.5\ \mathrm{m}$ 处，水流的截面积为多少？

解：用 v_0 代表水流的初始速率，S_0 代表初始的横截面面积，水流自由下落 h 后，速率为

$$v_1 = \sqrt{v_0^2 + 2gh}$$

若水流是稳定流动的，则满足不可压缩流体连续性方程

$$\rho_0 S_0 v_0 = \rho_1 S_1 v_1$$

因为水不可压缩，则 $\rho_0 = \rho_1$，所以 $S_1 = (v_0/v_1)S_0$，代入数据，可得

$$v_1 = \sqrt{3.0^2 + 2 \times 9.8 \times 0.50}\ \mathrm{m \cdot s^{-1}} \approx 4.34\ \mathrm{m \cdot s^{-1}}$$

$$S_1 = (3.0/4.34) \times 1.0^2\ \mathrm{cm^2} \approx 0.69\ \mathrm{cm^2}$$

5. 伯努利方程

伯努利方程是1738年由丹尼尔·伯努利首先提出的，是流体力学基本方程之一，反映了理想流体在做定常运动时压强和流速的关系。它并不是一条新定律，可根据功能原理推导出来。

在做稳定流动的理想流体中任取一段流管，其两端截面积分别为 S_1 和 S_2，如图2-4所示。在 Δt 时间内，左端面从位置 a_1 移到 b_1，右端面从位置 a_2 移到 b_2。在同一时间内，流入和流出的流体体积分别为 ΔV_1 和 ΔV_2。

2.4 伯努利方程

对理想流体，因不可压缩，故有 $\Delta V_1 = \Delta V_2 = \Delta V$。

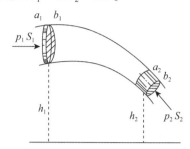

图 2-4　做稳定流动的理想流体的一段流管

设左端的外力对这段流管内流体产生压强为 p_1，外力做功为 $A_1 = p_1\Delta V$；右端力做功为 $A_2 = -p_2\Delta V$。外力做的总功为

$$A = A_1 + A_2 = (p_1 - p_2)\Delta V \tag{2-19}$$

再来看机械能的改变。我们注意到，在 b_1 到 a_2 这一段内，虽然流体更换了，但由于流动是稳定的，其中流体的运动状态未变，从而动能和势能都没有改变，因此考查能量的变化时只需要计算两端体元 ΔV_2 与 ΔV_1 之间的能量差。其中，动能的改变为

$$\Delta E_k = \frac{1}{2}\rho\Delta V v_2^2 - \frac{1}{2}\rho\Delta V v_1^2 \tag{2-20}$$

重力势能的改变为

$$\Delta E_p = \rho\Delta V g(h_2 - h_1) \tag{2-21}$$

由功能原理有

$$(p_1 - p_2)\Delta V = \frac{1}{2}\rho\Delta V(v_2^2 - v_1^2) + \rho\Delta V g(h_2 - h_1) \tag{2-22}$$

或

$$p_1 + \frac{1}{2}\rho v_1^2 + \rho g h_1 = p_2 + \frac{1}{2}\rho v_2^2 + \rho g h_2 \tag{2-23}$$

因此，对同一细流管内各不同截面有

$$p + \frac{1}{2}\rho v^2 + \rho g h = 常量 \tag{2-24}$$

式(2-24)给出了同一流管内的任意两点处的压强、流速和高度之间的关系，称为伯努利方程。

伯努利方程在水利、造船、化工、航空等领域有着广泛的应用。联合运用伯努利方程和连续性原理，可以讨论许多实际问题，下面举几个典型的例子。

例 2-7　水桶侧壁有一小孔，小孔的线度比水桶的线度小很多，桶内盛满了可视为理想流体的水，试讨论在重力场中水从小孔流出的速度及流量。

解：取一条从水面到小孔的流线，桶的横截面积比小孔大得多，如图 2-5 所示。根据连续性方程，水的上表面流速近似为零，水面到小孔的高度差为 h，此流线两端的压强皆为大气压 p_0，由伯努利方程有

$$p_0 + \rho g h = p_0 + \frac{1}{2}\rho v^2$$

由此得小孔处的流速为

$$v = \sqrt{2gh}$$

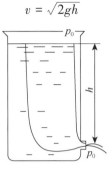

图 2-5　例 2-7 图

这表明，液体质点从小孔中流出的速度与它从 h 高处自由落下的速度相同。若将速度再乘上小孔的面积 S，则得到流量。实际上，水柱从小孔流出时截面略有收缩，若用有效截面面积 S' 来代替 S，则实际流量为

$$Q_V = \sqrt{2gh}\, S'$$

对于虹吸管，可以使液体由管道从较高液位的一端经过高出液面的管道，自动流向较低液位的另一端，可以利用与小孔流速相同方法进行分析。

例 2-8　文丘里流量计常用于测量管道中的流量或流速，它是在变截面管的下方装一 U 形管，内装水银，如图 2-6 所示。测量水平管道内的流速时，可将文丘里流量计串联于管道中，根据水银表面的高度差，即可求出流量或流速。已知管道的大、小横截面面积分别为 S_1、S_2，水银与液体的密度分别为 $\rho_汞$ 与 ρ，水银面高度差为 h，求液体流量。设管中为理想流体，文丘里流量计内理想流体在重力作用下做定常流动。

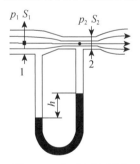

图 2-6　文丘里流量计

解：对水平流线上 1、2 两点，应用伯努利方程有

$$p_1 + \frac{1}{2}\rho v_1^2 = p_2 + \frac{1}{2}\rho v_2^2$$

根据不可压缩流体压强公式，1、2 两点的压差为

$$\Delta p = p_1 - p_2 = (\rho_汞 - \rho)gh$$

再由连续性方程

$$v_1 S_1 = v_2 S_2$$

可解出流量

$$Q_V = v_1 S_1 = S_1 S_2 \sqrt{\frac{2\Delta p}{\rho(S_1^2 - S_2^2)}}$$

等式右边除 h 外均为常数，因此可根据高度差求出流量。

例 2-9 皮托管是一种测气体流速的装置，将其用在飞机上，可测量空气相对于飞机的流速，也就测出了飞机相对于空气的航速。将开口 A 迎向气流，开口 A 是个驻点，流速 $v_A = 0$；开口 B 在侧壁，其外流速 v_B 近似为待测的流速 v_0，两开口分别通向 U 形管压强计的两端，如图 2-7 所示，这样根据液面的高度差便可求出气体的流速。已知气体密度为 ρ，液体密度为 $\rho_{液}$，管内液面高度差为 h，求气体流速。空气视为理想流体，并相对于飞机做稳定流动。

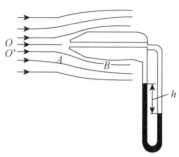

图 2-7　皮托管

解： 空气可视作理想流体，又知空气做稳定流动，在惯性参考系内的重力场中可应用伯努利方程。对水平流线 O、A 两点，根据伯努利方程有

$$p + \frac{1}{2}\rho v^2 = p_A$$

对流线上 O'、B 两点则有

$$p + \frac{1}{2}\rho v^2 + \rho g h_{O'} = p_B + \frac{1}{2}\rho v_B^2 + \rho g h_B$$

从 U 形管压差计测得的压差可知

$$\Delta p = p_A - p_B = \rho_{液} g h$$

又由于 O'、B 两点的高度差不大，可忽略，因此气体流速为

$$v \approx v_B = \sqrt{\frac{2\rho_{液} g h}{\rho}}$$

 知识扩展

一、惯性导航系统

惯性导航(惯导)系统是一个使用加速计和陀螺仪的导航参数解算系统，该系统根据陀螺仪的输出建立导航坐标系，根据加速度计输出解算出运载体在导航坐标系中的速度和位置。它不需要一个外部参考系，常常被用在飞机、潜艇、导弹和各种太空飞行器上。

只要给定初始位置及速度，惯性导航系统就能以牛顿力学为基础，通过对运动传感器的信息进行整合计算，不断更新当前位置及速度，检测位置变化(如向东或向西的运动)、速度变化(速度大小或方向)和姿态变化(绕各个轴的旋转)。其优势在于给定了初始条件后不需要外部参考,因此它不受外界的干扰或欺骗。

陀螺仪用来形成一个导航坐标系,使加速度计的测量轴稳定在该坐标系中,并给出航向和姿态角。通过以惯性参考系中系统初始方位作为初始条件,对角速率进行积分,就可以即时得到系统的当前方向。加速度计在惯性参考系中用于测量系统相对于系统运动方向的加速度,然后通过物理平台或数学平台把惯性参考系的数据转化成导航系数据,再通过系列运算,得到载体的位置速度和姿态信息。

惯性导航信息经过积分而产生,小误差会随时间累积成大误差,因此需要不断进行修正。现代惯性导航系统使用各种装置(如全球定位系统及磁罗盘等)对其进行修正,采取控制论原理对不同装置的信号进行权级过滤,保证惯性导航系统的精度及可靠性。例如,我国"长征九号"重型运载火箭制导系统将使用捷联惯导、卫星导航与星光导航相结合的先进复合制导方案。

惯性导航系统目前已经发展出挠性惯导、光纤惯导、激光惯导、微固态惯性仪表等多种方式。陀螺仪由传统的绕线陀螺仪发展到静电陀螺仪、激光陀螺仪、光纤陀螺仪、微机电系统(Microelectromechanical System,MEMS)陀螺仪等。激光陀螺仪对零件的高精度公差和复杂的装配技术的要求较高,在高精度的应用领域中占据着主导位置。相比之下,采用硅微加工技术制造的 MEMS 陀螺仪的零件数较低(可以仅由 3 个部分组成),而且制造成本相对较低,随着科技进步,其精度越来越高,是未来陀螺仪技术发展的方向。

我国的惯性导航技术经历了从无到有、从落后到先进的发展历程。20 世纪 50 年代,我国成功研制了液浮陀螺仪,20 世纪 70 年代成功研制平台式惯导系统,20 世纪 80 年代成功研制捷联式惯导系统,20 世纪 90 年代成功研制基于光纤、激光陀螺仪的惯性导航系统;2000 年后,我国逐渐开展 MEMS 陀螺仪以及其惯性导航系统的研究。目前,各类惯性导航装置也已经大量应用于战术制导武器、飞机、舰艇、运载火箭等领域。例如,新型激光陀螺仪捷联式惯导系统在新型战机上试飞,光纤陀螺仪、捷联式惯导系统在舰艇、潜艇上的应用;民用领域则有 2020 年高铁轨道几何状态惯性测量仪(俗称惯导小车)在京沈高铁建设项目中成功应用。以上应用表明我国惯性导航技术进一步成熟。

二、飞机升力

飞机能够在天空中飞翔,主要是 4 种力量相互作用所产生的结果。这 4 种力量分别是引擎的推力、空气的阻力、飞机自身的重力和空气的升力。飞机引擎的工作产生推力,并且以升力克服重力,使机身飞行空中;当推力大于阻力、升力大于重力时,飞机就能起飞爬升,待飞机爬升到巡航高度时就收小油门,称为平飞,这时候推力等于阻力、重力等于升力,也就是所谓的定速飞行。

当流体流经一个物体的表面时,会对其产生一个表面力,这个力垂直于流体流向的分力即为升力,与之相对的则是平行于流体流向的阻力。流体是空气时,它产生的升力便叫作空气动力。航空器要想升到空中,必须产生能克服自身重力的升力。

升力是因飞机和空气相对运动而产生的力。飞机的机翼从截面来看,上半部曲面与下半部曲面并不一样,通常上半部曲面弧长较长。一般认为,当飞机的上、下高度差极小时,飞机的升力会与飞行速度成正比,但同时阻力也会随之变化。早期的飞机在设计上会尽量把机翼面积做得大一些，因为机翼越大，产生的升力也就越大。但在达到飞机所需要的升力后，高速飞机的机翼通常会做得比较小，以减少阻力，使飞机速度增加。对于低速飞行的小型机，其机翼多选择长方形，除了便于制造，在长度相同时，长方形的面积较大也是重要的原因之一。

在 19 世纪中期，航空先驱们对空气动力学一无所知，他们只有不断靠试错法来改进自己的飞行器。通过不断的实验，他们总结出升力有以下 3 个特性：升力作为力的一种，其指向永远与气流的流动方向保持垂直；物体必须被流体包围，才可以产生升力；物体必须与流体有相对运动。

升力的产生是一个极为复杂的过程，涉及诸多物理理论，某些方法较为严格、复杂，有些则是错的。一般应用以下两种方法来解释。

(1)伯努利方程。它指出了流速和压力之间的关系：流速越快，压力越低，反之亦然。实验表明，一些形状的物体(如翼形)，流经其上半部分的速度比起流经其下半部分的速度更快，如图 2-8 所示。因此，利用伯努利方程可以算出上翼面的压力比下翼面更低。考虑到上、下表面的压力在数值和方向上的差异，将两者加起来的时候，会得出一个指向斜后方的力。这个力可以拆分为升力和阻力。

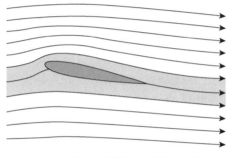

图 2-8　升力示意图(伯努利方程)

(2)牛顿第三定律。这条定律指出任何物体对另一物体施力时，都会有一个大小相同、方向相反的力加在该物体上。在升力的产生过程中，可以认为一个空气分子对翼面施加了作用力；而在机翼表面，与空气分子接触的部分就会有一个大小相同、方向相反的反作用力。反作用力的大小与空气分子的速度，以及流动轨迹和翼面形状之间的角度有关。一个空气分子施加的力可能很小，但考虑所有流经的空气分子，将所有的反作用力相加，就可以产生一个可观的力，且一般指向斜后方。这个合力可以拆分为升力和阻力。

这两种方法都可以解释飞机的升力原理，两者的结果是一样的，只是表述不同。

当机翼表面上的压力分布已知时，确定总升力需要将表面局部元素对压力的贡献累加，每个元素都具有其自身的局部压力值。因此，总升力是在垂直于远场流动的方向上在机翼表面压力的积分，即

$$L = \oint p\boldsymbol{n} \cdot \boldsymbol{k} \mathrm{d}S \tag{2-25}$$

式中，S 是机翼的投影(平面形状)区域，方向与平均气流方向垂直；$\boldsymbol{n}$ 是指向机翼的正常单位矢量；$\boldsymbol{k}$ 是垂直单位向量，垂直于自由流方向。

对于特定迎角的机翼，特定流量条件下产生的升力大小为

$$L = \frac{1}{2}\rho v^2 S C_L \tag{2-26}$$

式中，ρ 是空气密度；v 是速度或真实空速；S 是翼面俯视面积；C_L 是升力系数。

值得注意的是，无论是基于压力差而伴随流速变化的伯努利方程，还是基于气流向下偏转的牛顿第三定律，都在一定程度上辨识了升力的面貌，但未解释其他重要部分。更全面的解释应包括向下偏转和压力差及与压力差相关的流速变化，以及对气流更详细地研究。

思 考 题

2-1 力是维持物体运动的原因吗？作用力和反作用力有什么特点？一枚鸡蛋碰到石头上，鸡蛋碎了，是因为鸡蛋受到的力更大一些吗？

2-2 当物体所受的合外力为零时，它一定处于静止状态吗？为什么？

2-3 尾部设有游泳池的轮船匀速直线行驶，一人在游泳池的高跳台上朝船尾方向跳水，旁边的乘客担心他跳入海中，这种担心是否必要？若轮船加速行驶，这种担心有无道理？为什么？

2-4 空中飞行的航空模型，关闭动力后速度会减慢，有什么东西对它施加作用力吗？航模也对什么东西施力吗？应如何判断？

2-5 "摩擦力是阻碍物体运动的力"或"摩擦力总是与物体运动的方向相反"，这些说法为什么是不妥的？如何判断静摩擦力和滑动摩擦力的方向？

2-6 人推车时，车也推人，结果车向前行进而且人也并不向后退，这是为什么？试分析原因？

2-7 分析判断下面表述的正误：(1)质点受到的合力越大，合速度也越大，反之亦然；(2)不管质点所受的合力如何，只要该合力与质点速度垂直，质点就做匀速圆周运动；(3)起重机起升重物，开始起动时，重物加速上升，绳的拉力大于重力，即 $T > W$，然后重物匀速上升，此时 T 仍比 W 大一点。当 $T = W$ 时，重物开始减速直至静止。

2-8 杂技演员表演水流星，演员持绳的一端，另一端系一水桶，内盛水。令桶在铅垂面内做圆周运动，水不流出。

判断以下两种说法是否正确，并给出正确分析：(1)桶到达最高点除受向心力外，还受一离心力，故水不流出；(2)水受到重力和向心力的作用，维持水沿圆周运动，故水不流出。

2-9 只要机翼上、下表面的气流有流速和压力变化，就一定能产生升力。这种说法对吗？为什么？

2-10 轿车高速行驶时，为何车身会变"轻"？

习 题

2-1 质量为 M 的气球以加速度 a 匀加速上升，突然一只质量为 m 的小鸟飞到气球上，并停留在气球上。若气球仍能向上加速，求气球的加速度减少了多少？

2-2 一架小型喷气式飞机的质量为 5×10^3 kg，在跑道上从静止开始滑行时受到的发动机的牵引力为 1.8×10^4 N。设飞机在运动中的阻力是它所受重力的 0.02 倍，飞机离开跑道的起飞速度为 60 m·s^{-1}，求飞机在跑道上滑行的距离。

2-3 现有总质量为 $m = 210$ t 的一架大型喷气式飞机，从静止开始滑跑，当位移达到

$l = 6.0 \times 10^2$ m 时，速度达到起飞速度 $v = 60$ m·s^{-1}，在此过程中，飞机受到的平均阻力是飞机重力的 0.02 倍（$g = 10$ m·s^{-2}）。求：(1) 飞机起飞时的动能 E_k；(2) 飞机起飞时的功率 P。

2-4　2017 年，我国自行研制、具有完全自主知识产权的新一代大型喷气式客机 C919 首飞成功。假设飞机在水平跑道上的滑跑是初速度为零的匀加速直线运动，当位移 600 m 时才能达到起飞所要求的速度 60 m·s^{-1}。起飞后，飞机继续以离地时的功率爬升 20 min，上升到 10 000 m 高度，速度达到 200 m·s^{-1}。已知飞机质量为 1.0×10^5 kg，滑跑时受到的阻力为自身重力的 0.1 倍，重力加速度大小 $g = 10$ m·s^{-2}。求：(1) 飞机在地面滑行时所受牵引力；(2) 飞机在爬升过程中克服空气阻力做的功 W_f。

2-5　一人在平地上拉一个质量为 m 的木箱匀速前进，如习题 2-5 图所示。木箱与地面间的摩擦系数 $\mu = 0.6$。设此人前进时，肩上绳的支撑点距地面高度为 $h = 1.5$ m，不计箱高，问绳长 l 为多长时最省力？

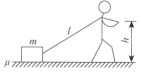

习题 2-5 图

2-6　一质量为 10 g、速度为 200 m·s^{-1} 的子弹水平地射入墙壁内 10 cm 后停止运动。若墙的阻力是一常量，求子弹射入墙壁内 5 cm 时的速率。

2-7　轻型飞机连同驾驶员总质量为 m，飞机以速率 v_0 在水平跑道上着陆后，驾驶员开始制动，若阻力与时间成正比，比例系数为 k，求飞机停止前速率与时间关系及滑行的距离。

2-8　直升机重力为 G，它竖直上升的螺旋桨的牵引力为 1.5G，空气阻力大小为 $F = kGv$。求直升机上升的极限速度。

2-9　摩托快艇以速率 v_0 行驶，它受到的摩擦阻力的大小与速率平方成正比，可表示为 $F = kv^2$（k 为正常数）。设摩托快艇的质量为 m，当摩托快艇发动机关闭后，求：(1) 速率 v 随时间 t 的变化规律；(2) 速度 v 与路程 x 之间的关系。

2-10　地球卫星绕地球运转的速度称为第一宇宙速度。卫星绕地球运动的向心力由地球与卫星间的万有引力提供。地球的质量为 5.98×10^{24} kg，赤道半径为 6.378×10^6 m。试以地球赤道半径为卫星运动轨迹半径，估算第一宇宙速度大小，并讨论卫星离地距离与其运动速率关系。

2-11　一粗细均匀的自来水管弯曲成如习题 2-11 图所示的形状，最高处高出最低处 $h = 2$ m。当正常供水（管中处处水流速度相同）时，测得最低处管道中水的压强为 2×10^5 Pa，则管道最高处水的压强为多少（水可视为理想流体，$g = 10$ m·s^{-2}）？

习题 2-11 图

2-12　有一水桶，桶内水深为 0.5 m，桶底有一面积为 5.0 cm^2 的小孔，桶的横截面比小孔大得多。将桶架高后，问：(1) 水的流量是多少？(2) 在水桶下方多少距离处，水流横截面面积变为孔面积的一半？

第三章 力学中的守恒定律

牛顿运动定律反映了力的瞬时作用规律，建立了质点运动学和质点动力学之间的联系。但是，任何一个物理过程都发生在一定的时空之中，力的作用往往是持续进行的，因此对于力的持续作用效果，可以从力对时间和空间的积累两个方面来讨论。本章主要介绍几个与运动相关的描述物质基本属性的状态量，包括动量、角动量、能量（动能、势能）等，并讨论它们所遵从的定律：动量定理和动量守恒定律，动能定理和机械能守恒定律，角动量定理和角动量守恒定律。应用以上定律可以解决用牛顿运动定律不能直接解决的许多动力学问题，为解决质点和质点系动力学问题开辟了另一条途径。

第三章 力学中的守恒定律 思维导图

3.1 动量定理和动量守恒定律

牛顿第二定律给出了质点加速度和作用于质点的合力的关系。从原则上说，任何力学问题都可以应用牛顿第二定律来解决。然而，单纯从牛顿运动定律出发解决动力学问题有很大的局限性，大都无法得出解析解，如所谓"三体问题"，又如气体的分子运动，我们希望找到一些在牛顿定律基础上派生出来的定理或推论，利用它们来探索复杂运动现象的某些规律和特征。于是，可以得到运动三定理：动量定理、动能定理（功能原理）和角动量定理，以及相应的守恒定律。

在历史上，人们对动量概念及有关规律是逐步认识的，生活在16—17世纪的许多哲学家被碰撞、打击等现象所吸引，他们发现碰撞前后物体的运动状态发生了明显的变化，因此出现了用动量描述运动的思想。法国哲学家兼数学家、物理学家笛卡儿提出，质量和速率的乘积是一个合适的物理量。可是，后来荷兰数学家、物理学家惠更斯在研究碰撞问题时发现，按照笛卡儿的定义，两个物体运动的总量在碰撞前后不一定守恒。牛顿在总结这些人理论的基础上，用质量和速度的乘积表述这个合适的物理量，牛顿把它称为运动量（现在称为动量）。1687年，牛顿在他的《自然哲学的数学原理》一书中正是以动量的概念来表述牛顿第二定律的。至此，动量就作为一个精确的物理概念，随同用它表述的物理规律而确定下来。近代的科学实验和理论分析均表明：动量守恒定律是自然界中最重要、最普遍的客观规律之一，比牛顿运动定律的适用范围更广。

3.1.1 质点的动量

牛顿第二定律的表达式 $F = ma$ 可写作

$$F = m\frac{\mathrm{d}v}{\mathrm{d}t} \tag{3-1}$$

3.1.1 动量

在经典力学中，认为物体质量 m 是恒量，故可把它移到微分号中，即

$$F = \frac{\mathrm{d}(mv)}{\mathrm{d}t} \tag{3-2}$$

一个质点的质量 m 与速度 v 之乘积称为物体的动量，记作 p，则有

$$p = mv \tag{3-3}$$

在国际单位制中，动量的单位为 $\mathrm{kg \cdot m \cdot s^{-1}}$，量纲是 $[\mathrm{MLT^{-1}}]$。动量 p 是矢量，其方向与速度 v 的方向相同。

引入动量概念，牛顿第二定律可写为

$$F = \frac{\mathrm{d}p}{\mathrm{d}t} \tag{3-4}$$

上式表明，质点所受的合外力等于质点动量对时间的变化率。表达式 $F = \mathrm{d}p/\mathrm{d}t$ 比 $F = ma$ 更具有普遍意义。在相对论力学中，$F = ma$ 不再适用，而 $F = \mathrm{d}p/\mathrm{d}t$ 仍然成立。

3.1.2 力的冲量和动量定理

任何力总是在一段时间内作用。为了描述力在这一段时间间隔中的累积作用，需要引入冲量的概念。

把式(3-4)两边乘以时间 $\mathrm{d}t$，即得

$$F\mathrm{d}t = \mathrm{d}p \tag{3-5}$$

其中，质点所受合外力 F 与作用时间 $\mathrm{d}t$ 之乘积 $F\mathrm{d}t$，称为合外力 F 的元冲量，用 $\mathrm{d}I$ 表示。

上式表明，质点所受合外力 F 在 $\mathrm{d}t$ 时间内的元冲量等于质点在同一时间 $\mathrm{d}t$ 内的动量之增量 $\mathrm{d}p$。

如果考虑质点从 t_1 时刻到 t_2 时刻这段时间内，受变力 F 的作用，它的速度由 v_1 变到 v_2，对式(3-5)积分，有

$$\int_{t_1}^{t_2} F\mathrm{d}t = \int_{p_1}^{p_2} \mathrm{d}p = p_2 - p_1 = mv_2 - mv_1 \tag{3-6}$$

式中，$\int_{t_1}^{t_2} F\mathrm{d}t$ 称为力 F 在 $(t_2 - t_1)$ 时间内对质点作用的冲量，用 I 表示，即

$$I = \int_{t_1}^{t_2} F\mathrm{d}t \tag{3-7}$$

冲量是矢量，单位是 $\mathrm{N \cdot s}$，其方向与合外力的方向相同。

这样，式(3-6)可写作

$$I = \int_{t_1}^{t_2} F\mathrm{d}t = p_2 - p_1 = \Delta p \tag{3-8}$$

上式表明，质点在某段时间内所受合外力的冲量，等于质点在该段时间内动量的增量。这一结论称为质点的动量定理，式(3-8)是它的积分表达式，式(3-5)是它的微分表达式。

动量定理指出，力对质点的时间累积作用，引起了质点运动状态的变化。

例 3-1 当质量为 m 的物体沿水平的 Ox 轴方向运动时，它所受的水平力大小为 $F = -kt$，其中 k 为恒量，设物体在 $t = 0$ 时的速率为 v_0，求此物体在 t 时刻的速率。

解： 按题意，$F = -kt$，有

$$\int_0^t F\mathrm{d}t = mv_x - mv_{x_0} = mv - mv_0$$

而

$$\int_0^t -kt\mathrm{d}t = -\frac{kt^2}{2}$$

由以上两式，可求出物体在时刻 t 的速率为

$$v = v_0 - \frac{kt^2}{2m}$$

3.1.3 质点的动量守恒定律

由式(3-8)可以看出，当系统所受合外力为零时，系统的动量的增量为零，这时系统的总动量保持不变，即

$$\boldsymbol{p} = \sum m_i \boldsymbol{v}_i = 恒矢量 \tag{3-9}$$

3.1.3 动量守恒

这就是动量守恒定律：当系统所受合外力为零时，系统的总动量保持不变。大量事实证明，动量守恒定律是自然界普遍遵循的守恒定律之一，它不仅适用于宏观世界，也适用于微观世界。

应用动量守恒定律时，应该注意以下几点。

(1)在动量守恒定律中，系统的总动量不变，是指系统内各物体动量的矢量和不变，而不是指其中某一个物体的动量不变。此外，各质点的动量必须都相对于同一惯性参考系。

(2)系统动量守恒的条件是合外力为零。但在外力比内力小得多的情况下，外力对质点系的总动量变化影响甚小，这时可以认为近似满足守恒条件，如碰撞、打击、爆炸等问题，

(3)如果系统所受外力的矢量和不为零，但合外力在某个坐标轴上的分量为零，那么系统的总动量虽不守恒，但在该坐标轴上的分动量是守恒的。这对处理某些问题是很有用的。

(4)系统的内力只能改变系统内质点的动量，却不能改变整个系统的动量系统的内力，也不能改变系统的总动量。例如，你用手向上拉自己的头发，不能将自己提离地面。

虽然动量守恒定律是由牛顿运动定律导出的，但它并不依靠牛顿运动定律而成立。动量守恒定律比牛顿运动定律更加基本，是物理学中最基本的普适定律之一。在航天技术中，火箭飞行的依据便是动量守恒定律。

3.1.4 火箭飞行原理

火箭发射和飞行时，火箭内部的燃料在极短时间内发生爆炸性燃烧，产生大量高温、高压的气体并从尾部喷出。喷出的气体具有很大的动量，根据动量守恒定律可知，火箭必获得数值相等、方向相反的动量，因而出现连续的反冲运动，快速前进。随着燃料的减少，火箭的速度越来越快，当燃料燃尽时，火箭就以最后获得的速度继续飞行。因此，火箭不需要依赖外力，便可以在空气稀薄的高空甚至宇宙空间飞行。

为了进一步说明火箭飞行的原理，下面选取地面为惯性参考系，并沿火箭飞行方向取 z

轴,如图 3-1 所示。以火箭(包括壳体、装备、燃料、人造卫星、弹头等负载)和喷出的气体作为一个系统。在火箭飞行的某时刻 t,它的总质量(火箭 + 燃料)为 m,对地的速度为 $\boldsymbol{v}$,这时系统的总动量为 $m\boldsymbol{v}$。经时间 dt 后,它喷出质量为 dm' 的气体,dm' 相对于火箭的喷气速度为 $\boldsymbol{v}_r$。这时(即 $t + dt$ 时刻),火箭系统剩下的质量为 $m - dm'$,火箭对地的速度增至 $\boldsymbol{v} + d\boldsymbol{v}$。系统(由火箭和燃料组成)的总动量为

$$(m - dm')(\boldsymbol{v} + d\boldsymbol{v}) + dm'(\boldsymbol{v} + d\boldsymbol{v} + \boldsymbol{v}_r) \tag{3-10}$$

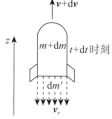

图 3-1　火箭飞行

考虑火箭喷出气体的质量等于火箭系统质量的减少量,用 dm 表示系统减少的质量,则有 $dm = - dm'$。由于喷气对火箭的速度方向与所选取的 z 轴方向相反,因此取为 $- \boldsymbol{v}_r$。不计火箭与喷出气体的重力和阻力等外力,系统沿 z 轴方向的动量守恒,有

$$(m + dm)(\boldsymbol{v} + d\boldsymbol{v}) - dm(\boldsymbol{v} + d\boldsymbol{v} - \boldsymbol{v}_r) = m\boldsymbol{v} \tag{3-11}$$

略去高阶无穷小可得

$$m d\boldsymbol{v} = - \boldsymbol{v}_r dm \tag{3-12}$$

或

$$d\boldsymbol{v} = - \boldsymbol{v}_r \frac{dm}{m} \tag{3-13}$$

两边同时除以 dt,得

$$m \frac{d\boldsymbol{v}}{dt} = \boldsymbol{v}_r \left(- \frac{dm}{dt} \right) \tag{3-14}$$

式中,$- \dfrac{dm}{dt}$ 为燃料消耗质量的速率(火箭失去质量的速率);$\dfrac{d\boldsymbol{v}}{dt}$ 为火箭的加速度,则 $m \dfrac{d\boldsymbol{v}}{dt}$ 为作用在火箭上的力。这个力只依赖于火箭发动机的设计性能,即燃料消耗质量的速率 $- \dfrac{dm}{dt}$ 和该质量相对于火箭喷出的速度 $\boldsymbol{v}_r$,因此称 $\boldsymbol{v}_r \left(- \dfrac{dm}{dt} \right)$ 为火箭发动机的推力。由式(3-14)可知,这个推力的大小为 $F = v_r \dfrac{dm}{dt}$。

设火箭刚起飞时质量为 m_0,初速度为 $\boldsymbol{v}_0$,燃料烧尽后,火箭的质量为 m,末速度为 $\boldsymbol{v}$。将上式积分,可解得

$$\boldsymbol{v} - \boldsymbol{v}_0 = \boldsymbol{v}_r \ln \frac{m_0}{m} \tag{3-15}$$

式(3-15)称为齐奥尔科夫斯基公式。这一公式是在不考虑空气阻力和重力条件下得出的,式中的 $\dfrac{m_0}{m}$ 称作质量比。由火箭运动方程可推测,要提高火箭的最终飞行速度,可以采取以

下两项措施：

(1)增大 v_r 值，即提高燃料喷射速度；

(2)增大燃料和火箭箭体质量之和与火箭总质量之比 $N = \dfrac{m_0}{m}$。

考虑地球引力、空气阻力的影响，用目前最好的燃料，最好的火箭结构，使用单级火箭，也不能把卫星送上天，于是产生了多级火箭。简单地说，多级火箭就是把几个单级火箭连接在一起形成的，在火箭飞行过程中，第一级火箭先点火，当第一级火箭的燃料用完后使其自行脱落；这时第二级火箭开始工作，以此类推，这样可以使火箭获得很大的飞行速度。例如，美国发射"阿波罗"登月飞船的"土星五号"火箭为 3 级火箭，第一级，$v_{r1} = 2.9\ \mathrm{km \cdot s^{-1}}$，$N_1 = 16$；第二级，$v_{r2} = 4\ \mathrm{km \cdot s^{-1}}$，$N_2 = 14$；第三级，$v_{r3} = 4\ \mathrm{km \cdot s^{-1}}$，$N_3 = 12$；火箭起飞质量为 $2.8 \times 10^6\ \mathrm{kg}$，高度为 85 m，起飞推力为 $3.4 \times 10^7\ \mathrm{N}$。

应当注意，火箭在某个确定的起飞质量下并非级数越多越好，因为每一级火箭除了储箱，至少还必须有动力系统、控制系统、伺服机构及连接各级火箭的连接结构等。每增加一级，这些组成部分就增加一份。级数太多不仅费用增加，可靠性降低，火箭性能也会因结构质量增加而变差。

宇宙飞船是一种载人的飞行器，用运载火箭将飞船送入太空的轨道上运行，然后进入大气层重返地面。苏联于 1961 年 4 月 12 日发射的"东方号"飞船是人类第一艘宇宙飞船，船中载有一名宇航员。美国于 1971 年 7 月 26 日发射的"阿波罗 15 号"飞船在月球上着陆后，宇航员驾驶蓄电池驱动的月球车，首次考察了月球表面。

我国自 1999 年 11 月 20 日成功发射"神舟一号"实验飞船后，于 2003 年 10 月 15 日首次成功发射"神舟五号"载人飞船，这标志着中国已经成为世界上独立自主地完整掌握载人航天技术的国家之一，为中国赢得了世界声望。继"神舟五号"载人航天后，"神舟六号"和"神舟七号"分别于 2005 年 10 月 12 日和 2008 年 9 月 25 日，由"长征二号"F 型火箭再次送入太空，这标志着我国实现了"多人多天"载人航天技术。2012 年 6 月 16 日，"长征二号"F 型运载火箭再一次将载有中国宇航员的"神舟九号"飞船送入太空，实现了我国第四次载人飞行。"神舟九号"是中国第一个宇宙实验室项目"921-2 计划"的组成部分，它与"天宫"空间站的交会对接为中国航天史掀开了极具突破性的一章。2021 年 2 月 10 日 19 时 52 分，"天问一号"探测器成功实施火星捕获，成为我国第一颗人造火星卫星，实现了"绕、着、巡"第一步"绕"的目标，中国首次火星探测任务环绕火星获得圆满成功。2021 年 5 月 15 日，科研团队根据"祝融号"火星车发回的遥测信号确认，"天问一号"着陆巡视器当天成功着陆于火星预选着陆区，在火星上首次留下了属于中国的印迹！

我国空间站研制建设等工作同样取得了显著进展和重要成果，突破了航天员长期在轨驻留的生活和工作保障等空间站建造和运营关键技术，开展了以无容器和高微重力实验为主要内容的科学实验，取得了大量具有世界先进水平的成果。

例 3-2　水平光滑铁轨上有一车，长度为 l，质量为 m_2，车的一端有一人，质量为 m_1，人和车原来都静止不动。当人从车的一端走到另一端时，人、车各移动了多少距离？

解：以人、车为系统，在水平方向上不受外力作用，动量守恒。以人开始运动的方向为 x 轴方向建立坐标系，有

$$m_1 v_1 - m_2 v_2 = 0$$

则有

$$v_2 = m_1 v_1 / m_2$$

人相对于车的速率

$$u = v_1 + v_2 = (m_1 + m_2) v_1 / m_2$$

设人在时间 t 内从车的一端走到另一端，则有

$$l = \int_0^t u \mathrm{d}t = \int_0^t \frac{m_1 + m_2}{m_2} v_1 \mathrm{d}t = \frac{m_1 + m_2}{m_2} \int_0^t v_1 \mathrm{d}t$$

在这段时间内人相对于地面的位移为

$$x_1 = \int_0^t v_1 \mathrm{d}t = \frac{m_2}{m_1 + m_2} l$$

车相对于地面的位移为

$$x_2 = -l + x_1 = -\frac{m_1}{m_1 + m_2} l$$

3.2 角动量和角动量守恒定律

在牛顿运动定律的基础上，我们已经得到动量定理及动量守恒定律，并且在引出动能概念后，得到了动能定理及机械能守恒定律，但它们还不能反映机械运动的全部特点。例如，天文观测表明，地球绕日运动遵从开普勒第二定律，在近日点附近绕行速度较快，在远日点附近绕行速度较慢。这个特点如果用角动量概念及其规律很容易说明，特别是在有些过程中动量和机械能都不守恒，然而角动量却是守恒的，这就为求解这类运动问题开辟了新途径。

角动量及其规律是从牛顿运动定律基础上派生出来的又一重要结果。可以说，经典力学大厦正是以牛顿运动定律为基石，动量、动能及角动量规律为栋梁建立起来的。角动量不但能描述经典力学中的运动状态，在近代物理理论中，角动量这一表征状态的物理量显露了日益重要的作用，如原子核的角动量，通常称为原子核的自旋，就是描写原子核特性的。本节介绍角动量的基本规律，以便读者掌握有关角动量的基本知识。

3.2.1 力矩

由日常生活经验可知，要把门窗开启或关上，力作用在离轴远的地方比作用在离轴近的地方要省力得多。可见，要使物体的转动状态发生变化，不仅要考虑力的大小，还要考虑力作用点到转轴的距离。力作用点到转轴的距离称为力臂，力与力臂的乘积称为力矩，用 M 表示。

点 O 为转轴与转动平面的交点，$\mathbf{F}$ 为转动平面内的作用力，$\mathbf{r}$ 为由点 O 指向力作用点的矢量，θ 为 $\mathbf{F}$ 与 $\mathbf{r}$ 正向的夹角，如图 3-2 所示，则力矩大小为

$$M = rF\sin\theta \tag{3-16}$$

考虑 $\mathbf{F}$、$\mathbf{r}$ 都为矢量，以及物体转动有方向性，上式对应的矢量形式为

$$\mathbf{M} = \mathbf{r} \times \mathbf{F} \tag{3-17}$$

即力矩为该质点的位矢与力的矢量积。力矩方向依据右手定则确定。若转动为定轴转动，规定一个旋转轴和一个正方向，则也可以用正负号反映力矩的方向。通常，力矩为正表明力矩方向沿轴向上，力矩为负表明力矩方向沿轴向下。

3.2.2 质点的角动量

一质量为 m 的质点，以速度 v 运动，相对于坐标原点 O 的位矢为 r，如图 3-3 所示，定义质点对坐标原点 O 的角动量为该质点的位矢与动量的矢量积，即

$$\boldsymbol{L} = \boldsymbol{r} \times \boldsymbol{p} = \boldsymbol{r} \times m\boldsymbol{v} \tag{3-18}$$

角动量是矢量，其大小为

$$L = rmv\sin\theta \tag{3-19}$$

式中，θ 为质点动量与质点位置矢量的夹角。角动量的方向可以用右手螺旋定则来确定。在国际单位制中，角动量的单位为 $\mathrm{kg \cdot m^2 \cdot s^{-1}}$。

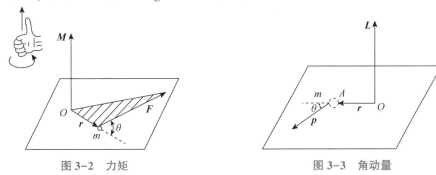

图 3-2 力矩　　　　　　　　　　　图 3-3 角动量

角动量不仅与质点的运动有关，还与参考点有关。对于不同的参考点，同一质点有不同的位矢，因而角动量也不相同。因此，在说明一个质点的角动量时，必须指明是相对于哪一个参考点而言的。

3.2.3 质点的角动量定理

设质点的质量为 m，在合力 $\boldsymbol{F}$ 的作用下，动量定理微分表达式为

$$\boldsymbol{F} = \frac{\mathrm{d}(m\boldsymbol{v})}{\mathrm{d}t} \tag{3-20}$$

用位矢 r 叉乘上式，得

$$\boldsymbol{r} \times \boldsymbol{F} = \boldsymbol{r} \times \frac{\mathrm{d}(m\boldsymbol{v})}{\mathrm{d}t} \tag{3-21}$$

考虑到

$$\frac{\mathrm{d}}{\mathrm{d}t}(\boldsymbol{r} \times m\boldsymbol{v}) = \boldsymbol{r} \times \frac{\mathrm{d}}{\mathrm{d}t}(m\boldsymbol{v}) + \frac{\mathrm{d}\boldsymbol{r}}{\mathrm{d}t} \times m\boldsymbol{v} \tag{3-22}$$

和

$$\frac{\mathrm{d}\boldsymbol{r}}{\mathrm{d}t} \times \boldsymbol{v} = \boldsymbol{v} \times \boldsymbol{v} = \boldsymbol{0} \tag{3-23}$$

得

$$\boldsymbol{r} \times \boldsymbol{F} = \frac{\mathrm{d}}{\mathrm{d}t}(\boldsymbol{r} \times m\boldsymbol{v}) \tag{3-24}$$

由力矩 $\boldsymbol{M} = \boldsymbol{r} \times \boldsymbol{F}$ 和角动量的定义式 $\boldsymbol{L} = \boldsymbol{r} \times \boldsymbol{p} = \boldsymbol{r} \times m\boldsymbol{v}$ 得

$$\boldsymbol{M} = \frac{\mathrm{d}\boldsymbol{L}}{\mathrm{d}t} \tag{3-25}$$

可以看出，作用在质点上的力矩等于质点角动量对时间的变化率。式(3-25)就是质点角动量定理的微分形式。式(3-25)还可写成

$$M\mathrm{d}t = \mathrm{d}L \tag{3-26}$$

若质点在合外力矩 M 的作用下，从 t_1 到 t_2 的一段时间内，其角动量由 L_1 变为 L_2，则有

$$\int_{t_1}^{t_2} M\mathrm{d}t = \int_{t_1}^{t_2} \mathrm{d}L = L_2 - L_1 \tag{3-27}$$

式中，$\int_{t_1}^{t_2} M\mathrm{d}t$ 是外力矩与作用时间的乘积，称为冲量矩。

式(3-27)表明，当质点绕定轴转动时，作用在物体上的冲量矩等于角动量的增量。这一定理叫作角动量定理。因此，质点的角动量定理也称为冲量矩定理。力矩对质点作用的累积效应，会导致质点对同一个固定点的角动量的增加。

3.2.4 角动量守恒定律

若质点所受的合外力矩为零，即 $M = 0$，则有

$$L = r \times p = r \times mv = 恒矢量 \tag{3-28}$$

这就是角动量守恒定律：当质点所受的对参考点的合外力矩为零时，质点对该参考点的角动量为一恒矢量。质点的角动量守恒定律的条件是 $M = 0$，这可能有两种情况（$F \neq 0$）：一种情况是 $r = 0$，即质点位于原点上，此时 $M = 0$；另一种情况是质点受的力与质点的位矢同方向或方向相反，此时 $M = r \times F = 0$，如质点做匀速圆周运动就是这种情况。质点做匀速圆周运动时，作用于质点的合力是指向圆心的有心力，故其力矩为零，所以质点做匀速圆周运动时，它对圆心的角动量是守恒的。不仅如此，只要作用于质点的力是有心力(有心力对力心的力矩总是零)，质点对力心的角动量就是守恒的。太阳系中行星的轨道为椭圆，太阳位于两焦点之一，太阳作用于行星的引力是指向太阳的有心力，因此如果以太阳为参考点 O，则行星的角动量是守恒的。

例 3-3 一质点质量为 1 200 kg，沿 $y = 20$ m 的直线以 $v = -15$ m·s^{-1} 的速率在 xOy 平面内运动，求它对坐标系原点 O 的角动量 L。

解： 根据角动量的定义，其大小为

$$L = rmv\sin\theta = r\sin\theta \, mv$$

式中，φ 为位矢与速度间的夹角。因为质点在 Oxy 平面内运动，而速度沿 x 轴的负向，故 $r\sin\theta$ 是质点的 y 坐标值，因此

$$L = ymv = 20 \times 1\,200 \times 15 \text{ kg·m}^2·\text{s}^{-1}$$
$$= 3.6 \times 10^5 \text{ kg·m}^2·\text{s}^{-1}$$

角动量的方向由右手螺旋定则判定，沿 z 轴的正向。

例 3-4 地球绕太阳的运动可以近似地看作匀速圆周运动。已知地球的质量为 5.98×10^{24} kg，地球到太阳的距离为 1.49×10^{11} m，地球绕太阳公转的周期为 365.25 天，求地球绕太阳公转的角动量的大小。

解： 因为地球绕太阳公转的速率为 $v = \dfrac{2\pi r}{T}$，所以地球绕太阳公转的角动量的大小为

$$L = mvr = \frac{2\pi mr^2}{T} = \frac{2\pi \times 5.98 \times 10^{24} \times (1.49 \times 10^{11})^2}{365.25 \times 24 \times 60 \times 60} \text{ kg·m}^2·\text{s}^{-1}$$
$$\approx 2.64 \times 10^{40} \text{ kg·m}^2·\text{s}^{-1}$$

例 3-5　水平放置的光滑桌面中间有一光滑的小孔，轻绳一端伸入孔中，另一端系一质量为 10 g 的小球，小球沿半径为 40 cm 的圆周做匀速圆周运动，这时从小孔下拉绳的力为 10^{-3} N，如图 3-4 所示。如果继续向下拉绳，并使小球沿半径为 10 cm 的圆周做匀速圆周运动，这时小球的速率为多少？拉力所做的功是多少？

图 3-4　例 3-5 图

解：以小球为研究对象。根据题意，由于轻绳作用在小球上的力始终通过小孔，即圆周运动的中心，为有心力，因此小球受轻绳的拉力对小孔的力矩始终为零，即在小球整个运动过程中角动量守恒。设小球质量为 m，圆周运动半径为 $r_0 = 40$ cm 时，其运动速率为 v_0，轻绳拉力大小为 F；圆周运动半径为 $r = 10$ cm 时其运动速率为 v，则由角动量守恒定律可得

$$mv_0 r_0 = mvr$$

又因轻绳对小球的拉力等于小球圆周运动的向心力，故有

$$F = \frac{mv_0^2}{r_0}$$

由以上两式即得

$$v_0 = \sqrt{\frac{Fr_0}{m}} = \sqrt{\frac{10^{-3} \times 40 \times 10^{-2}}{10 \times 10^{-3}}} \text{ m} \cdot \text{s}^{-1} = 0.2 \text{ m} \cdot \text{s}^{-1}$$

$$v = \frac{r_0}{r}v_0 = \frac{40}{10} \times 0.2 \text{ m} \cdot \text{s}^{-1} = 0.8 \text{ m} \cdot \text{s}^{-1}$$

再由质点动能定理可得，轻绳拉力所做的功为

$$A = \frac{1}{2}mv^2 - \frac{1}{2}mv_0^2 = \frac{1}{2}m(v^2 - v_0^2) = \left[\frac{1}{2} \times 10 \times 10^{-3} \times (0.8^2 - 0.2^2)\right] \text{ J} = 3.0 \times 10^{-3} \text{ J}$$

例 3-6　利用角动量守恒证明关于行星运动的开普勒第二定律，即行星对太阳的矢径在相等时间间隔内扫过面积的大小相等。

解：行星绕太阳运动的轨道为一椭圆，如图 3-5 所示，因质点受有心力作用，即此力指向某一固定中心 O，故力对该点的力矩为零，根据质点角动量守恒定律，质点角动量

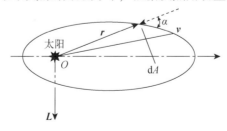

图 3-5　例 3-6 图

$$L = r \times mv = 恒矢量$$

L 的方向垂直于 r 和 v 所在平面，L 是恒矢量，方向不变，则 r 和 v 总保持在同一平面上，质点在有心力作用下始终做平面运动。分析 L 的大小 $|r \times mv|$ = 恒量，由于 m 是常量，因此 $\frac{1}{2}|r \times mv|$ = 恒量或 $\frac{1}{2}|r \times vdt|/dt$ = 恒量。由于 vdt 表示质点在很短时间内的位移，因此 $\frac{1}{2}|r \times vdt|$ 为对应三角形面积，即时间 dt 内位矢扫过的面积，该面积除以 dt 称为面积速率，由 $\frac{1}{2}|r \times vdt|/dt$ = 恒量，可知行星对太阳的矢径在相等的时间间隔内扫过相等的面积。

在日常生活中，应用角动量守恒的例子也很多。例如，跳水运动员在空中做翻转动作时，会把身体蜷缩起来，由于角动量守恒，旋转速度增大；将入水时，将身体展开，旋转速度变慢，便于平稳入水。又如，花样滑冰演员用一只脚的脚尖着地进行旋转，将双臂抱紧，腿收拢，旋转速度加快；将手脚张开，旋转速度变慢，也是同样道理。

角动量守恒也应用到飞行技术等其他方面。例如，安装在轮船、飞机或火箭上的导航装置回转仪，也叫作陀螺仪，就是通过角动量守恒的原理来工作的。回转仪的核心器件是一个转动惯量较大的转子，装在"常平架"上。常平架由两个圆环构成，转子和圆环之间用轴承连接，轴承的摩擦力矩极小。转子转动时可看作不受力矩的作用，一旦转动起来，它的角动量将守恒，则其指向将永远不变，因而能实现导航作用。

3.3　动能定理和能量守恒定律

本节对经典力学的基本问题，即在已知的相互作用下一个系统的运动进行进一步的讨论。这里将引入两个重要的新概念：功和能。表面上看它们似乎只不过是方便计算的数学手段，其实它们具有十分重要的物理意义。

人们对于功能概念和有关规律的认识经过了一个漫长的历史过程。在历史上，功的概念是随着度量物体运动效果的问题逐步发展起来的。起初，笛卡儿学派从运动量守恒的基本定律出发，认为应该把物体的质量和速度的乘积作为物体运动量的度量，但德国物理学家、数学家莱布尼茨在他的论文中通过举高物体下落说明动力不能用物体的质量和速度的乘积来度量，而只能由它产生的效果 mv^2 来度量。直到 1743 年，法国力学家 J. R. 达朗贝尔在他的《动力学》的序言中指出了两种度量都有效，在其阻抗足以使运动物体在一瞬间停止下来（即平衡）的情况下，物体的质量与速度的乘积 mv 可以用来作为物体运动的力的量度；而在障碍使物体运动减速的情况下，"活力" mv^2 可作为运动物体的力的量度。1801 年，英国物理学家托马斯·杨引入了能量的概念以后，人们对这两种动力学量才有了进一步认识。1880 年，恩格斯在《运动的度量——功》一文中，根据自然科学在当时的最新成就，揭示了这两种度量的本质区别。恩格斯还第一次提出了功的概念，并将其定义为物体受到力与该力作用下物体运动距离的乘积，它的效果表现在物体"活力"（动能）发生变化。

3.3.1　功和功率

功是表示力的空间累积的物理量。在机械运动中，力做功产生的效果是使物体的机械能发生变化，功则作为能量变化的量度。为便于研究，我们可从恒力做功入手。

1. 恒力的功

质点在恒力 $\boldsymbol{F}$ 的作用下沿直线运动，位移为 s，并且与力的夹角为 θ，则力 $\boldsymbol{F}$ 对物体所做的功 A 为

3.3.1　功和功率

$$A = F\cos\theta \cdot s = Fs\cos\theta \tag{3-29}$$

即在恒力作用情况下受力点沿直线运动，力所做的功等于力沿受力点位移方向的投影与受力点位移的乘积。写成矢量式为

$$A = \boldsymbol{F} \cdot \boldsymbol{s} \tag{3-30}$$

功是标量，没有方向，只有大小和正负。在国际单位制中，功的单位是焦耳，符号是 J 或 N·m。

2. 变力的功

如果物体受一变力 $\boldsymbol{F}$ 作用，沿曲线 l 从点 a 移动到点 b，如图 3-6 所示。我们可先求力 $\boldsymbol{F}$ 在曲线上一段位移元 $\mathrm{d}\boldsymbol{r}$ 上所做的功，叫作元功。在位移元 $\mathrm{d}\boldsymbol{r}$ 上，可以认为力 $\boldsymbol{F}$ 的大小和方向变化不大，即可当作恒力，则在每一个位移元内，力 $\boldsymbol{F}$ 所做的功为

$$\mathrm{d}A_i = \boldsymbol{F}_i \cdot \mathrm{d}\boldsymbol{r}_i = F_i\cos\theta\,\mathrm{d}r_i\theta \tag{3-31}$$

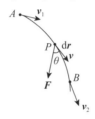

图 3-6　变力的功

在物体从点 a 沿曲线路径 l 移到点 b 的过程中，力 $\boldsymbol{F}$ 所做的功等于所有位移元上该力所做元功之总和，从而可给出功的一般定义式为

$$A = \int_a^b \mathrm{d}A_i = \int_a^b \boldsymbol{F} \cdot \mathrm{d}\boldsymbol{r} \tag{3-32}$$

如果物体同时受到 n 个力 $\boldsymbol{F}_1$，$\boldsymbol{F}_2$，$\cdots$，$\boldsymbol{F}_n$ 的作用，则按标量积的分配律，合力对物体所做的功为

$$A = A_1 + A_2 + \cdots + A_n = \sum_{i=1}^{n} A_i \tag{3-33}$$

即合力对物体所做的功等于其中各个力分别对该物体所做功之代数和。

3. 功率

在实际问题中，我们不仅关心力所做的功，而且关心完成这一功的快慢程度。例如，把一块预制楼板从地面升到楼顶，用起重机在几分钟内就能完成，但用人工抬则需要几十分钟才能完成。因此，这里需要引入一个反映做功快慢的物理量，称为功率，即功随时间的变化率，用 P 表示。设在时间 Δt 内完成功 ΔA，则在这段时间内的平均功率定义为

$$\overline{P} = \frac{\Delta A}{\Delta t} \tag{3-34}$$

当 $\Delta t \to 0$ 时，则得某时刻的瞬时功率为

$$P = \lim_{\Delta t \to 0} \frac{\Delta A}{\Delta t} = \frac{dA}{dt} \tag{3-35}$$

利用 $dA = F \cdot dr$ 和 $v = dr/dt$，式(3-35)可改写成

$$P = F \cdot v \tag{3-36}$$

式(3-36)表明，瞬时功率等于力和速度的标量积。由此可见，当发动机的功率一定时，若要加大牵引力，就得降低速度，所以汽车在上坡时应换低挡慢速行驶。

功率的单位是瓦(W)或千瓦(kW)。

3.3.2 质点的动能定理

瀑布自崖顶落下，重力对水流做功，使水流的速率增加；水流冲击水轮机，冲击力对叶片做功，使叶片转动起来。可见，力做功可以产生的空间累积效应，使物体的运动状态改变。

如有一质量为 m 的质点在合外力的作用下，自点 A 沿曲线运动到点 B，依据牛顿第二定律切向分量式

$$F_\tau = ma_\tau = m\frac{dv}{dt} = m\frac{dv}{ds}\frac{ds}{dt} = mv\frac{dv}{ds} \tag{3-37}$$

两端同乘 ds，并积分得

$$A = \int_a^b F\cos\theta ds = \int_a^b m\frac{dv}{dt}ds = \int_a^b m\frac{dv}{ds}\frac{ds}{dt}ds = \int_{v_1}^{v_2} mvdv = \frac{1}{2}mv_2^2 - \frac{1}{2}mv_1^2 \tag{3-38}$$

式中，$\frac{1}{2}mv^2$ 是描述质点运动状态的量，称为质点的动能，用 E_k 表示。若用 E_{k1} 和 E_{k2} 分别表示质点在起始和终了位置时的动能，则式(3-38)可写成

$$A = E_{k2} - E_{k1} \tag{3-39}$$

式(3-39)表明，合外力对质点所做的功等于质点动能的增量。这一结论称为质点的动能定理，它表述了做功与物体运动状态改变(即动能的增量)之间的关系。动能是标量，在国际单位制中，其单位与功的单位相同，也是焦耳(J)。

动能是反映物体运动状态的物理量，是一种状态量。如果合外力做正功，即 $A > 0$，则质点的动能增加；如果合外力做负功，即 $A < 0$，则质点的动能减少，这时也可以说是质点克服外力做功。由此可以说，质点具有动能，即质点由于运动而具有做功的本领。

功和能是两个不同的概念。能量是个状态量，功是能量变化的量度，是一个过程量，我们说物体在某一时刻或某一位置拥有多少功是没有任何意义的。

例3-7　质量为 m 的物体沿 Ox 轴方向运动，试求在沿 Ox 轴方向的合外力 $F = -kx^2$ 作用下，从 $x = x_0$ 处自静止开始而到达 x 处的速率。

解：由题设，按质点动能定理，有

$$\int_{x_0}^x (-k/x^2)dx = mv^2/2 - 0$$

即

$$k/x \Big|_{x_0}^x = mv^2/2$$

由此得速率为

$$v = \left[(2k/m)(1/x - 1/x_0) \right]^{1/2}$$

例 3-8 力 F 作用在质量为 1 kg 的质点上，已知在此力作用下质点的运动方程为 $x = 3t - 4t^2 + t^3 (SI)$，求 0~4 s 内，力 F 对质点所做的功。

解：由运动方程可得质点的速率为

$$v = \frac{dx}{dt} = \frac{d}{dt}(3t - 4t^2 + t^3) = 3 - 8t + 3t^2$$

当 $t = 0$ 时，$v_0 = (3 - 8 \times 0 + 3 \times 0^2) \text{m} \cdot \text{s}^{-1} = 3 \text{ m} \cdot \text{s}^{-1}$

当 $t = 4$ s 时，$v = (3 - 8 \times 4 + 3 \times 4^2) \text{m} \cdot \text{s}^{-1} = 19 \text{ m} \cdot \text{s}^{-1}$

因而质点始末状态的动能分别为

$$E_{k0} = \frac{1}{2}mv_0^2 = \frac{1}{2} \times 1 \times 3^2 \text{ J} = 4.5 \text{ J}$$

$$E_k = \frac{1}{2}mv^2 = \frac{1}{2} \times 1 \times 19^2 \text{ J} = 180.5 \text{ J}$$

根据质点的动能定理，可知力对质点所做的功为

$$A = E_k - E_{k0} = (180.5 - 4.5) \text{J} = 176 \text{ J}$$

如果用牛顿第二定律解上题，则需按不同坡度分别求出质点的加速度，再进一步求速度，但应用动能定理只要知道初、末状态动能的变化就可以解决问题。动能定理表明总功与始末动能的关系，不涉及中间各瞬时的运动状态，因此对于那些仅讨论物体始末运动状态的变化，而功又比较易于计算的问题，应用动能定理比较方便。

3.3.3 势能

1. 保守力和非保守力做功特点

自然界中有一些力，如万有引力、重力、弹性力和库仑力等，虽然形式上不一样，但在做功方面却有相同的特点。

3.3.3 保守力和势能

1）万有引力做功

有一静止质点，质量为 m_0，在其引力场中，一质量为 m 的质点从点 a 沿 acb 路径运动到点 b，取质点 m_0 所在位置为坐标原点，点 a 和点 b 到坐标原点的距离分别为 r_a 和 r_b，如图 3-7 所示。现计算作用于质点 m 的万有引力做的功。

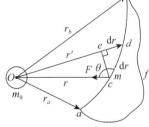

图 3-7 万有引力做功

引力所做的元功为

$$dA = \boldsymbol{F} \cdot d\boldsymbol{r} = -G\frac{Mm}{r^2}\boldsymbol{e}_r \cdot d\boldsymbol{r} = -G\frac{Mm}{r^2}|\boldsymbol{e}_r| \cdot |d\boldsymbol{r}|\cos\theta = -G\frac{Mm}{r^2}dr \qquad (3-40)$$

当质点 m 从点 a 运动到点 b 时，引力所做的总功为

$$A = \int_{r_a}^{r_b} - G\frac{Mm}{r^2}\mathrm{d}r = GMm\left(\frac{1}{r_b} - \frac{1}{r_a}\right) \tag{3-41}$$

结果表明，引力做功只与质点的始末位置有关，而与质点所经过的路径无关。

2）重力做功

质量为 m 的质点，在重力的作用下从点 a 沿 acb 路径运动到点 b，则重力所做的元功为

$$\mathrm{d}A = m\boldsymbol{g} \cdot \mathrm{d}\boldsymbol{r} = - mg\boldsymbol{j} \cdot (\mathrm{d}x\boldsymbol{i} + \mathrm{d}y\boldsymbol{j}) = - mg\mathrm{d}y \tag{3-42}$$

根据功的定义，重力所做的功为

$$A = \int_{y_a}^{y_b} - mg\mathrm{d}y = - mg(y_b - y_a) = - (mgy_b - mgy_a) \tag{3-43}$$

即

$$A = mgy_a - mgy_b \tag{3-44}$$

由上式可以看出，重力做功只取决于质点的始末位置，而与质点所经过的路径无关。

3）弹性力做功

在光滑水平面上放置一个弹簧，弹簧一端固定，另一端与一个质量为 m 的质点相连。以弹簧原长时质点的位置为 O 点，如图 3-8 所示。

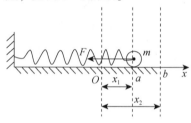

图 3-8　弹性力做功

在外力的作用下，若质点从点 a 被拉到点 b，则弹性力所做的元功为

$$\mathrm{d}A = \boldsymbol{F} \cdot \mathrm{d}x\boldsymbol{i} = (- kx\boldsymbol{i}) \cdot (\mathrm{d}x\boldsymbol{i}) = - kx\mathrm{d}x \qquad A = \int_{x_1}^{x_2} - kx\mathrm{d}x = \frac{1}{2}kx_1^2 - \frac{1}{2}kx_2^2 \tag{3-45}$$

由式（3-45）可以看出，弹性力做功也只与质点的始末位置有关，而与质点所经过的路径无关。

4）摩擦力做功

设一个质点在粗糙的平面上运动，则摩擦力做的功为

$$A = \int \boldsymbol{F} \cdot \mathrm{d}\boldsymbol{s} = \int - F_t\mathrm{d}s \tag{3-46}$$

为方便起见，假定摩擦力为常量，则有

$$A = - F_t\Delta s \tag{3-47}$$

可见，摩擦力做功与质点运动的具体路径有关。

综上所述，万有引力、重力及弹性力等对质点所做功仅与质点的始、末位置有关，而与质点经过的路径无关。数学上将这一特点表示为

$$\oint \boldsymbol{F} \cdot \mathrm{d}\boldsymbol{s} = 0 \tag{3-48}$$

即力沿闭合路径所做的功等于零，这种力被称为保守力。而另一类力，如摩擦力、磁场力等，它们对运动质点所做的功与质点所经过的路径有关，或者说力沿闭合路径所做的功不等于零，这类力被称为非保守力。

2. 势能的定义

根据保守力做功的特点，重力、万有引力和弹性力这类力做功的结果可以统一用始末位置状态的单值函数的差值来表示，这一关于位置状态的单值函数称为系统在该点的势能，用 E_p 表示。这样，与初态位形相关的势能用 E_{pa} 表示，与末态位形相关的势能用 E_{pb} 表示，式 (3-46)~式(3-48)就可以归纳为

$$A_{ab} = \int_a^b \boldsymbol{F} \cdot \mathrm{d}\boldsymbol{r} = -(E_{pb} - E_{pa}) = E_{pa} - E_{pb} \tag{3-49}$$

即在一个系统中保守力做的功等于系统势能增量的负值，这就是势能的定义式，其中负号表示保守力做正功时系统的势能将减少。

保守力做功只给出了势能之差。要确定势能，还必须选择一个参考位置，规定质点在该位置的势能为零，通常称这一位置为势能零点，则有

$$E_p = \int_P^0 \boldsymbol{F} \cdot \mathrm{d}\boldsymbol{r} \tag{3-50}$$

即质点在某一位置所具有的势能等于把质点从该位置沿任意路径移到势能为零的点时保守力所做的功。

需要注意，势能属于由质点系所构成的某个系统，并不单独属于哪个质点，因为力是相互的，位移是相对的，只是为了叙述方便，才简称为某一质点的势能。势能的多少是相对势能零点而言的。而势能零点的选取应以方便计算、势能表达式简单为原则，举例如下。

重力势能零点可选在任意位置，即 $y_b = 0$，则重力势能为

$$E_{pa} = mgy_a \tag{3-51}$$

弹性势能零点需选在弹簧原长处，即 $y_b = 0$，则弹性势能为

$$E_{pa} = \frac{1}{2}kx_a^2 \tag{3-52}$$

引力势能零点需设在无穷远点，即 $r_b = \infty$，则引力势能为

$$E_{pa} = -G\frac{Mm}{r_a} \tag{3-53}$$

对于势能的理解需要注意，因势能与物体间相互作用的保守力相互联系，是由系统内各物体间相互作用的保守力和相对位置决定的能量，故势能属于以保守力相互作用的物体组成的物体系或质点组，如重力势能就是属于地球和物体所组成的系统的。同样，弹性势能和引力势能也是属于有弹性力和引力作用的系统的。我们谈到"某质点的引力势能"，这只是为了描述简便，要反映物理实质，更准确的说法是"某物体系或质点组具有的势能"。

因为势能是坐标的函数，是状态量，所以某点处系统的势能只有相对意义，势能的值与势能零点的选取有关。选取不同的势能零点，物体的势能就将具有不同的值，但两点间的势能差则是绝对的，与势能零点的选取无关。

例 3-9 两粒子间存在引力，引力大小与它们的距离的 3 次方成反比，即 $F = kr^{-3}$，如图 3-9 所示，设引力为零处，势能为零，求两粒子间相距为 a 时的势能。

图 3-9 例 3-9 图

解：以某一粒子 1 所在处为原点，粒子 2 在无穷远处受力为零，所以势能零点选在无穷远处。利用功的定义可得

$$E_{pa} = \int_a^\infty (-kr^{-3}) \mathrm{d}r = \frac{k}{2r^2} \Big|_a^\infty = -2ka^{-2}$$

势能为负值意味着要将该粒子从距原点为 a 的点移至势能零点该引力做负功，也可理解为要将粒子 2 从距原点为 a 的点移至无穷远，必须靠外力做功才能实现。

3.3.4 功能原理

关于质点的动能定理，也可以推广到由几个物体组成的质点组。显然，系统的动能定理的形式与式(3-39)相同，即

$$A = E_k - E_{k0} \tag{3-54}$$

只是，现在 E_k 和 E_{k0} 分别表示物体在末态和始态的总动能（$E_k = \sum\limits_{i=1}^n E_{ki}$ 和 $E_{k0} = \sum\limits_{i=1}^n E_{k0i}$），即作用在物体上所有的外力和内力做功的代数和。

因为内力包括保守内力和非保守内力，所以内力的功包括保守内力的功 $A_{保内}$ 和非保守内力的功 $A_{非保内}$，即

$$A = A_{外力} + A_{内力} = A_{外力} + A_{保内} + A_{非保内} \tag{3-55}$$

而保守力所做的功等于势能增量的负值，即

$$A_{保内} = -\Big(\sum_{i=1}^n E_{pi} - \sum_{i=1}^n E_{p0i}\Big) \tag{3-56}$$

因此

$$A_{外力} + A_{非保内} = \Big(\sum_{i=1}^n E_{ki} - \sum_{i=1}^n E_{k0i}\Big) + \Big(\sum_{i=1}^n E_{pi} - \sum_{i=1}^n E_{p0i}\Big)$$
$$= \Big(\sum_{i=1}^n E_{ki} + \sum_{i=1}^n E_{pi}\Big) - \Big(\sum_{i=1}^n E_{k0i} + \sum_{i=1}^n E_{p0i}\Big) \tag{3-57}$$

系统的动能与势能之和为系统的机械能 E，即

$$E = E_k + E_p \tag{3-58}$$

则有

$$A_{外力} + A_{非保内} = E - E_0 \tag{3-59}$$

式中，$E = \sum\limits_{i=1}^n E_{ki} + \sum\limits_{i=1}^n E_{pi}$ 为系统的末态机械能；$E_0 = \sum\limits_{i=1}^n E_{k0i} + \sum\limits_{i=1}^n E_{p0i}$ 为系统的始态机械能。

式(3-59)表明，质点系的功能原理即质点系的机械能的增量等于外力和非保守内力对系统所做的功之和。

功能原理与质点系动能定理的不同之处是，功能原理将保守内力做的功用势能差来代替。因此，在用功能原理解题的过程中，计算功时，要注意将保守内力的功除外。

3.3.5 机械能守恒定律

如果所有外力和非保守内力对系统都不做功，即 $A_外 = 0$，$A_{非保内} = 0$，则在系统运动的全

过程中，它的机械能保持不变，这就是机械能守恒定律。其表达式为

$$E_k + E_p = 恒量 \tag{3-60}$$

机械能守恒定律表明，对于只有保守内力做功的系统，系统的机械能是一守恒量。在机械能守恒的前提下，系统的动能和势能可以互相转化，系统各组成部分的能量可以互相转移，但它们的总和不会变化。

3.3.5 机械能守恒

例 3-10 SSETI Express 是由欧洲 20 多所学校学生联合制造的卫星，其质量为 62 kg，载重为 24 kg。2005 年，该卫星发射成功，进入轨道后，在距地面 686 km 的高空绕地球转动。已知地球的质量为 5.98×10^{24} kg，地球的半径为 6.37×10^6 m，求发射过程中万有引力做的功。

解：将地球与卫星作为研究系统，设地球质量为 m_1，半径为 R，卫星的质量为 m_2，则发射前系统的万有引力势能为 $-\dfrac{Gm_1m_2}{R}$。卫星进入轨道后，距离地面的高度为 h，系统的万有引力势能为 $-\dfrac{Gm_1m_2}{R+h}$。万有引力是保守力，发射过程中它做的功等于系统万有引力势能的减少，即

$$W = \frac{Gm_1m_2}{R+h} - \frac{Gm_1m_2}{R}$$

$$= 6.67\times10^{-11}\times5.98\times10^{24}\times(62+24)\times\left(\frac{1}{6.37\times10^6+686\times10^3} - \frac{1}{6.37\times10^6}\right) \text{J}$$

$$\approx -5.15\times10^8 \text{ J}$$

卫星远离地球，故万有引力的功为负值。

例 3-11 一弹性系数为 k 的轻弹簧上端固定，下端悬挂一质量为 m 的物体，如图 3-10 所示。先用手将物体托住，使弹簧保持原长。试求下列情况中弹簧的最大伸长量：(1)将物体托住慢慢放下；(2)突然撒手，使物体落下。

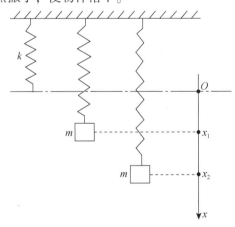

图 3-10 例 3-11 图

解：(1)选物体为研究对象，进行受力分析。将物体慢慢放下，可以认为在整个过程中物体受力平衡。在弹簧达到最大伸长量时，作用在物体上的重力应与弹力相互平衡，称此位置为平衡位置。若以弹簧原长时下端所在处为坐标原点，向下为正向建立坐标轴，则弹簧伸

长量可用其下端坐标值 x_1 表示。根据受力平衡，有

$$mg - kx_1 = 0$$

解方程得

$$x_1 = \frac{mg}{k}$$

（2）选择物体、弹簧、地面为系统，进行受力分析。若突然撒手，则在物体落下过程中，外力和非保守内力不做功，只有重力和弹性力这两个保守内力做功，系统机械能守恒。选图中 O 点为重力势能和弹性势能零点，则刚撒手时，系统机械能为 $E_0 = 0$。设弹簧最大伸长量为 x_2，则弹簧达到最大伸长量时系统的机械能为

$$E = 0 + \frac{1}{2}kx_2^2 - mgx_2$$

根据机械能守恒（$E = E_0$），有

$$0 = 0 + \frac{1}{2}kx_2^2 - mgx_2$$

解方程得

$$x_2 = \frac{2mg}{k}$$

例 3-12 要使飞船脱离地球的引力束缚，问发射飞船的速度最小值（第二宇宙速度）为多大？

解： 取飞船和地球为系统，忽略空气阻力，飞船在脱离火箭后只受万有引力（保守力）的作用，故飞船在飞行过程中系统的机械能守恒。设在地面飞船发射时的速率为 v，飞船脱离地球引力时的速率为 v_∞，选无穷远处为万有引力的势能零点。由机械能守恒定律有

$$\frac{1}{2}mv^2 + \left(-G\frac{m'm}{R}\right) = \frac{1}{2}mv_\infty^2 + 0$$

式中，m' 和 m 分别是地球和飞船的质量。因为所求的是最小速度，所以取 $v_\infty = 0$ 即可求得 v 的最小值，即

$$v = \sqrt{\frac{2Gm'}{R}}$$

把 $G = 6.67 \times 10^{-11}$ N·m²·kg⁻²，$R = 6.4 \times 10^6$ m 和 $m' = 5.977 \times 10^{24}$ kg 代入上式，计算求得 $v = 1.12 \times 10^4$ m·s⁻¹。此值即第二宇宙速度，也称地球逃逸速度。

可见，某一星体的质量越大，半径越小，其逃逸速度就越大。经计算得，太阳的逃逸速度为 620 km·s⁻¹。中子星的质量和太阳相当，但半径大约只有 10 km，其逃逸速度几乎为光速的一半。如果某星体的逃逸速度接近光速，则从该星体上发射的光线将被星体吸引而难以逃逸，这样我们就不能观察到该星体所发射的光，而且一切物体经过该星体时都将被其引力所吸引，这样的星体称为黑洞。

3.3.6　能量守恒定律

由于物质的运动形式具有多样性，因此能量的形式也是多种多样的。大量的实践证明，在系统的机械能增加或减少时，必然伴随其他形式能量（如热能、电磁能、化学能等）的等值减少或增加，系统能量的总和保持不变。概括地说，一个孤立系统经历任何变化过程，系

统所有能量的总和保持不变。能量既不能凭空产生，也不能凭空消灭，只能从一种形式转化为另一种形式，或者从一个物体转移到另一个物体，这就是能量守恒定律。它是自然界最具有普遍性的定律之一，机械能守恒定律仅是它的一个特例。

能量的概念是物理学中最重要的概念之一。在物质世界千姿百态的运动形式中，能量是能够跨越各种运动形式并作为物质运动一般性量度的物理量。能量守恒的实质正是表明各种物质运动可以相互转换，但是物质或运动本身既不能创造又不能消灭。20 世纪初，爱因斯坦提出了著名的相对论质量能量关系，将能量守恒定律与质量守恒定律统一起来。

知识扩展

一、宇宙速度

2020 年 7 月 23 日，在海南文昌卫星发射基地，一艘搭载了"天问一号"火星探测器的"长征五号"火箭发射升空，正式开启火星之旅，这预示着我国在火星探测方面正式踏出了具有历史意义的一步。

奔向宇宙的第一步就是逃出地球。物体的速度多快才能摆脱地心引力呢？这就需要了解宇宙速度的概念。

1. 第一宇宙速度(人造卫星)

物体在地球表面附近绕地球做匀速圆周运动的速度叫环绕速度，物体绕近地轨道运行所需的最小发射速度称为第一宇宙速度。这时，物体成为人造地球卫星。

把卫星和地球视为一个系统，忽略大气阻力，则系统不受外力作用，内力为保守力，系统机械能守恒。设无限远处为势能零点，卫星在地面发射时，机械能为

$$E_1 = \frac{1}{2}mv_0^2 + \left(-G\frac{m_E m}{R} \right) \tag{3-61}$$

式中，v_0 是卫星的发射速率；m_E 和 R 分别是地球的质量和半径。

到达轨道后，卫星的机械能变为

$$E_2 = \frac{1}{2}mv^2 + \left(-G\frac{m_E m}{r} \right) \tag{3-62}$$

式中，r 是卫星绕地球做圆周运动的轨道半径。

根据机械能守恒，$E_1 = E_2$。

卫星绕地球做圆周运动，地球引力为圆周运动所需向心力，即

$$G\frac{m_E m}{r^2} = m\frac{v^2}{r} \tag{3-63}$$

可得卫星的发射速率为

$$v_0 = \sqrt{\frac{2Gm_E}{R} - G\frac{m_E}{r}} \tag{3-64}$$

可见，轨道半径越大，所需发射速率越大，当卫星做近地轨道运行，即 $r \approx R$ 时，发射速率最小，由此求得第一宇宙速度大小为

$$v_1 = \sqrt{\frac{m_E G}{R}} = \sqrt{\frac{m_E G}{R^2}R} = \sqrt{gR} \approx 7.9 \times 10^3 \text{ m} \cdot \text{s}^{-1} \tag{3-65}$$

此时，发射速率与卫星环绕速度大小相同，此时不必考虑卫星的发射方向。

2. 第二宇宙速度(人造行星)

地面上发射物体，使其脱离地球绕太阳运行所需的最小发射速率称为第二宇宙速度。此时，物体逃离地球，成为太阳系的人造行星。

把物体和地球视为一个系统，忽略阻力，系统机械能守恒。以地球为参考系，脱离地球引力，卫星势能为零，相当于 $r = \infty$，而且消耗了全部动能，即

$$\frac{1}{2}mv^2 - G\frac{m_E m}{R} = 0 \tag{3-66}$$

由 $\dfrac{m_E G}{R^2} = mg$ 可得第二宇宙速度大小为

$$v_2 = \sqrt{2gR} \approx 11.2 \times 10^3 \text{ m} \cdot \text{s}^{-1} \tag{3-67}$$

第二宇宙速度大约等于第一宇宙速度的 $\sqrt{2}$ 倍。

物体从距离地面不同的高度上脱离地球所需的最小速度称为脱离速度，又称逃逸速度。实际上，逃逸速度是随物体距地心的距离不同(即不同的高度)而变化的，它随高度增加而降低，第二宇宙速度只是物体从零高度，即从地面脱离地球时的特例。

3. 第三宇宙速度(飞出太阳系)

使物体脱离太阳引力束缚所需的最小发射速率称为第三宇宙速度。此时，物体摆脱太阳引力的束缚，脱离太阳系进入更广袤的宇宙空间。

物体在飞行过程中，受到地球、太阳和其他星体的引力作用，比较复杂。为此做如下近似处理：不考虑其他星体引力，脱离地球引力之前物体只受地球引力，脱离太阳引力前物体只受太阳引力。

以地球为参考系，根据机械能守恒定律，有

$$\frac{1}{2}mv_3^2 - G\frac{m_E m}{R_E} = \frac{1}{2}mv_E'^2 \tag{3-68}$$

式中，v_E' 是物体相对于地球的速率，即物体脱离地球引力后还要剩余足够的动能 $\dfrac{1}{2}mv_E'^2$。

再以太阳为参考系，物体脱离地球引力后，与地球在同一轨道绕太阳飞行，卫星与太阳的距离近似为地球与太阳的距离，并可以利用多余动能 $\dfrac{1}{2}mv_E'^2$ 脱离太阳系。设卫星相对太阳的速率为 v_s，与脱离地球引力类似，有

$$\frac{1}{2}mv_s'^2 - G\frac{m_s m}{R_s} = 0 \tag{3-69}$$

式中，m_s 和 R_s 分别为太阳的质量和半径。地球绕太阳公转需满足

$$G\frac{m_E m_s}{R_s^2} = m_E \frac{v_{Es}^2}{R_s} \tag{3-70}$$

由于卫星和地球沿同一方向运动，v_E 为地球相对于太阳的速率，根据速率变换公式

$$v_s' = v_{Es} + v_E' \tag{3-71}$$

将 $m_s = 1.99 \times 10^{30}$ kg，$R_s = 1.50 \times 10^{11}$ m 代入之前的方程中，可以求出

$$v'_E = 12.3 \times 10^3 \text{ m} \cdot \text{s}^{-1}$$

最终解得第三宇宙速度大小为

$$v_3 = 16.6 \times 10^3 \text{ m} \cdot \text{s}^{-1}$$

二、弹弓效应

弹弓效应是指利用行星或其他天体的相对运动和引力改变飞行器的轨道和速度。弹弓效应既可用于加速飞行器，也可用于降低飞行器速度。

如不考虑其他因素的影响，当飞行器逐渐飞近一颗较大质量的天体时，如图 3-11 所示，天体和飞行器之间存在万有引力作用，总能量是守恒的，而飞行器在进入和离开行星轨道时，与行星的相对速度大小没有变化，但方向发生了变化。再加上行星本身的速度，从旁观者角度来看，飞行器的绝对速度就发生了变化。这一过程也可以看成是一种非接触性碰撞。举个通俗一些的例子，就是一个网球以速率 v 飞向球拍，考虑完全弹性碰撞，球会以同样的速率 v 反弹回来；而如果网球以速率 v 砸向一个以速率 u_0 迎面挥来的球拍上，网球则会以 $v+2u_0$ 的速率反弹回来。飞行器可以利用弹弓效应来解决只依靠自身所携带的燃料不足以支持到达指定位置的问题。同时，由于天体质量很大，因此跟其他的作用相比，弹弓效应对大质量天体能量的改变可以忽略不计。

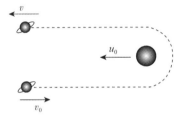

图 3-11　弹弓效应

可以说，目前所有的地外行星探索活动，都离不开引力助推技术。当前离地球最远的人造物体"旅行者 1 号"，当年就连续利用了木星和土星的引力场进行加速。除此之外，探索土星的"卡西尼号"等探测器的飞行过程中也都用了引力助推技术。

思考题

3-1　如果某系统既受外力作用，又存在非保守内力，那么这个系统的机械能是否一定不守恒？

3-2　"跳伞员张伞后匀速下降，重力与空气阻力相等，合力所做的功为零，因此机械能守恒"，这一说法对吗？

3-3　(1)试述物体的动量和所受外力的冲量之间的关系；(2)棒球运动员在接球时为何要戴厚而软的手套？

3-4　如果一个质点同时受到几个外力的作用，在同一段时间内，质点动量的增量是否等于任何一个外力的冲量？

3-5　步枪开火时为什么一定会有后坐力？

3-6　(1)试述系统的动量定理，以及动量守恒定律及其适用条件；(2)一个人从大船上容易跳上岸，而从小船上不容易跳上岸，请解释其原因；(3)有人认为，由于动量等于质量乘以速度，而且物体的质量是不变的，因此动量守恒时速度一定守恒，这种观点对吗？

3-7 "一定质量的质点在运动中某时刻的加速度一经确定，则质点所受的合力就可以确定了，同时，作用于质点的力矩也就被确定了"，这一说法对吗？

3-8 "质点做圆周运动时必定受到力矩作用，质点做直线运动必定不受力矩作用"，这种观点对吗？

3-9 当汽艇在水面上绕圆心 O 做匀速圆周运动时，其速率为 v。问：汽艇的动量和对 O 点的角动量是否都守恒？它的机械能呢？为什么？

3-10 只要施力就做功了吗？请加以说明。

3-11 只要物体运动一段距离就做功了吗？请加以说明。

3-12 起重机提升重物。问：在加速上升、匀速上升、减速上升以及加速下降、匀速下降、减速下降这 6 种情况下，合力之功的正负如何？在加速上升和匀速上升了距离 h 这种情况下，起重机挂钩对重物的拉力所做的功是否一样多？

3-13 在 3 s 内把重力为 30 N 的哑铃举高 0.5 m，做了多少功？输出功率是多少？

3-14 一人将质量为 10 kg 的物体提高 1 m，他对物体做了多少功？重力对物体做了多少功？此后若将物体提着不动，他是否需要继续做功？

3-15 试述质点的动能定理。阐明功与动能的区别和联系。

3-16 举例说明保守力和非保守力的区别。

3-17 弹簧 A 和 B 的弹性系数分别为 k_A 和 k_B，已知 $k_A > k_B$。(1)将弹簧拉长同样的距离；(2)拉长两个弹簧到某个长度时，所用的力相同。在这两种拉伸弹簧的过程中，对哪个弹簧做功更多？

3-18 "弹簧拉伸或压缩时的弹性势能总是正的"，这一论断是否正确？如果不正确，在什么情况下，弹性势能会是负的？

习　题

3-1 有一质量为 m 的物体，由水平面上点 O 以初速率 v_0 抛出，v_0 与水平面成仰角 α。若不计空气阻力，求：(1)物体从发射点 O 到最高点的过程中，重力的冲量；(2)物体从发射点落回至同一水平面的过程中，重力的冲量。

3-2 (1)一个质量为 50 g 的小球以速率 20 m·s^{-1} 做平面匀速圆周运动，运动周期 $T =$ 4 s，求在 1/2 周期内向心力给它的冲量和平均冲力是多大？(2)一架飞机在空中以 300 m·s^{-1} 的速率水平匀速飞行，而一只质量为 0.3 kg 的小鸟以 4 m·s^{-1} 的速率相向飞来，不幸相撞，相撞持续时间约为 3 ms，求鸟与飞机间的平均作用力。

3-3 一力 $F = 30 + 40t$(SI) 作用在质量为 10 kg 的物体上，求：(1)开始 2 s 内此力的冲量；(2)若物体的初速度大小为 10 m·s^{-1}，方向与力相同，在 $t = 6.86$ s 时，物体的速度大小。

3-4 质量为 M 的木块静止在光滑的水平面桌面上，质量为 m、速率为 v_0 的子弹水平地射入木块，并陷在木块内与木块一起运动。求：(1)子弹相对木块静止后，木块的速率和动量；(2)子弹相对木块静止后，子弹的动量；(3)在这个过程中，子弹施于木块的冲量。

3-5 一个具有单位质量的质点在随时间 t 变化的力 $\boldsymbol{F} = (3t^2 - 4t)\boldsymbol{i} + (12t - 6)\boldsymbol{j}$(SI) 作用下运动。设该质点在 $t = 0$ 时位于原点，且速度为零。求 $t = 2$ s 时，该质点受到对原点的力

矩和该质点对原点的角动量。

3-6 A、B 两个人溜冰，他们的质量均为 70 kg，各以 4 m·s⁻¹ 的速率在相距 1.5 m 的平行线上相对滑行。当他们要相遇而过时，两人互相拉起手，因而绕他们的对称中心做圆周运动，如习题 3-6 图所示，将此二人作为一个系统，求：(1)该系统的总动量和总角动量；(2)开始做圆周运动时的角速度。

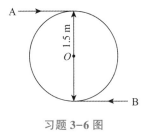

习题 3-6 图

3-7 地球处于远日点时距太阳 1.52×10^{11} m，轨道速度为 2.93×10^4 m·s⁻¹。半年后，地球处于近日点，此时距太阳 1.47×10^{11} m。求地球处于近日点时的轨道速率。

3-8 一质量为 m 的质点在 xOy 平面上运动，其位矢为 $\boldsymbol{r} = a\cos\omega t\boldsymbol{i} + b\sin\omega t\boldsymbol{j}$ (SI)，其中 a、b、ω 均为常数，求：(1)质点在任意时刻的速度、加速度；(2)质点所受的对原点 O 的力矩；(3)质点对原点 O 的角动量，该角动量守恒吗？

3-9 跳伞运动员自重为 600 N，以终极速率下落 200 m 时，他对空气做了多少功？

3-10 一质点在几个力的作用下，做半径为 R 的圆周运动，圆周中心为原点，若其中一个力是恒力 $\boldsymbol{F}_0$，力方向始终沿 x 轴正向，即 $\boldsymbol{F}_0 = F_0\boldsymbol{i}$。求当质点从点 $(0, -R)$ 沿逆时针方向经过 3/4 圆周时，力 $\boldsymbol{F}_0$ 所做的功。

3-11 一质点在习题 3-11 图所示的坐标平面内做半径为 R 的圆周运动，有一力 $\boldsymbol{F} = F_0(x\boldsymbol{i} + y\boldsymbol{j})$ 作用在质点上。求在该质点从坐标原点运动到 $(0, 2R)$ 位置的过程中，力 $\boldsymbol{F}$ 所做的功。

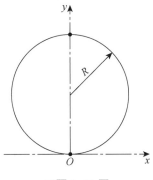

习题 3-11 图

3-12 一个质量为 60 kg 的跑步者，在 0.5 s 内速率由 0 加速到 10 m·s⁻¹，求他的功率输出。

3-13 在高度为 19.6 m 处，以速率 $v_0 = 10$ m·s⁻¹ 沿水平方向抛出一个质量为 $m = 0.5$ kg 的石块。石块到达地面时速率变为 $v = 20$ m·s⁻¹。试求此过程中：(1)重力做的功；(2)空气阻力做的功。

3-14 质量 $m = 2$ kg 的质点在力 $\boldsymbol{F} = (12x + 1)\boldsymbol{i}$ (SI) 的作用下，从静止出发沿 x 轴正向

做直线运动，求该质点自原点运动 3 m 时速率。

3-15 质量 $m_1 = 2.0 \times 10^{-2}$ kg 的子弹，击中质量为 $m_2 = 10$ kg 的冲击摆，使摆在竖直方向升高 $h = 7 \times 10^{-2}$ m，子弹嵌入其中，问：(1)子弹的初速率 v_0 是多少？(2)击中后的瞬间，系统的动能为子弹初动能的多少倍？

3-16 一质量为 10 kg 的物体沿 x 轴无摩擦地运动，已知 $t = 0$ 时物体静止在坐标原点，求下列两种情况下物体的速度和加速度的大小：(1)在力 $F = 3 + 4x$ 作用下移动了 3 m 距离；(2)在力 $F = 3 + 4t$ 作用下运动了 3 s 时间。

3-17 一质量 $m = 0.8$ kg 的物体 A，自弹簧上方 $h = 2$ m 处落到弹簧上。当弹簧从原长向下压缩 $x_0 = 0.2$ m 时，物体再被弹回，试求弹簧弹回至下压 0.1 m 时物体的速率。

3-18 设两个粒子之间相互作用力是排斥力，其大小与粒子间距离 r 的函数关系为 $F = kr^3$，k 为正值常量，试求这两个粒子相距为 r 时的势能(设相互作用力为零的地方势能为零)。

3-19 质量为 m_1 的人造地球卫星沿一圆形轨道运动，离开地面的高度等于地球半径的 2 倍(即 $2R$)。试以 m_1、R、引力常量 G、地球质量 m_2 表示出：(1)卫星的动能；(2)卫星在地球引力场中的引力势能；(3)卫星的总机械能。

3-20 一质量为 0.5 kg 的球，系在长为 1 m 的轻绳的一端，绳不能伸长，绳的另一端固定在横梁上。移动小球，使绳与铅垂方向成 30° 角，然后放手让它从静止开始运动。求：(1)绳索从 30° 角到 0° 角的过程中，重力和张力所做的功；(2)物体在最低位置时的动能和速率；(3)物体在最低位置时的张力。

第四章
狭义相对论简介

想象一下，你和你的朋友在一条宽阔的赛道上赛跑。你们两个都以相同的速度向前冲，突然，你的朋友开始在一辆快速行驶的火车上跑，这时有趣的事情发生了。如果你的朋友在火车上以接近光速的速度跑步，在你看来他的时间似乎变慢了，这就是著名的时间膨胀效应。他跑完同样的距离，可能需要比你更长的时间，因为在高速运动中，时间会变慢。还有一个叫作长度收缩的现象，这意味着如果你的朋友在高速火车上，他的长度在你看来会变短，就像是你的朋友被压缩了一样，但实际上这只是因为你们相对运动造成的错觉。这是狭义相对论中一个非常具有代表性的例子。狭义相对论是宇宙的魔法书，它改变了我们对时间、空间和能量的理解，是现代物理学的基石之一，是爱因斯坦在 1905 年提出的。他提出了两个看似简单，但实际上非常深刻的原理——相对性原理以及光速不变原理，本章将介绍狭义相对论的一些基础知识。

第四章 狭义相对论
简介 思维导图

4.1 狭义相对论的时空观

篮球比赛是令人兴奋的，比赛的最后有时会出现球员与时间的赛跑：在计时钟嘀嗒倒数至零、蜂鸣器响起之前，球员必须出手完成最后一记投篮。如果篮球在比赛计时钟归零前离开了手，这次投篮就得分。

判断这两件事哪一件先发生似乎是一个完全客观的行为：篮球要么在蜂鸣器响起前离开手，要么没有。然而，结果却并非如此。

让我们来做一个思想实验：假设裁判判断，制胜的那记投篮确实在球场另一端原子钟倒数至零前离开了球员的手。运用某种高科技设备，裁判稍后证实，球员投出球的时候，时钟上还剩完整的 1 ns（1 ns = 10^{-8} s）。

现在，让我们假设，由于这是 NBA 总决赛的第 7 场比赛，一名宇航员正在通过望远镜观看比赛，此时，他正置身一艘速度飞快的宇宙飞船，其飞行速度达到了 1/2 光速。宇航员听说这次投篮记入得分，忍不住对裁判提出质疑，因为宇航员确定，球投出之前，时钟就归零了——也就是这次投篮得分不算数。

投篮是否算数，哪支球队是真正的冠军——这些存在分歧的报告与信息传送到宇宙飞船所存在的时间延迟没有关系，我们假设各方都已考虑到了这些延迟。这两种叙述仅是两种同样成立的现实：一种是获胜的球队是凭实力获胜的，另一种是裁判误判了比赛。

怎么会这样呢？两件事的发生顺序因观察者的不同而不同，这有可能吗？如果真是这样，这对时间的本质会有什么意义呢？为回答这些问题，我们必须深入探究爱因斯坦的狭义相对论。

4.1.1 同时性的相对性

无论是摆锤的摆动，还是视交叉神经元中的"周期"蛋白质，时钟时间总是通过变化来衡量的，而变化是局部现象。某些事物的变化速度会受局部环境的影响，这一点我们很容易接受。这差不多也就是人们发明冰箱的原因——冰箱里的西红柿比还留在菜摊上的那些"老"得慢。

4.1.1 同时的相对性

实际上，用钟摆时钟或者果蝇生物钟测量的时间，同样会因环境温度的影响而改变。但温度对不同时钟的影响不同——对某些时钟，温度完全没有影响。例如，放射性同位素的衰减时间在接近绝对零度时也与室温差不多相同。

相反，速度对任何时钟的运行都有着绝对的、毫无商榷余地的影响。任何物理过程，无论是原子钟还是人体，都会根据自身行进的速度，以更慢或更快的速率变化。这兴许就够让人不解了，但爱因斯坦的狭义相对论还有一个更叫人困惑的后果。

下面先用牛顿的观点进行火车和站台的思想实验（想象一切都发生在低速运行的常识世界）：假设在一辆行驶的火车中，射击者射出了两颗方向相反的子弹。射击者站在 200 m 长的火车的中间，该火车以 100 m · s^{-1} 的速率行驶，观察者站在站台上，如图 4-1 所示。

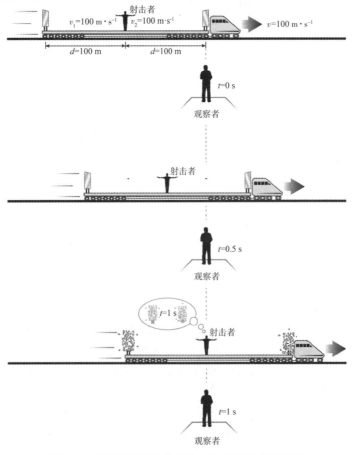

图 4-1　用牛顿的观点进行火车和站台的思想实验

按照牛顿运动定律，如果射击者站在行进的火车中间，朝着相反方向射出两发子弹（$t=0$），在观察者眼中，火车的前后窗户将在 $t=1$ s 时同时破碎。

火车车头朝着观察者的方向驶来，射击者开了两枪，子弹也以 100 m·s⁻¹ 的速率行进：一颗子弹朝向火车前窗，另一颗朝向后窗。从射击者的视角来看，子弹以相同的速率行进，必然会穿过相同的距离，因此，两颗子弹将同时打碎火车前后的窗户——就在射击者扣动扳机后正好 1 s。

从观察者的视角来看，前进的子弹以 200 m·s⁻¹ 的速率移动（火车的速率加上子弹的速率），击中前窗为 1 s，因为子弹必然行进了 200 m（火车长度的一半，加上火车在 1 s 内行驶的距离）；向后射出的子弹以 100 m·s⁻¹（列车的速度）减去 100 m·s⁻¹（子弹的速率是负的，因为它跟火车运动的方向相反）的速率行进。

换句话说，观察者看到子弹停在半空中，而火车后面的窗户撞上了子弹（假设这一切发生在真空状态，且引力很小的星球上）。这还是需要 1 s，因为火车的后部距离射击者射击的地方 100 m。

正如牛顿所预料的那样，射击者和观察者将看到火车的前后窗同时破碎。本例中，我们会说同时性是绝对的：射击者看到同时发生的两件事，在观察者眼里也是同时发生的。

现在，让我们再用爱因斯坦的观点做一次类似的思想实验，只是速度快得多，距离也远得多，如图 4-2 所示。

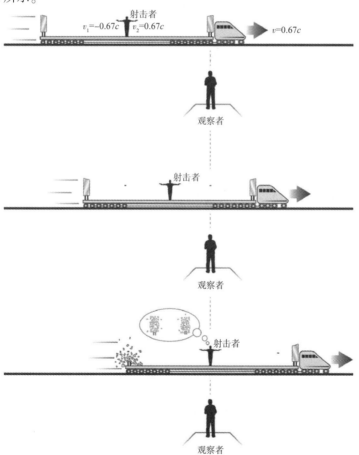

图 4-2　用爱因斯坦的观点进行火车和站台的思想实验

狭义相对论告诉我们，在极快的速度下，不同的观察者将体验到不同的空间和时间，因此绘制时空图非常棘手。火车前方窗户抵达站台上的观察者时，将火车和站台上的时钟都设置为 $t = 0$。当火车上的射击者和站台上的观察者面对面时，火车上的射击者将看到两扇窗户同时破碎，但站台上的观察者将看到后窗先破碎，前窗却仍保持完整。

假设射击者此刻正搭乘一辆很长的火车并坐在火车中间，测得火车的长度是 4.4×10^6 km，行驶速率是光速的 2/3($0.667c$)，约 2×10^5 km·s^{-1}。

跟之前一样，当火车前端到达观察者处时，射击者用如今尚未发明的粒子枪开了两枪，粒子枪的子弹同样以 2×10^5 km·s^{-1} 的速率行进。这些子弹以相反的方向，朝列车两头的窗户行进。

因为射击者的位置是在火车中间，所以会看到两扇窗户同时破裂：按照射击者的时钟，破裂发生在开枪后正好 1 s，因为两颗子弹按 2×10^5 km·s^{-1} 的速率飞行 1 s，必然行进了 2×10^5 km。

对观察者而言，由于火车后窗正以 2×10^5 km 的速率向子弹推进，因此仍然会看到朝火车后方射出的子弹在半空悬停（因为火车的速率减去子弹的速率等于零）。但朝前行进的子弹速率是多少呢？为了让两扇窗户在观察者的视角里同时破碎，朝前行进的子弹必须在火车后窗到达朝后行进的子弹所需的等量时间内，穿过等于火车全长的距离（初始的一半火车长加上火车行进的距离）。

由于朝前行进的子弹必须行进两倍于朝后行进的子弹的距离，因此它必须以远快于光速的速率行进。但是，狭义相对论告诉我们，朝前行进的子弹的速率大约是 2.77×10^5 km·s^{-1} ($0.92c$)。很明显，观察者不会见证前后窗户同时破裂。也就是说，射击者看到两扇窗户同时破碎，观察者却看到后面的窗户先破碎！

这种分歧与所有传输延迟（与火车不同位置的信号到达射击者或观察者所需时间不同相关）绝对没关系；相反，这些看似矛盾的体验，代表了两种不同但同样有效的现实。这种分歧说明，同时性（其实就是两件事发生的顺序）可以是相对的。

4.1.2 尺缩效应

在两个惯性系 S 和 S' 中对一刚性棒长度进行测量。设棒沿 x' 轴放置且相对于 S' 系静止不动。若 S' 系中观察者测得棒长为 L_0，则在以较高速率 v 运动的 S 系中，观察者在同一时刻测得棒长为 L，则有

4.1.2　尺缩效应

$$L = L_0 \sqrt{1 - v^2/c^2} \qquad (4-1)$$

这说明高速运动物体的长度会缩短，称为洛伦兹缩短。由此可见，长度测量值不像经典力学时空观所指出的那样，空间任意两点间距离（或长度）与坐标系选择无关，而是与被测物体相对观察者的运动有关。被测物体与观察者所在坐标系相对静止时，测得的长度值最大，一般称为物体的固有长度。当被测物体与观察者所在坐标系之间有相对运动时，测得的长度只是固有长度的 $\sqrt{1 - v^2/c^2}$ 倍。但是必须强调，物体在运动方向上的缩短纯属于运动学效应，并没有产生任何引起物体形变的内部张力。

例 4-1　静止的长为 1 200 m 的火车，相对车站以匀速 v 直线运动，已知车站站台长 900 m，站台上观察者看到车尾通过站台进口时，车头正好通过站台出口，试问车的速率是多少？车上乘客看站台是多长？

解：依题意，车的静止长度 $L_0 = 1 200$ m 是固有长度，由站台上的观察者来看其运动车

长将收缩为 $L = 900$ m，存在关系

$$L = L_0 \sqrt{1 - \frac{v^2}{c^2}}$$

代入题设数据，有

$$900 = 1\,200 \times \sqrt{1 - \frac{v^2}{(3 \times 10^8)^2}}$$

由此解得

$$v \approx 2 \times 10^8 \text{ m} \cdot \text{s}^{-1}$$

对于车上的观察者而言，车站是运动的，此时车站的长度将由固有长度 $L = 900$ m 缩短为 L'，有

$$L' = L \sqrt{1 - \frac{v^2}{c^2}} = 900 \times \sqrt{1 - \frac{(2 \times 10^8)^2}{(3 \times 10^8)^2}} \text{ m} \approx 671 \text{ m}$$

4.1.3　时间延缓

两个惯性系 S 和 S' 中，观察两个事件的时间间隔 Δt 和 $\Delta t'$ 之间的关系。设 S' 系中某点 x' 处，在 t_1' 和 t_2' 两时刻(以固定在 S' 中的钟计时)先后发生两件事，时间间隔为 $\Delta t' = t_2' - t_1'$。由洛伦兹变换，此两事件在 S 系中发生的时刻相应为 t_1 和 t_2，则时间间隔 Δt 为

4.1.3　时间膨胀

$$\Delta t = t_2 - t_1 = \gamma \left(t_2' + \frac{v}{c^2} x' \right) - \gamma \left(t_1' + \frac{v}{c^2} x' \right) = \gamma \left(t_2' - t_1' \right) = \gamma \Delta t'$$

$$\Delta t = \frac{\Delta t'}{\sqrt{1 - \frac{v^2}{c^2}}} \tag{4-2}$$

我们把与时间相对静止的惯性系中的钟指示的时间($\Delta t'$)称为固有时间，由式(4-2)可见，做相对运动的惯性系中所测出的时间 Δt 比固有时间 $\Delta t'$ 要长，即

$$\Delta t > \Delta t'$$

这种现象通常称为时间的延缓。

当 $v \ll c$ 时，$\sqrt{1 - v^2/c^2} \approx 1$，而 $\Delta t \approx \Delta t'$。这种情况下，同样的两个事件之间的时间间隔在各参考系中测得的结果都是一样的，即时间的测量与参考系无关。这就是牛顿所认为的绝对时间概念。由此可知，绝对时间实际上是相对论时间概念在参考系的相对速度很小时的近似。

例 4-2　静止的 μ 子的平均寿命 $\tau_0 = 2 \times 10^{-6}$ s。今在 8 km 的高度，由于 τ 介子的衰变产生了一个 μ 子，它相对于地面以速率 $v = 0.998c$（c 为真空中的光速）向地面飞行。试论证这个 μ 子有无可能到达地面：(1)按经典理论；(2)考虑相对论效应。

解：(1)按经典理论，以地面为参考系，μ 子飞行的距离为 $s_1 = v\tau_0 = 0.998c\tau_0 = 0.998 \times 3 \times 10^8 \text{ m} \cdot \text{s}^{-1} \times 2 \times 10^{-6} \text{ s} \approx 598.8$ m，s_1 远小于 8 km，故 μ 子在平均寿命期间，根本不可能到达地面。

(2)由于 μ 子的飞行速度接近于光速 c，因此必须考虑相对论效应。以地面为参考系，

μ 子的平均寿命为

$$\tau = \frac{\tau_0}{\sqrt{1-(v/c)^2}} = \frac{2 \times 10^{-6}}{\sqrt{1-[(0.998c)/c]^2}} \text{ s} \approx 31.6 \times 10^{-6} \text{ s}$$

则 μ 子的平均飞行距离为

$$s_2 = v\tau = 0.988c\tau = (0.998 \times 3 \times 10^8 \text{ m} \cdot \text{s}^{-1}) \times (31.6 \times 10^{-6} \text{ s}) \approx 9.46 \text{ km}$$

μ 子飞行距离 9.46 km > 8 km，故有可能达到地面。

大多数人会觉得，爱因斯坦相对论主要应用于高速状态、微观世界和宇观世界，离我们的日常生活似乎很遥远。其实不然，它也有贴近我们生活的一面，其中一个著名的例子就是全球定位系统(Global Positioning System，GPS)。GPS 的误差来源里有一项是相对论效应的影响，通过修正相对论效应的影响可以得到更准确的定位结果。

爱因斯坦的时间和空间一体化理论表明，卫星钟和接收机所处的状态(运动速度和重力位)不同，会造成卫星钟和接收机钟之间的相对误差。由于 GPS 定位是依靠卫星上面的原子钟提供的精确时间来实现的，而导航定位的精度取决于原子钟的准确度，因此要提供精确的卫星定位服务，就需要考虑相对论效应。

狭义相对论认为高速移动物体的时间流逝得比静止的物体要慢。每个 GPS 卫星运行速度为 $1.4 \times 10^4 \text{ km} \cdot \text{h}^{-1}$，根据狭义相对论，它的星载原子钟每天要比地球上的钟慢 7 μs。此外，广义相对论认为引力对时间施加的影响更大，GPS 卫星位于距离地面大约 20 000 km 的太空中，由于 GPS 卫星的原子钟比在地球表面的原子钟重力位高，星载原子钟每天要快 45 μs。两者综合的结果是，星载原子钟每天大约比地面钟快 38 μs。

这个时差看似微不足道，但如果考虑到 GPS 要求纳秒级的时间精度，就非常大了。38 μs = 38 000 ns，如果不加以校正的话，GPS 系统每天将累积大约 10 km 的定位误差，这会大大影响人们的正常使用。因此，为了得到准确的 GPS 数据，将星载原子钟每天拨回 38 μs 的修正项必须计算在内。

为此，在 GPS 卫星发射前，要先把其原子钟的走动频率调慢。此外，GPS 卫星的运行轨道并非完美的圆形，有的时候离地心近，有的时候离地心远，考虑到重力位的波动，GPS 导航仪在定位时还必须根据相对论进行计算，纠正这一误差。

一般说来，GPS 接收器准确度在 30 m 之内，就意味着它已经利用了相对论效应。

由于广域增强系统依赖从地面基站发出的额外信号，以地面时间为基准，与星载原子钟时间无关，因此配备了这种系统的 GPS 接收器就不存在相对论效应了。

由此可见，GPS 的使用既离不开狭义相对论，也离不开广义相对论。早在 1955 年，就有物理学家提出可以通过在卫星上放置原子钟来验证广义相对论，GPS 实现了这一设想，并让普通人也能亲身体验到相对论的威力。

4.2　爱因斯坦方程

4.2.1　质速关系

在狭义相对论中，认为物体的质量并非常量，而是随速率变化的，并可根据相对性原理来探讨质量与速率的变化关系。

考虑到动量守恒定律是一条普遍规律，在相对论中也成立，那么根据相对性原理，可以

推导出(从略)运动物体的质量 m 与其速率 v 的关系(简称质速关系)为

$$m = \frac{m_0}{\sqrt{1 - \dfrac{v^2}{c^2}}} \qquad (4\text{-}3)$$

4.2.2 质能关系

4.2.2 质能关系

当质点的速率 $v = 0$ 时，$m = m_0$，物体对系统中的测量仪器为静止时，被测得的质量就是静止质量 m_0。经典力学质量与静止质量在概念上并不完全相同，经典力学认为质量是常量，这只是 $v \ll c$ 情况下的特例，而静止质量是严格规定为物体在测量系统中静止时的质量。

考察一个物体，当它的速率不太大，即 $\dfrac{v}{c} \ll 1$ 时，我们将式(4-3)用级数展开，可得

$$m = m_0 \left(1 - \frac{v^2}{c^2}\right)^{-\frac{1}{2}} = m_0 \left(1 + \frac{1}{2}\frac{v^2}{c^2} + \cdots\right) \qquad (4\text{-}4)$$

略去高次项，近似可得

$$mc^2 = m_0 c^2 + \frac{1}{2} m_0 v^2 \qquad (4\text{-}5)$$

式(4-5)中，等号右边第二项 $\dfrac{1}{2} m_0 v^2$ 正是经典力学中的动能 E_k，于是有

$$mc^2 = m_0 c^2 + E_k \qquad (4\text{-}6)$$

我们把 mc^2 看成物体的总能量 E，$m_0 c^2$ 看成静止时的总能量 E_0，则有

$$E = E_k + E_0 \qquad (4\text{-}7)$$

即物体的总能量等于其动能与静能之和，于是有

$$E = mc^2 \qquad (4\text{-}8)$$

式(4-8)表明，物体的能量与质量有密切关系，这一关系称为质能关系，也称为爱因斯坦方程。

例 4-3 已知质子和中子的静止质量分别为 $M_P = 1.007\,28$ u，$M_n = 1.008\,66$ u，其中，u 为原子质量单位，$1\ \text{u} = 1.66 \times 10^{-27}$ kg，两个质子和两个中子结合成一个氦核，实验测得它的静止质量 $M_A = 4.001\,5$ u。试计算形成一个氦核所放出的能量。

解：两个质子和两个中子的总质量为

$$M = 2M_P + 2M_n = 4.031\,88\ \text{u}$$

则形成一个氦核的质量亏损为

$$\Delta M = M - M_A = 0.030\,38\ \text{u}$$

则相应的能量改变量为

$$\Delta E = \Delta M c^2 = 0.030\,38 \times 1.66 \times 10^{-27} \times (3 \times 10^8)^2\ \text{J}$$
$$\approx 0.453\,9 \times 10^{-11}\ \text{J}$$

这就是形成一个氦核所放出的能量。

如果是形成 1 mol 氦核(4.002 g)，则放出的能量为

$$\Delta E = 0.453\ 9 \times 10^{-11} \times 6.022 \times 10^{23}\ \text{J}$$
$$\approx 2.733 \times 10^{12}\ \text{J}$$

这相当于燃烧 100 t 煤时放出的能量。

4.2.3 能量和动量关系

狭义相对论中的动量与能量间有以下关系

$$E = mc^2 = \frac{m_0 c^2}{\sqrt{1 - v^2/c^2}} \tag{4-9}$$

$$p = mv = \frac{m_0 v}{\sqrt{1 - v^2/c^2}} \tag{4-10}$$

$$(mc^2)^2 = (m_0 c^2)^2 + m^2 v^2 c^2 \tag{4-11}$$

光子的动量和运动质量分别为

$$p = \frac{E}{c} = \frac{h}{\lambda} \tag{4-12}$$

$$m = \frac{E}{c^2} = \frac{h}{\lambda c} \tag{4-13}$$

4.2.3 能量和动量关系

式中，E 为能量；m 是运动质量；m_0 是静止质量；c 是光速；v 是运动速度；p 是动量；λ 是波长；h 为普朗克常量。

例 4-4 设一质子以速率 $v = 0.8c$ 运动，求其总能量、动能和动量。

解： 质子的静能为

$$E_0 = m_0 c^2 = 938\ \text{MeV}$$

$$E = mc^2 = \frac{m_0 c^2}{\sqrt{1 - v^2/c^2}} = \frac{938}{(1 - 0.8^2)^{1/2}}\ \text{MeV} = 1\ 563\ \text{MeV}$$

$$E_k = E - m_0 c^2 = 625\ \text{MeV}$$

$$p = mv = \frac{m_0 v}{\sqrt{1 - v^2/c^2}} = 6.68 \times 10^{-19}\ \text{kg} \cdot \text{m} \cdot \text{s}^{-1}$$

也可如此计算

$$cp = \sqrt{E^2 - (m_0 c^2)^2} = 1\ 250\ \text{MeV}$$

$$p = 1\ 250/c\ \text{MeV}$$

知识扩展

GPS 时钟校正

狭义相对论的运动时钟变慢和广义相对论相对论的引力时钟延缓在现实生活中都有例证，即 GPS 时钟校正问题。GPS 通过人造地球卫星所传送的时钟信号来确定地球上某个物体的精确位置。目前，联合国全球卫星导航系统国际委员会认定的全球卫星导航系统有以下 4 个：美国的全球定位系统（GPS）、俄罗斯的格洛纳斯全球卫星导航系统（GLONASS）、中国北斗卫星导航系统（BDS）、欧盟的伽利略卫星导航系统（GALILEO）。GPS 是如何定位的呢？

每一颗人造地球卫星都会发出一个时钟信号，每个信号的运动轨迹是以光速传播的一个圆。地球上的接收装置在同时接收4个人造地球卫星发射的时钟信号后，通过程序进行计算就可以确定自身所在的经纬度。如果在汽车里安装接收装置，配以电子地图，就可以实现导航。

由于人造地球卫星在距地面一定高度的轨道上高速运动，即使人造地球卫星和地面接收装置使用的是相同精度且已经过校准的时钟（实际采用精密的原子钟），由于相对论效应，二者的走时间隔仍然不会同步，会产生不可忽略的系统误差。研究表明，由相对论效应导致的误差包含以下两项：一是由人造地球卫星和地面接收装置相对地心坐标系运动速度不同引起的狭义相对论效应误差，这一误差使人造地球卫星上的时钟与地面上的相比，每24 h慢约7 μs；二是由人造地球卫星和地面接收装置所处的地球引力场不同引起的广义相对论效应误差，这一误差使人造地球卫星上的时钟比地面每24 h快约45 μs。两相合计结果，地面接收到的星载时钟信号每24 h要比地球的时钟快38 μs。这38 μs将导致大约10 km的定位误差，大大影响人们的正常使用。因此，在设置GPS定位程序时，要对包含相对论效应的各项误差进行修正，这一技术称为精密定位技术，这也是GPS应用的前沿课题。

思考题

4-1 试说明经典力学的相对性原理与狭义相对论的相对性原理之间的异同。

4-2 相对论的时间和空间概念与牛顿力学的时间和空间概念有何不同？

4-3 火车以恒定的速率沿一段直轨道运动，在地板上一个白点的正上方让一个球下落，相对于白点这个球将落在地板上什么地方？

4-4 如果在一辆正在右转弯的汽车里往下扔一枚硬币，它将落到什么地方？

4-5 在正负电子对撞机中，一个电子和一个正电子对撞发生湮没，在这个过程中，能量守恒吗？质量守恒吗？静止质量守恒吗？

4-6 牛顿力学的变质量问题（如火箭推进）和相对论中的质量变化有何不同？

4-7 光子是以光速运动的，在式(4-3)中，运动光子的质量是否为无限大？

习 题

4-1 一宇航员要到离地球5光年的星球去旅行，如果宇航员希望把这段路程缩短为3光年，则他所乘的飞船相对于地球的速度应是多少？

4-2 一飞船以$0.99c$的速率平行于地面飞行，宇航员测得此飞船的长度为400 m，问：(1)地面上的观察者测得飞船长度是多少？(2)为了测得飞船的长度，地面上需要有两位观察者携带两只同步钟，同时站在飞船首尾两端处，那么这两位观察者相距多远？(3)宇航员测得两位观察者相距多远？

4-3 已知π介子在其静止系中的半衰期为1.8×10^{-8} s。今有一束π介子以$u=0.8c$的速率离开加速器，试问：从实验参考系看来，当π介子衰变一半时飞越了多长的距离？

4-4 在某惯性系K中，两个事件发生在同一地点而时间间隔为4 s。已知在另一惯性系K'中，这两个事件的时间间隔为6 s，试问它们的空间间隔是多少？

4-5 μ子的静止质量是电子静止质量的207倍，静止时的平均寿命为$\tau_0=2\times10^{-8}$ s，若它在实验室参考系中的平均寿命为 $\tau = 7 \times 10^{-8}$ s，试问其质量是电子静止质量的多少倍？

4-6　一个立方体的质量和体积分别为 m_0 和 V_0，求该立方体沿其一棱方向以速度 u 运动时的体积和密度。

4-7　把一个静止质量为 m_0 的粒子由静止加速度到 $0.1c$ 所需的功是多少？由速率 $0.89c$ 加速到 $0.99c$ 所需的功又是多少？

第五章 | 机械振动和机械波

机械振动是物质运动中很常见的一种形式。所谓机械振动，就是物体在平衡位置附近来回往复地运动，这种运动形式在生产和生活实际中是普遍存在的。例如，拨一下琴弦，可以看到琴弦在平衡位置附近往复运动；用手指轻轻触摸正在发声的锣鼓，能明显感觉到它们的振动。此外，心脏的跳动、钟表摆轮的来回摆动、运转着的内燃机机座等的运动都是机械振动。总而言之，机械振动是一种物体具有某个初始状态之后，"自然而然""来来回回""不停重复"的运动。

第五章 机械振动和机械波 思维导图

值得注意的是，振动并不局限在机械振动的范围内，除了机械振动，自然界中还存在着各种各样的振动，如电磁振动、分子振动等。广义地说，任何一个物理量在某一数值附近往复变化都可称为振动。例如，交流电路中电流和电压的数值随时间作周期性的变化，固体晶格振动(指原子在格点附近的振动)等，这些振动相比机械振动虽然本质不同，但是在数学描述方法和表述形式上却基本是相同的。

物体的振动状态在空间的传播过程称为波动。波动与振动是紧密联系的，振动是波动产生的根源，波动是振动传播的过程。机械波是机械振动在弹性媒质中的传播过程；而电磁波则是电磁振荡在空间的传播过程。不管属于哪一种运动形式的振动或波动，描述它们所需要的数学形式都是相同的，所以振动和波动是横跨物理学不同领域的一种非常普遍且重要的运动形式，研究振动和波动的意义远远超出了力学的范围，振动和波动的基本原理是声学、光学、电工学、无线电学等科学技术的理论基础。本章将介绍机械振动及其特点，以及机械波和多普勒效应。

5.1 简谐振动及其描述

物理上，我们把最简单、最基本的振动称为简谐振动，实际生活中我们碰到的振动往往是比较复杂的。但是任何复杂的振动，都可以看成简谐振动的合成。因此，掌握简谐振动的特征和规律非常重要。

5.1.1 简谐振动的基本特征及其表达式

将水平轻弹簧的一端固定，另一端系一质量为 m 的物体，放置在光滑水平面上，如图5-1所示。由于作用在物体上的重力和水平面的支持力相

5.1.1 简谐运动特征

互平衡，它们对物体运动的影响可不考虑。设物体在点 O 时，弹簧为原长（即自然长度），弹簧作用于物体上的力等于零，点 O 称为平衡位置。现将物体略微向右拉开到点 A，于是弹簧因伸长使物体受到方向向左（指向平衡位置）的弹性力 F。这个力作用下，物体加速向平衡位置运动。当物体回到平衡位置时，虽然弹簧的作用力变为零，但物体的速度达到最大值。由于惯性，物体并不会停止运动，而是继续向左移动。在物体通过平衡位置向左运动的过程中，弹簧逐渐被压缩，作用于物体的弹性力 F 方向向右，即仍指向平衡位置，这时力 F 的方向和物体的运动方向相反，因此物体的运动是减速的。当物理运动到点 A' 时，其速度减小到零，但此时弹簧作用在物体上的力达到最大。于是物体在弹性力 F 的作用下加速向右运动。向右运动的过程中与上述向左运动的情况是相类似的。这样，在弹簧的弹性力 F 的作用下，物体就在平衡位置左右往复运动，从而形成振动。我们把上述由轻弹簧与物体组成的振动系统，称为弹簧振子。物体的上述运动形式就称为简谐振动。

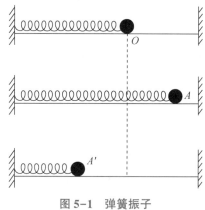

图 5-1　弹簧振子

在图 5-1 所示的弹簧振子中，由于水平面光滑，物体在运动过程中只受到弹簧的弹性力 F 作用。取平衡位置 O 为坐标轴 x 的原点，x 轴正向向右。根据胡克定律，物体在运动过程中所受的弹簧弹性力 F 与弹簧的伸长量（或压缩量），也就是物体相对于平衡位置的位移 x 成正比，满足如下的关系

$$F = - kx\boldsymbol{i} \qquad (5-1)$$

式中，k 是弹簧的弹性系数；负号表示力 F 的方向总是与物体位移的方向相反。由于物体始终沿 x 轴运动，根据牛顿第二定律，物体运动方程为 $F_x = ma_x$，这里 $F_x = F = - kx$，$a_x = a = \dfrac{\mathrm{d}^2 x}{\mathrm{d}t^2}$，代入式（5-1），得物体的加速度为

$$\frac{\mathrm{d}^2 x}{\mathrm{d}t^2} = - \frac{k}{m}x \qquad (5-2)$$

式中，k 和 m 都是正的常量。令 $\omega^2 = \dfrac{k}{m}$，则上式可写成 $\dfrac{\mathrm{d}^2 x}{\mathrm{d}t^2} = - \omega^2 x$，进一步又可写成

$$\frac{\mathrm{d}^2 x}{\mathrm{d}t^2} + \omega^2 x = 0 \qquad (5-3)$$

由此，我们给出简谐振动的另一种比较普遍定义：凡是运动规律满足上述微分方程的振动，且其中的 ω 取决于振动系统本身的性质，都称为简谐振动。做简谐振动的振动系统，往往统称为简谐振子。

通过求解简谐振动的微分方程式(5-3)，可以得到简谐振动的运动方程，即振动表达式

$$x(t) = A\cos(\omega t + \varphi) \tag{5-4}$$

式中，$x(t)$ 表示物理离开平衡位置的位移；A 和 φ 是常量，与振动系统有关。式(5-4)表明：物体做简谐振动时，位移是时间的余弦函数，因为余弦函数的绝对值不能大于 1，所以物体离开平衡位置的位移 $x(t)$ 的绝对值不能大于 A。这说明 A 是物体离开平衡位置的最大位移值，A 称为振幅。一般来说，A 恒取正值。图5-2给出了简谐振动表达式中各物理量对应的名称。

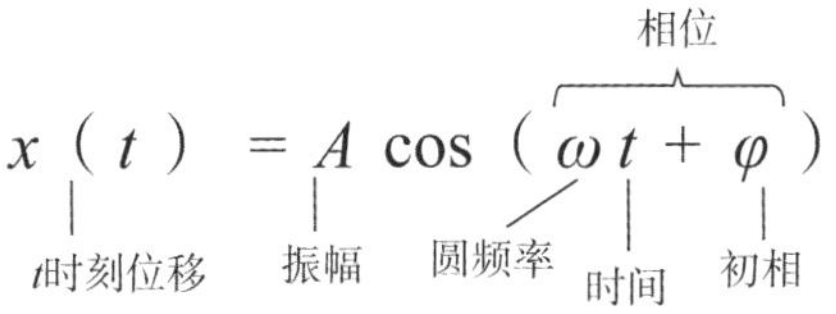

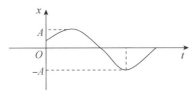

图 5-2 简谐振动表达式中各物理量对应的名称

根据简谐振动的表达式，我们可以画出其振动曲线，如图5-3所示。可见，简谐振动是周期性的，围绕平衡位置每来回一次，物体就完成一次完整的振动。

图 5-3 振动曲线

将式(5-4)对时间求导，可得简谐振动的速率和加速度大小表达式

$$v = \frac{dx}{dt} = -A\omega\sin(\omega t + \varphi) \tag{5-5}$$

$$a = \frac{d^2x}{dt^2} = -A\omega^2\cos(\omega t + \varphi) \tag{5-6}$$

其中，速率的最大值 $v_{max} = A\omega$ 称为速度振幅，加速度的最大值 $a_{max} = A\omega^2$ 称为加速度振幅。由式(5-5)、式(5-6)可见，速率和加速度大小都随时间作周期性变化。

5.1.2 描述简谐振动的基本物理量

在简谐振动方程 $x(t) = A\cos(\omega t + \varphi)$ 中，一些基本物理量的意义说明如下。

1. 周期、频率和角频率

振动物体完成一次全振动所需的时间 T，称为周期。周期的倒数称为频率，用 ν 表示，它表示 1 s 内完成振动的次数，其单位是赫兹，符号是 Hz。它们的关系为

$$\nu = \frac{1}{T} \tag{5-7}$$

ω 称为角频率，也称圆频率。它表示 2π s 内完成振动的次数，其单位是 $rad \cdot s^{-1}$，显然

$$\omega = 2\pi\nu = \frac{2\pi}{T} \tag{5-8}$$

周期、频率和角频率这 3 个物理量都是用来描述振动快慢的。对弹簧振子而言，$\omega^2 = \dfrac{k}{m}$，而 k 和 m 是表述弹簧振子自身性质的物理量，即周期、频率和角频率皆取决于简谐振动系统的固有性质，因而，我们把它们分别称为固有周期和固有频率，并可求出

$$T = \frac{2\pi}{\omega} = 2\pi\sqrt{\frac{m}{k}} \tag{5-9}$$

$$\nu = \frac{1}{T} = \frac{1}{2\pi}\sqrt{\frac{k}{m}} \tag{5-10}$$

2. 相位和初相

物体做简谐振动时，它的运动状态可用位置和速率来描述，在任意时刻的位置为 $x(t) = A\cos(\omega t + \varphi)$，速率为 $v = \dfrac{\mathrm{d}x}{\mathrm{d}t} = -A\omega\sin(\omega t + \varphi)$。因此，对于给定的振动系统，在已知振幅的条件下，它在任意时刻的位置和速率取决于 $\omega t + \varphi$。

$\omega t + \varphi$ 称为振动在 t 时刻的相位。在一次全振动的过程中(即一个周期内)，物体在不同时刻的运动状态是不同的，这种不同可以由相位的不同来表示，也就是说相位是表征简谐振动系统振动状态的物理量。

若令 $t = 0$，$\omega t + \varphi = \varphi$，则称 φ 为初相。因此，初相就是开始计时时刻的相位，它表征振动系统在计时零点时的运动状态。根据问题的需要，我们可以任意选取计时零点。当然，计时零点选择不同，初相也就不同。初相的取值范围通常限定在 $(0, 2\pi)$ 内。

3. 振幅、初相与初始条件的关系

设振动系统在计时零点 $(t = 0)$ 时的位置和速率分别为 x_0 和 v_0，$x\big|_{t=0} = x_0$，$v\big|_{t=0} = v_0$ 称为振动系统的初始条件。由初始条件，可以确定振动系统的振幅和初相。由式(5-4)和式(5-5)可知，在 $t=0$ 时有

$$\begin{cases} x_0 = A\cos\varphi \\ v_0 = -A\omega\sin\varphi \end{cases}$$

联立求解以上两式，可得

$$A = \sqrt{x_0^2 + \left(\frac{v_0}{\omega}\right)^2} \tag{5-11}$$

$$\tan\varphi = -\frac{v_0}{\omega x_0}(0 \leq \varphi < 2\pi) \tag{5-12}$$

即振幅和初相皆可由初始条件决定。

由于角频率 ω 由系统本身性质决定，因此由初始条件确定 A 和 φ 以后，简谐振动的运动规律，即 $x(t) = A\cos(\omega t + \varphi)$ 也就完全确定了。

5.1.3 旋转矢量法

为了直观地领会简谐振动的运动规律，下面介绍简谐振动的几何描述方法——旋转矢量法。用长度等于振幅的矢量 $\boldsymbol{A}$，以角速度 ω (其数值等于简谐振动的固有频率)绕 O 点沿逆时针方向旋转，这个矢量 $\boldsymbol{A}$ 就称为旋

5.1.3 旋转矢量法

转矢量，如图 5-4 所示。我们可以用矢量 A 的端点在 x 轴上的投影值（原点 O 到 x 的距离）来表示一个在 x 轴方向上进行的简谐振动。

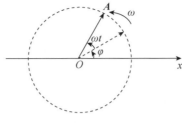

图 5-4　旋转矢量法

在这种表示方法中：

（1）振幅为矢量 A 的长度（即参考圆的半径）；

（2）零时刻矢量 A 与 x 轴正向之间的夹角为初相位 φ；

（3）固有频率 ω 为矢量 A 做逆时针转动时的角速度；

（4）t 时刻矢量 A 与 x 轴正向之间的夹角为相位（$\omega t + \varphi$）。

由此可见，旋转矢量法最大的优点是形象、直观，它不仅将简谐振动中最难理解的相位用角度表示出来，还将相位随时间变化的线性和周期性也清楚地描述出来了。

5.1.4　简谐振动的能量

下面以弹簧振子为例来讨论简谐振动的能量。设物体的质量为 m，在某一时刻的速率为 v，则此物体的动能为

5.1.4　简谐振动的能量

$$E_{k} = \frac{1}{2}mv^2 = \frac{1}{2}m\omega^2 A^2 \sin^2(\omega t + \varphi) \tag{5-13}$$

又设在此时刻，物体相对于平衡位置的位移为 x，x 也是弹簧相对于平衡位置 O 的伸长（或缩短）量。若弹簧的弹性系数是 k，那么弹簧还具有弹性势能。通常取弹簧为原长时物体所在位置处的弹性势能为零，则弹簧的弹性势能为

$$E_{p} = \frac{1}{2}kx^2$$

即

$$E_{p} = \frac{1}{2}kA^2 \cos^2(\omega t + \varphi) \tag{5-14}$$

可见，在简谐振动的过程中，v 和 x 都随时间作周期性变化，弹簧振子的总能量为

$$E = E_{k} + E_{p} = \frac{1}{2}m\omega^2 A^2 \sin^2(\omega t + \varphi) + \frac{1}{2}kA^2 \cos^2(\omega t + \varphi)$$

因 $\omega^2 = \dfrac{k}{m}$，故上式可化简为

$$E = \frac{1}{2}kA^2 \tag{5-15}$$

即对于给定的简谐振动，其总能量在振动过程中是一个恒量。这就是说，尽管动能和势能都随时间的变化而变化，但它们的总机械能 E 却不随时间 t 的变化而变化。

由式(5-15)可以看出，对于一定的振动系统，简谐振动的总能量与振幅之平方成正比。振幅越大，振动越强烈，振动能量也就越大，所以振幅的平方可用来表征简谐振动的强度。这一结论对于其他形式的简谐振动系统也是成立的。

5.2　阻尼振动　受迫振动　共振

以上讨论的简谐振动系统都是不受任何阻力的，若果真如此，则由于能量守恒，其将永远振动下去。然而，从来没有永无休止的振动，原因在于振动系统总是要受到阻力作用的，如果没有外界能量的补偿，随着能量的不断减小，振幅将逐渐减小，最后振动停止。这种因受阻力作用，振幅不断减小的振动称为阻尼振动，或称为减幅振动。

能量减少的方式通常有以下两种：一种是由于周围空气介质的阻力和支撑面的摩擦力的作用，振动的机械能逐渐减少而转化为热能；另一种是由于振动系统引起邻近介质中各质元的振动，振动向外传播出去，能量以波动形式向四周辐射。例如，当音叉振动时，不仅受空气阻力而耗能，同时因辐射声波而损失能量，其振幅随时间逐渐衰减。

如果阻尼较小，如图5-5(a)所示，其振幅随时间逐渐衰减。

如果阻尼较大，如图5-5(b)中曲线 a 所示，物体移开平衡位置释放后，物体的能量将很快耗尽，物体很快回到平衡位置并停下来，这种阻尼振动称为临界阻尼振动。

如果阻尼很大，如图5-5(b)中曲线 b 所示，物体移开平衡位置释放后，物体将缓慢回到平衡位置停止下来，这种运动状态成为过阻尼振动。

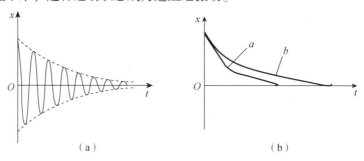

（a）　　　　　　　　　　　（b）

图5-5　阻尼振动曲线

振动系统在周期性驱动力的持续作用下发生的振动称为受迫振动。日常所见的受迫振动大多是一种周期性变化的外力，如在发动机工作时，它的转子就受到发动机旋转时所产生的周期性驱动力的作用，使其做受迫振动。

受迫振动开始时的情况很复杂，但经过较短时间后便过渡到一种稳定的状态。理论上可以证明，在稳定状态下，受迫振动在周期性驱动力 $F_p = H\cos(pt)$ 作用下，将做周期性的等振幅余弦振动，其振动表达式为 $x = B\cos(pt + \varphi)$。式中，振动的角频率就是驱动力的角频率 p，而振幅 B 和初相 φ 不仅取决于周期性驱动力的最大值及驱动力的角频率 p，还取决于振动系统的固有角频率 ω_0 和阻尼因素，与开始时的运动状态无关。振幅 B 可由下式决定

$$B = \frac{\dfrac{H}{m}}{\sqrt{(\omega_0^2 - p^2)^2 + 4\beta^2 p^2}} \tag{5-16}$$

由上式可知，对于一定的振动系统，在阻尼一定的条件下，最初振幅随驱动力频率的增加而增大，待达到最大值后，又随着驱动力频率的增加而减小。当驱动力的角频率 p 与振动系统的固有角频率 ω_0 接近时，受迫振动的振幅急剧增大，我们把受迫振动的振幅出现极大值的现象称为共振。并且阻尼越小，共振现象表现得越剧烈。共振现象普遍而重要，1940年，美国一座刚刚交付使用 4 个月的新桥在一场大风的袭击下而垮塌，就是风对桥作用力的频率和桥结构的某一固有频率满足共振条件，使桥的振幅不断增加的结果。火车通过铁路桥时，将在铁轨衔接处给铁轨以周期性冲击力，其频率和车速有关，在设计中，应使桥梁的固有频率远离冲击力的频率，以避免产生共振。飞机设计师也必须保证每一个机翼的固有频率都要远离飞机飞行时发动机的频率，以保证飞机飞行时机翼不会发生剧烈振动。此外，人们有时候也会利用共振，如混凝土振捣器、选矿用的共振筛等，就是根据这一原理设计制造的。

5.3 简谐振动的合成

在实际问题中，常会遇到一个物体同时参与几个振动的情况。根据运动叠加原理，这时物体的运动实际上就是这两个振动的合成。振动的合成一般比较复杂，下面只介绍几种简单情况。

5.3.1 两个同方向、同频率的简谐振动的合成

设一物体在同一直线上同时参与两个独立、同方向、同频率的简谐振动。如果取这一直线为 x 轴，以平衡位置为原点，在任意时刻 t，这两个振动的位移分别为

5.3.1 同方向同频率振动合成

$$\begin{cases} x_1 = A_1 \cos (\omega t + \varphi_1) \\ x_2 = A_2 \cos (\omega t + \varphi_2) \end{cases} \tag{5-17}$$

式中，A_1、A_2 和 φ_1、φ_2 分别为这两个振动的振幅和初相位。由于 x_1、x_2 都是表示在同一直线方向上距同一平衡位置的位移，因此合位移 x 即为两个位移的代数和，即

$$\begin{aligned} x &= x_1 + x_2 \\ &= A_1 \cos (\omega t + \varphi_1) + A_2 \cos (\omega t + \varphi_2) \\ &= A \cos (\omega t + \varphi) \end{aligned} \tag{5-18}$$

这说明合振动仍是简谐振动，其振动方向和振动频率都与原来的两个分振动相同。以上分析的结果，对于多个同方向、同频率简谐振动的合成问题同样也是适用的。

5.3.2 两个同方向、不同频率的简谐振动的合成

如果两个同方向简谐振动的频率不同，这时合矢量 A 的长度和角速度都将随时间而变化。合矢量 A 所代表的合振动虽然仍与原来振动的方向相同，但不再是简谐振动，而是比较复杂的运动。频率相近的两个简谐振动的合成情况在实际工作和生活中有着广泛的应用，这时合振动具有特殊的性质，即合振动的振幅随时间而发生周期性变化，这种现象称为拍。

例 5-1 一物体沿 x 轴做简谐振动，振幅为 12 cm，周期为 2 s。当 $t = 0$ 时，位移为 6 cm，且向 x 轴正方向运动。试求该物体的运动方程。

解：由已知条件可知 $A = 12$ cm，$T = 2$ s，$x_0 = 6$ cm 且 $v_0 > 0$，则有

$$\omega = \frac{2\pi}{T} = \pi \ \text{s}^{-1}$$

$$x = 0.12\cos(\pi t + \varphi)$$

当 $t = 0$ 时，有

$$x_0 = 0.06 \ \text{m}$$

对运动方程求导可得

$$v = \frac{\mathrm{d}x}{\mathrm{d}t} = -A\omega\sin(\omega t + \varphi)$$

则有

$$v_0 = -A\omega\sin\varphi$$

由于

$$v_0 > 0$$

$$\varphi = -\frac{\pi}{3}$$

因此

$$x = 0.12\cos\left(\pi t - \frac{\pi}{3}\right)$$

例 5-2　一轻弹簧在 30 N 的拉力下伸长 0.15 m，现把质量为 2 kg 的物体悬挂在该弹簧的下端并使之静止，再把物体向下拉 0.1 m 后由静止释放并开始计时，如图 5-6 所示，求：

（1）物体的振动方程；

（2）物体在平衡位置上方 0.05 m 时，物体受的合外力，以及系统的动能、势能和总能量；

（3）物体从第一次越过平衡位置起到它运动到上方 0.05 m 时所需的时间。

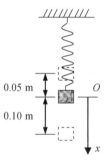

图 5-6　例 5-2 图

解：（1）简谐振动方程的标准形式为

$$x = A\cos(\omega t + \varphi)$$

由物体在平衡位置处的受力可得弹簧的弹性系数

$$k = \frac{F}{x} = 200 \ \text{N} \cdot \text{m}^{-1}$$

再由已知物体的质量，可求出振动系统的角频率

$$\omega = \sqrt{\frac{k}{m}} = 10 \ \text{rad} \cdot \text{s}^{-1}$$

由初始条件 $x_0 = 0.1$ m，$v_0 = 0$，有

$$A = \sqrt{x_0^2 + \frac{v_0^2}{\omega^2}} = x_0 = 0.1 \ \text{m}$$

可知，$x_0 = A$，物体处于正最大位移处，初相为 $\varphi = 0$，因此振动方程为

$$x = 0.1\cos 10t$$

（2）物体在任意位置所受合外力大小为

$$F = mg - k(x + x_0)$$

式中，x_0 是物体处于平衡位置时弹簧的伸长量（原长 l）；x 是弹簧从平衡位置开始的伸长量。
物体平衡时满足方程

$$mg = kx_0$$

因此物体受力的函数表达式为

$$F = -kx$$

当物体在平衡位置上方 0.05 m 时，有

$$x' = -\frac{A}{2}$$

物体所受合外力大小为

$$F = -kx' = 10 \text{ N}$$

物体的势能为

$$E_p = \frac{1}{2}kx'^2 = 0.25 \text{ J}$$

物体的总能量为

$$E = \frac{1}{2}kA^2 = 1 \text{ J}$$

物体的动能为

$$E_k = E - E_p = \frac{1}{2}kA^2 - \frac{1}{2}kx'^2 = 0.75 \text{ J}$$

（3）物体第一次到达平衡位置时，设 $t = t_1$，则有

$$x_1 = A\cos(\omega t_1 + \varphi) = 0$$

且有 $v_1 < 0$，可得

$$(\omega t_1 + \varphi) = \frac{\pi}{2}$$

物体第一次经平衡位置到达上方 0.05 m 处时，设 $t = t_2$，则有

$$x_2 = A\cos(\omega t_2 + \varphi) = -\frac{A}{2}$$

且有 $v_2 < 0$，可得

$$(\omega t_2 + \varphi) = \frac{2\pi}{3}$$

因此

$$\Delta\varphi = (\omega t_2 + \varphi) - (\omega t_1 + \varphi) = \frac{2\pi}{3} - \frac{\pi}{2} = \frac{\pi}{6}$$

根据两不同时刻的相位差，可求对应的状态之间经历的时间，即

$$\Delta\varphi = \omega\Delta t \Rightarrow \Delta t = \frac{\Delta\varphi}{\omega} = \frac{\pi}{60} \text{ s}$$

例 5-3　某振动质点的 x-t 曲线如图 5-7(a) 所示，试求：
（1）质点的运动方程；

(2)点 P 对应的相位；

(3)到达点 P 相应位置所需的时间。

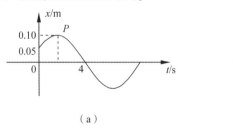
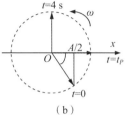

（a） （b）

图 5-7 例 5-3 图

解：(1)由曲线看出质点振动的振幅为

$$A = 0.10 \text{ m}$$

由曲线可知，$t = 0$ 时，质点在 $A/2$ 处向 x 轴正向运动，$t = 4$ s 时，质点在平衡位置向 x 轴负向运动，由此可画出 $t = 0$ 和 $t = 4$ s 时的旋转矢量，如图 5-7(b)所示，可知：

① $t = 0$ 时，$\varphi = -\dfrac{\pi}{3}$（或 $\varphi = \dfrac{5\pi}{3}$）；

② $t = 4$ s 时，$(\omega t + \varphi) = \dfrac{\pi}{2}$（或 $\dfrac{5\pi}{2}$）。

两时刻相位差为 $\Delta\varphi = \dfrac{5\pi}{6}$。

根据相位差与振动经历时间的关系 $\Delta\varphi = \omega\Delta t$，可求得振动的角频率为

$$\omega = \frac{\Delta\varphi}{\Delta t} = \frac{5\pi}{24} \text{ rad} \cdot \text{s}^{-1}$$

因此，振动方程为

$$x = 0.10\cos\left(\frac{5\pi}{24}t - \frac{\pi}{3}\right) \text{ (SI)}$$

(2)在曲线中可见，点 P 的位置是质点从 $A/2$ 处运动到正向的端点处，对应的旋转矢量如图 5-7(b)所示。

因此，点 P 的相位为

$$(\omega t_P + \varphi) = 0$$

(3)由图 5-7(b)可知，点 O 和点 P 的相位差为

$$\Delta\varphi_P = (\omega t_P + \varphi) - \varphi = \omega(t_P - 0) = \frac{\pi}{3}$$

由 $\Delta\varphi_P = \omega\Delta t_P$ 得

$$\Delta t_P = \frac{\Delta\varphi_P}{\omega} = 1.6 \text{ s}$$

5.4 机械波及其特点

当物体振动时，会在介质中产生一种传播现象，这种现象被称为波动。在弹性介质（如

气体、液体和固体)中,机械振动会形成机械波的传播过程,如水波、声波和绳子上的波动等。本节将讨论机械波的传播过程和规律,这是波动学的基础。

5.4.1 机械波产生的条件

当机械振动系统(如音箱、声带)在介质中振动时,由于质元之间的弹力作用,周围的介质也会相继发生振动。这样,机械振动系统的振动就会逐渐传播到周围介质中,形成机械波。例如,如果在平静的池子中投入一块石头,那么从石块落入的地方开始,会扩展出一圈圈的波纹,形成水面波。又如,用手握住一根绷紧的长绳上下抖动,绳子上的各部分质元会依次上下振动,这个振动会沿着绳子向另一端传播,形成绳子上的波动。而当声带在嗓子中振动时,会引起口腔周围的空气也发生振动,并将这个振动在空气中传播出去,形成声波。

5.4.1 波的基本概念

因此,要形成在空间中传播的机械波,首先需要一个产生机械振动的物体,称为波源;其次还需要一个弹性介质,它能够传播这种机械振动。举个例子来说,在音箱发出声音时,音箱就是波源,而空气就是传播声波的弹性介质。弹性介质指的是质元之间彼此有弹性力相互作用的物质,固体、液体或者空气等都可以被视为弹性介质。

当波源在弹性介质中振动时,由于弹性介质相互作用的影响,类似于弹簧振子,质元会带动邻近的质元偏离平衡位置。在图 5-8 所示的系统中,可以将绳子看作由许多质元组成的弹性介质。假设在 $t = 0$ 时,所有质元都静止在各自的平衡位置上,但是质元 1 受到外力的作用,正要离开平衡位置向上运动。随后,质元 1 离开平衡位置,由于质元之间的弹性力作用,质元 1 带动质元 2 向上运动,然后质元 2 又带动质元 3,依此类推。因此,每个运动的质元都会带动它右边的质元一起运动。随着时间的推移,质元 2、3、4 等都会上下振动,振动就沿着绳子向右边传播,最终形成了波动。

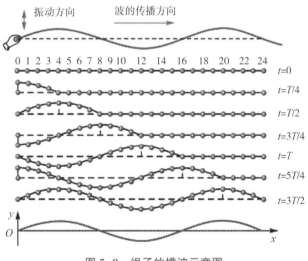

图 5-8 绳子的横波示意图

从图 5-8 中还可以看出,无论是横波还是纵波,它们都是振动状态(即振动相位)的传播,不会导致质元随着振动的传播而移动。举个例子来说,当在平静的湖面上投入石子引起水波时,水面上漂浮的小木块只会在原来的位置上下振动,而不会移动到其他地方去。

5.4.2　横波与纵波

在波的传播过程中，若质元的振动方向和波动的传播方向垂直，这种波称为横波，此时波动在外形上有峰有谷。一个例子是绳子上传播的波动，如图5-8所示。若质元的振动方向与波动的传播方向相一致，这种波称为纵波。这种波导致介质的密度时疏时密，如图5-9所示。如果用手在弹簧的一端沿水平方向猛然向前推，靠近手的一小段弹簧就会被压缩。由于各段弹簧之间的弹力作用，这种压缩的扰动会沿着弹簧向另一端传播，形成一个脉冲波。

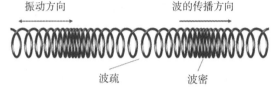

图5-9　弹簧的纵波示意图

5.4.3　波传播过程中的基本概念和基本物理量

当波源在弹性介质中振动时，振动会向各个方向传播，形成波动。为了更好地描述波的传播情况，下面引入了几个几何概念，包括波线、波面和波前等。

波线是指波的传播方向。当波源在介质中振动时，振动会以箭头表示的线的形式向各个方向传播出去。波面是指波传播过程中，介质中振动相位相同的点构成的曲面，也称为波阵面或同相面，简称波面。在任意时刻，波面可以有多个（但相位不同）。沿着传播方向最前面的波面称为波前，在任意时刻，只有一个波前。根据波阵面的形状，波可以分为球面波和平面波等。

波长、波的周期（或频率）和波速是描述波动的重要物理量。波长是沿着波传播方向上相邻两个相位差为 2π 的振动质元之间的距离，即一个完整波形的长度，用 λ 表示。在横波中，相邻两个波峰或波谷之间的距离都是一个波长；在纵波中，相邻两个密部或疏部对应点之间的距离也是一个波长。

波的周期是波前进一个波长的距离所需要的时间，用 T 表示。周期的倒数称为波的频率，用 ν 表示，即 $\nu = 1/T$。频率表示单位时间内波源完成完整振动的次数或通过传播方向上某质元的完整波的数目。

波速是指机械振动在介质中的传播速度，即沿着波线方向单位时间内振动状态（振动相位）的传播距离，用 u 表示，也称为相速。波速与介质的性质和环境温度相关。

波长、波的频率和波速是描述波动的重要物理量。由于波长 λ 是波在一个周期 T 中传播的距离，因此波速为 $u = \lambda/T$，而波频为 $\nu = 1/T$，于是得波长、波频和波速量值之间的关系式为

$$u = \nu\lambda$$

波速由介质决定，频率由波源决定。因此，在同一介质中，频率越低的波，波长越长。而由同一波源产生的波，在不同介质中波长也会不同。根据这两个量，可以确定在给定介质中，从给定波源发出的波的波长。

5.4.4　平面简谐波的表达式　波动方程

平面简谐波是一种由介质中各质点以相同频率做简谐振动构成的波。这种波的频率与波源的频率相同，振幅与波源有关。类似于复合光可以分解为单色光，复杂的振动可以看作许多简谐振动的叠加。因此，本节主要研究简谐波的运动规律。

5.4.4　平面简谐波的
表达式

接下来讨论平面简谐波在均匀介质中传播时的波动表达式。

假设有一平面简谐横波在无吸收的均匀介质中沿着 x 轴正向传播，波速为 u，如图5-10(a)所示。由于平面波的波线是垂直于波面的平行直线，根据波阵面的定义，同一波阵面上的质点具有相同的相位，它们离开平衡位置的位移也相同。因此，只要知道与波阵面垂直的任意一条波线上波的传播规律，就可以推导出整个平面波的传播规律。

取 x 轴与其中一条波线重合，并假设 x 轴的正向与波的传播方向相同，如图 5-10(b)所示。设在 $x = 0$ 处的质元振动表达式为(假设初相为 0)

$$y = A\cos \omega t \tag{5-19}$$

式中，A 代表振幅；ω 代表角频率；y 代表在时刻 t 时，位于 $x = 0$ 处的质元相对于平衡位置的位移。假设 B 是波线上的一个点，与坐标原点 O 的距离为 x。当振动从点 O 传播到点 B 时，点 B 的质元将重复点 O 质元的振动，但相位落后于点 O。由于振动从点 O 传播到点 B 需要 $\dfrac{x}{u}$ 的时间，因此当点 O 的质元振动了时间 t 时，点 B 的质元只振动了时间 $t - \dfrac{x}{u}$。换句话说，点 B 的质元在时刻 t 的位移等于点 O 的质元在时刻 $t - \dfrac{x}{u}$ 的位移。因此，如果波在传播过程中，各点的质元振动振幅相等，那么点 B 的质元在时刻 t 的位移可以表示为

$$y = A\cos \omega\left(t - \frac{x}{u}\right) \tag{5-20}$$

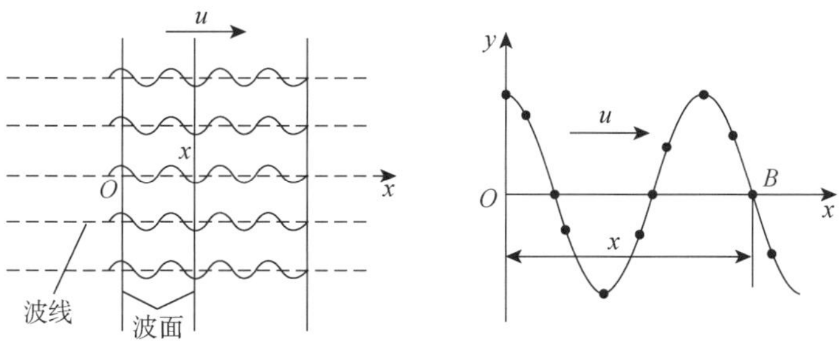

图 5-10　平面简谐波及其表达式推导用图

(a)平面简谐波；(b)平面简谐波表达式推导用图

若波源振动的初相不为零，而是 φ，则式(5-20)可写为

$$y = A\cos\left[\omega\left(t - \frac{x}{u}\right) + \varphi\right] \tag{5-21}$$

式(5-21)是描述沿着 x 轴正方向传播的平面简谐波的波函数，也称为波动表达式。它表示在波线上距离原点 O 的坐标为 x 的质点在任意时刻 t 的位移。平面波的波面垂直于波线，而波线沿着 x 轴方向传播。在这个平面上，所有点的 x 坐标相同，并且同一个波面上的质点振动状态(相位)也相同。因此，这个波动表达式可以确定平面简谐波在介质中传播时，任意质点在任意时刻的振动位移。

可以利用角频率 $\omega = \dfrac{2\pi}{T} = 2\pi\nu$ 来描述波的周期 T 和频率 ν，同时，由于 $uT = \lambda$，其中 λ 表示波长，因此式(5-21)还可以写成以下两种常用的形式

$$\begin{cases} y = A\cos\left[2\pi\left(\dfrac{t}{T} - \dfrac{x}{\lambda}\right) + \varphi\right] \\ y = A\cos\left(\omega t - \dfrac{2\pi}{\lambda}x + \varphi\right) \end{cases} \tag{5-22}$$

若是沿 x 轴负方向传播的平面简谐波，那么根据前面所述思路，则要在式(5-21)中的波速 u 前增加一个负号，即

$$y = A\cos\left[\omega\left(t + \dfrac{x}{u}\right) + \varphi\right] \tag{5-23}$$

例 5-4 平面简谐波的波函数为 $y = 0.2\cos\left(100\pi t + \dfrac{x}{4}\right)$ (SI)，求：

(1)波的振幅、波长、周期和波速；

(2)分别位于 $x_1 = 2\ \text{m}$ 和 $x_2 = 3\ \text{m}$ 处的两个质元振动的相位差。

解：(1)本题要求从波函数求波动特征量，可以将已知波函数与标准形式的波函数比较，便可给出结果，即将

$$y = 0.2\cos\left(100\pi t + \dfrac{x}{4}\right) = 0.2\cos\left[2\pi\left(\dfrac{t}{0.02} + \dfrac{x}{8\pi}\right)\right]$$

与

$$y = A\cos\left[2\pi\left(\dfrac{t}{T} - \dfrac{x}{\lambda}\right) + \varphi\right]$$

进行比较可得：振幅 $A = 0.2\ \text{m}$，波长 $\lambda = 8\pi\ \text{m} \approx 25.1\ \text{m}$，周期 $T = 0.02\ \text{s}$，波速 $u = \lambda/T = 400\pi\ \text{m} \cdot \text{s}^{-1} \approx 1\ 256.6\ \text{m} \cdot \text{s}^{-1}$(沿 x 轴负方向)。

(2)这是一种沿着 x 轴负方向传播的平面简谐波。在同一时刻 t，分别位于 $x_1 = 2\ \text{m}$ 和 $x_2 = 3\ \text{m}$ 处的两个质点振动的相位差记为 $\Delta\varphi$，有

$$\Delta\varphi = \left[2\pi\left(\dfrac{t}{0.02} + \dfrac{x_2}{8\pi}\right) - 2\pi\left(\dfrac{t}{0.02} + \dfrac{x_1}{8\pi}\right)\right] = \dfrac{1}{4}(x_2 - x_1)$$

代入题设数据，得所求相位差为

$$\Delta\varphi = \dfrac{1}{4}(3 - 2)\ \text{rad} = 0.25\ \text{rad}$$

根据式(5-21)，可以知道 y 是 x 和 t 的二元函数，它表示了波线上任意质点在任意时刻的位移。现有一平面简谐波的波形曲线，如图 5-11 所示，实线和虚线分别表示了在时刻 t_1 和下一个时刻 $t_1 + \Delta t$ 的波形图。假设波速为 u，那么在时间 Δt 内，振动状态将沿着波线传播距离 $u\Delta t$。因此，在时刻 t_1 的某个质点的位移将等于与该质点相距 $u\Delta t$ 的另一个质点在时刻

$t_1 + \Delta t$ 的位移。由此可以推断，在时间 Δt 内，时刻 t_1 的整个波形曲线将沿着波线平移了距离 $u\Delta t$。这意味着波形以波速 u 向前传播，这种波称为行波。

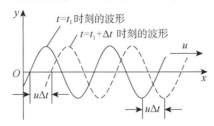

图 5-11　平面简谐波的波形曲线

现在来求解平面简谐波波函数，即式(5-21)关于 t 和 x 的二阶偏导数，有

$$\frac{\partial^2 y}{\partial t^2} = -\omega^2 A\cos\left[\omega\left(t - \frac{x}{u}\right) + \varphi\right] \quad \frac{\partial^2 y}{\partial x^2} = -\frac{\omega^2 A}{u^2}\cos\left[\omega\left(t - \frac{x}{u}\right) + \varphi\right] \quad (5-24)$$

比较上述两个二阶偏导数，容易得出

$$\frac{\partial^2 y}{\partial x^2} - \frac{1}{u^2}\frac{\partial^2 y}{\partial t^2} = 0 \quad (5-25)$$

这是描述沿着 x 轴正方向传播的平面波(不仅限于平面简谐波)的二元二阶微分方程，称为波动方程。这个方程不仅适用于机械波，还适用于电磁波等其他类型的波。波动方程在物理学中具有普遍意义，平面简谐波只是它的一个特殊解。只要一个物理量的时间和坐标关系满足式(5-25)，这个物理量就会以平面波的形式传播。而波动方程中偏导数 $\partial^2 y/\partial t^2$ 的系数的倒数的平方根就是波的传播速度。

一般情况下，如果波函数 $\varphi(x, y, z, t)$ 以波的形式在空间中传播，那么波动方程可以写成

$$\nabla^2\varphi - \frac{1}{u^2}\frac{\partial^2\varphi}{\partial t^2} = 0 \quad (5-26)$$

式中，$\nabla^2 = \dfrac{\partial^2}{\partial x^2} + \dfrac{\partial^2}{\partial y^2} + \dfrac{\partial^2}{\partial z^2}$。

5.4.5　波的能量　波的强度——能流密度

在波动传播过程中，波源的振动会通过弹性介质由近到远地传播出去，导致介质中的各个质点在它们各自的平衡位置附近振动。当介质中的质元运动时，它们既具有动能，又具有弹性势能，因为它们产生了形变。因此，随着扰动的传播，机械能也会传播。能量的传播方向就是波的传播方向，而能量的传播速度就是波速 u。这是波动过程的一个重要特征。

5.4.5　波的能量

假设介质的密度为 ρ，如果有一个平面简谐波在均匀介质中传播，那么它的波动表达式可以写成

$$y = A\cos\left[\omega\left(t - \frac{x}{u}\right)\right] \quad (5-27)$$

介质是由无数个质元组成的，取其中一质元来研究，其体积为 ΔV，质量为 $\Delta m = \rho\Delta V$，质元的平衡位置坐标为 x。该质元在时刻 t 的振动速率为

$$v = \frac{\mathrm{d}y}{\mathrm{d}t} = -A\omega\sin\left[\omega\left(t - \frac{x}{u}\right)\right] \tag{5-28}$$

它在此时刻所具有的动能为

$$\Delta E_{\mathrm{k}} = \frac{1}{2}\Delta mv^2 = \frac{1}{2}\rho\Delta VA^2\omega^2\sin^2\left[\omega\left(t - \frac{x}{u}\right)\right] \tag{5-29}$$

可以证明(此处从略),弹性质元形变产生的弹性势能为

$$\Delta E_{\mathrm{p}} = \frac{1}{2}\rho\Delta VA^2\omega^2\sin^2\left[\omega\left(t - \frac{x}{u}\right)\right] \tag{5-30}$$

则质元的总能量为

$$\Delta E = \Delta E_{\mathrm{k}} + \Delta E_{\mathrm{p}} = \rho\Delta VA^2\omega^2\sin^2\left[\omega\left(t - \frac{x}{u}\right)\right] \tag{5-31}$$

通过以上结果可以看出,在平面简谐波中,每个质点的动能和弹性势能是同步地随时间变化的。它们同时达到最大值和最小值,并且在任何时刻都具有相同的数值。然而,质点的总能量并不是一个恒定值,而是周期性地变化。这意味着在波动的过程中,每个质点都在不断地吸收和释放能量。这与简谐振动系统不同,简谐振动系统的总能量是保持不变的。振动动能和弹性势能之间的这种关系是波动中质点与孤立振动系统的一个重要区别。

为什么波动过程的能量传递具有这样的特点呢?可以这样理解:当波尚未到达介质中的某个质点时,该质点处于静止状态,没有动能和势能。当波传播到该质点时,它开始振动,获得了能量。该质点不断从波源方向吸收能量,并将能量传递给下一个质点,即对后一个质点做功,将能量传递给后者。因此,波动过程也是能量的传播过程。

可以使用能流密度这一物理量来描述能量的传播。能流密度是单位时间内通过垂直于波传播方向的单位面积的能量,也称为波的强度,用符号 I 表示。能流密度的值可以通过下式计算:

$$I = \frac{1}{2}\rho A^2\omega^2 u \tag{5-32}$$

根据式(5-32),可以得出结论:波的强度与质点振动的振幅的平方成正比,即波的强度随振幅的平方增加而增加。能流密度反映了波的强弱程度。如果能流密度较大,意味着单位时间内通过单位面积的能量较多,那么波的强度也就越大。简而言之,能流密度越大,波就越强。

5.5 波的干涉和衍射

5.5.1 波的干涉

如果几列波同时在同一个介质中传播,当它们在某个空间点相遇时,每一列波都能保持自己原有的特性(如频率、波长和振动方向),就好像它们在各自的路径中没有遇到其他波一样,这被称为波传播的独立性原理。例如,图5-12展示了两列脉冲波沿着同一直线相向传播并相互叠加的过程。在传播过程中,它们在相遇区域内交叉而过,彼此不会干扰对方,这种特性就是波传播的独立性。我们在日常生活中也经常会见到波的独立性,如两个探照灯发出的光波在空间交叉后仍然按原来的方向传播,彼此不会相互影响。当

5.5.1　波的干涉

乐队演奏或几个人同时交谈时，声波也不会因为在空间交叠而改变各自的特性，所以我们可以区分出各种乐器的声音或各人的声音。

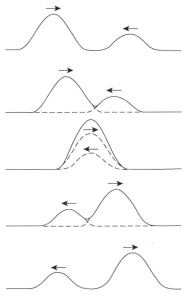

图 5-12　两列脉冲波沿着同一直线相向传播并相互叠加的过程

由于波具有传播的独立性，当几列波在某个点相遇时，每一列波都会引起该点的质元振动。该质元会同时参与每一列波传递给它的振动，其合成振动的位移等于各列波单独存在时传递给该质元的振动位移之矢量和。这个结论被称为波的叠加原理。

一般情况下，几列波在某个空间点相遇并叠加的情况非常复杂。这里只讨论一种最简单但最重要的情况，即当两个波源满足频率相同、振动方向相同且相位差恒定的条件时，它们所发出的波在介质中相遇并叠加，该点的质元将同时与两个波以恒定相位差合成振动。对于相遇区域内的每个质元来说，相位差可能不同，因此当这两列波在介质中相遇时，会出现一些点的振动不断增强，而另一些点的振动不断减弱的现象，这被称为波的干涉现象。满足这些条件的波源被称为相干波源，由相干波源发出的波被称为相干波。

假设有两个相干波源 S_1 和 S_2，波的传播方向如图 5-13 所示，那么波源的振动表达式分别为

$$
\begin{aligned}
y_{10} &= A_{10}\cos\left(\omega t + \varphi_1\right) \\
y_{20} &= A_{20}\cos\left(\omega t + \varphi_2\right)
\end{aligned}
\tag{5-33}
$$

式中，ω 为两波源的振动角频率；A_{10}、A_{20} 和 φ_1、φ_2 分别为两个波源的振幅和初相。显然，从这两个波源发出的波是相干波，它们发出的波在同一介质中传播。当波源发出的波到达空间中的某一点 P 时，根据波的叠加原理，可以计算出该点质元的振动情况。假设点 P 与波源 S_1 的距离为 r_1，与波源 S_2 的距离为 r_2，且波源 S_1 和 S_2 的振幅分别为 A_{10} 和 A_{20}，初相分别为 φ_1 和 φ_2。当波传播到点 P 时，波的振幅会发生变化，分别变为 A_1 和 A_2。

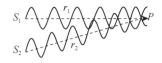

图 5-13　两相干波在点 P 相遇叠加

根据以上条件，可以计算出点 P 处质元的两个分振动，即

$$y_1 = A_1 \cos\left(\omega t - \frac{2\pi r_1}{\lambda} + \varphi_1\right)$$

$$y_2 = A_2 \cos\left(\omega t - \frac{2\pi r_2}{\lambda} + \varphi_2\right) \tag{5-34}$$

根据波的叠加原理，可得点 P 处的合振动振幅为

$$A = \sqrt{A_1^2 + A_2^2 + 2A_1A_2\cos\left(\varphi_2 - \varphi_1 - 2\pi\frac{r_2 - r_1}{\lambda}\right)} \tag{5-35}$$

上式中，$\left(\varphi_2 - \varphi_1 - 2\pi\frac{r_2 - r_1}{\lambda}\right)$ 表示了两个分振动的相位差，用 $\Delta\varphi$ 来表示，即 $\Delta\varphi = \varphi_2 - \varphi_1 - 2\pi\frac{r_2 - r_1}{\lambda}$。由于振幅 A_1 和 A_2 已经给定，因此点 P 处合振动的振幅取决于这两个分振动的相位差。

两个相干波源的初相位差 $(\varphi_2 - \varphi_1)$ 是恒定的，实际上，$\Delta\varphi$ 的值取决于 $(r_2 - r_1)$ 的大小。对于空间中确定的一个点来说，$(r_2 - r_1)$ 是一个确定的值。也就是说，合振动的振幅是确定的。换句话说，空间中各个点的振动是稳定的。对于不同的空间点来说，$(r_2 - r_1)$ 一般是不相等的，因此合振动的振幅也是不相同的，也就是说，空间中各个点的振动强度是不同的。

由于简谐波的强度与振幅的平方成正比，因此合成波的强度可以表示为式 (5-35) 所表示的振幅的平方，则有

$$I = I_1 + I_2 + 2\sqrt{I_1 I_2}\cos\Delta\varphi \tag{5-36}$$

式 (5-36) 中的 $2\sqrt{I_1 I_2}\cos\Delta\varphi$ 称为干涉项，对于满足条件

$$\Delta\varphi = \pm 2k\pi \quad (k = 0,\ 1,\ 2,\ \cdots) \tag{5-37}$$

的各点，$A = A_1 + A_2$，$I = I_1 + I_2 + 2\sqrt{I_1 I_2}$，在这些点合振幅最大，合成波的强度最大，这种现象称为干涉加强。满足条件

$$\Delta\varphi = \pm(2k+1)\pi \quad (k = 0,\ 1,\ 2,\ \cdots) \tag{5-38}$$

的各点，$A = |A_1 - A_2|$，$I = I_1 + I_2 - 2\sqrt{I_1 I_2}$，在这些点合振幅最小，合成波的强度最小，这种现象称为干涉相消。

如果两波源的初相相同，即 $\varphi_2 = \varphi_1$，则条件 $\Delta\varphi = \pm 2k\pi$ 可简化为

$$\delta = r_2 - r_1 = \pm k\lambda \quad (k = 0,\ 1,\ 2,\ \cdots) \tag{5-39}$$

此时合振动的振幅 A 最大，合成波的强度最大。条件 $\Delta\varphi = \pm(2k+1)\pi$ 可简化为

$$\delta = r_2 - r_1 = \pm(2k+1)\frac{\lambda}{2} \quad (k = 0,\ 1,\ 2,\ \cdots) \tag{5-40}$$

在这种情况下，合振动的振幅 A 达到最小值，合成波的强度也最小。$\delta = r_2 - r_1$ 表示两列波的波程差。上述两个式子说明：当两个初相相同的相干波源发出的波在同一介质中的某点相遇时，如果波程差等于零或者是波长的整数倍（即半波长的偶数倍），那么在这个点上合振动的振幅达到最大值；而如果波程差等于半波长的奇数倍，那么在这个点上合振动的振幅达到最小值。

干涉现象是波动的一个重要特征，在机械波、声波和光波中都非常常见。当几列波叠加

时，会产生许多独特的现象，其中驻波就是一个例子。驻波是在同一介质中，两列频率、振幅、振动方向相同的简谐波沿相反方向传播时叠加形成的波。

以图 5-14 所示的驻波实验为例，音叉的末端 A 通过一根水平的细绳 AB 连接着一个支点 B。支点 B 可以左右移动，从而改变细绳 AB 之间的距离。细绳经过滑轮 P 后，末端悬挂着一个重物，从而产生张力。当音叉振动时，会带动细绳产生波动，并向右传播。当波达到点 B 并遇到劈尖(另一种介质)时发生反射，形成向左传播的反射波。这样，入射波和反射波在同一根绳子上沿相反方向传播并产生干涉。当移动劈尖到适当的位置时，会出现图 5-14 所示的情况。可以看到，细绳 AB 被分成了长度相等的 5 段，每段两边端点处的质元几乎保持不动，而每段细绳中的各质元则做着振幅不同但同步的振动，每段的中间质元振幅最大。从外观上看，这种振动很像波，但其波形却不向任何方向移动，因此被称为驻波。驻波不能传播能量。图中的 a、c、e 等点振幅最大，被称为波腹；而 A、b、d 等点始终保持静止，振幅为零，被称为波节。

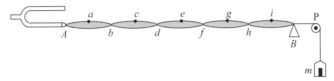

图 5-14 驻波实验

图 5-15 展示了 4 种不同的驻波，每张照片的曝光时间是几个振动周期。可以看到，每种驻波都是由整根弦的振动形成的，但这些波并不沿着弦的任何方向移动(即波峰和波谷的位置是固定的)。

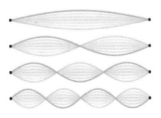

图 5-15 4 种不同的驻波

不管怎样，弦在任何特定时刻都呈现出一种波动形状。例如，图 5-16 是图 5-15 中第 3 种驻波在某一时刻的快照。

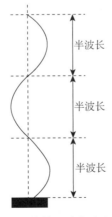

图 5-16 图 5-15 中的第 3 种驻波在某一时刻的快照

弦的每个端点都必须是一个振幅接近零的点。在这两个固定端点之间，整根弦的振动分成了 3 个区段，形成了 3 个波腹，正如图 5-14 所示。

需要注意的是，只有特定数量的驻波适合这根弦。这些驻波在弦的长度上产生了整数个区段的振动。换句话说，弦的长度应该是半波长的整数倍，即

$$l = n \frac{\lambda}{2} \quad (n = 1, 2, \cdots) \tag{5-41}$$

而

$$\nu \lambda = u$$

$$\nu_n = \frac{nu}{2l} \quad (n = 1, 2, \cdots) \tag{5-42}$$

式中，ν_n 称为该弦线的固有频率。可见，ν_n 与弦长成反比。

5.5.2 波的衍射

当波在传播过程中遇到障碍物时，它会绕过障碍物的边缘，并在障碍物的阴影区域内继续传播，这种现象被称为波的衍射。可以通过一个例子来理解衍射现象：假设有两个人隔着墙壁进行对话，他们仍然可以听到对方的声音。这是因为声波发生了衍射现象，它绕过了墙壁而传播到了对方的位置。波的衍射在声学和光学中非常重要。

5.5.2 惠更斯原理
波的衍射

下面以图 5-17 为例来说明衍射现象。当平面波遇到平行于波面的障碍物 AB 时，AB 上有一条宽缝，缝的宽度 d 大于波长 λ。波前除了与缝宽相等的中部仍保持平面（用一系列平行直线表示），两侧不再是平面，波前呈现出曲面形状（用一系列曲线表示），波绕过了障碍物继续传播。如果传播的是声波，那么在曲面上的任意点 P 都可以听到声音；如果传播的是光波，在点 P 就可以接收到光波。

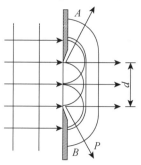

图 5-17 波的衍射

衍射现象是波在传播过程中独有的特征。实验证明，衍射现象的显著程度与障碍物（如缝、遮板等）的大小与波长之比有关。当孔（或缝）的宽度 d 与波长 λ 的比值 d/λ 越小，或者波长 λ 越大时，衍射现象就越显著。声波的波长较大，因此衍射现象比较明显。波长较短的波，如超声波、光波等，衍射现象就不太明显，并且呈现出明显的定向传播，即沿直线传播。因此，常常使用波长较短的波来进行定向传播，如在雷达探测物体方位时，将雷达发射的信号（电磁波）对准物体的方向发射，并接收物体反射回来的信号。为了获得更高的精度，需要使用波长为几厘米或几毫米的微波或更短波长的光波。广播电台播送节目时，发射的电

磁波并不需要定向传播，通常使用波长为几十米到几百米的无线电波。这样，即使在传播途中遇到较大的障碍物，电磁波也能绕过它并传播到任何角落，使得无线电收音机可以在任何地方接收到电台的广播。

5.6　多普勒效应

在之前的讨论中，我们假设波源和接收器相对于介质是静止的，因此波的频率与波源的频率相同，接收器接收到的频率也与波源的频率相同。然而，如果波源或接收器或两者都在运动，会出现接收器接收到的频率与波源的振动频率不同的现象。这种现象在日常生活中很常见，如当高速行驶的火车鸣笛经过时，汽笛音调会变高；而当它快速离开时，汽笛音调会变低。这种接收器接收到的频率取决于波源或接收器的运动速度的现象，被称为多普勒效应。

本节将讨论多普勒效应的规律。以声波为例，假设声源和接收器在同一条直线上运动。声源相对于介质的运动速率用 v_S 表示，接收器相对于介质的运动速率用 v_0 表示。当声源和接收器相互靠近时，v_S 和 v_0 为正；当它们相互远离时，v_S 和 v_0 为负。声波在介质中的传播速率用 u 表示，声源的频率为 ν。现在分别讨论以下两种情况。

1. 声源不动，接收器相对于介质以速率 v_0 运动

在图 5-18(a)中，S 代表声源，其速率 $v_S = 0$，P 代表接收器，以速率 v 向着静止的声源运动。接收器接收到的声波以速率 $v + u$ 向它传播。因此，接收器多接收到了一些完整的波。每秒钟内，接收器接收到的波的个数，即接收器接收到的频率为

$$\nu' = \frac{u + v}{\lambda} = \frac{u + v}{u/\nu} = \nu\left(1 + \frac{v}{u}\right) \tag{5-43}$$

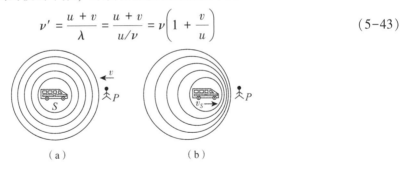

（a）　　　　　　　　（b）

图 5-18　多普勒效应

因此，当接收器向着静止波源运动时（即 v 为正值），$\nu' > \nu$；反之，当接收器远离声源运动时（即 v 为负值），$\nu' < \nu$。

2. 接收器保持静止，声源相对于介质以速率 v_S 运动

当声源运动时，声波的频率会发生改变，不再等于波源的频率。如图 5-18(b)所示，假设声源在点 S 发出一列波，在 1 s 后到达接收器 P，与此同时，声源在 1 s 内移动了 $v_S \times 1$ s 的距离到达 S'。因此在 1 s 内这列波被挤压在 $S'P$ 之间，导致声波的波长被压缩。从图 5-17(b)中可以看出，压缩后的波长为

$$\lambda' = \frac{S'P}{\nu} = \frac{u - v_s}{\nu} \tag{5-44}$$

波速只与介质有关，而与波源的振动频率无关。接收器相对于介质是静止的，即接收器感受到的波速是不变的。因此，接收器接收到的频率为

$$\nu' = \frac{u}{\lambda'} = \frac{u}{(u - v_s)/\nu} = \nu \frac{u}{u - v_s} \tag{5-45}$$

当声源向接收器靠近时(声源速度为正值)，接收器听到的声音频率会变高，因为声波的波长相对于接收器缩短了；反之，当声源远离接收器时(声源速率为负值)，接收器听到的声音频率会变低，因为声波的波长相对于接收器拉长了。这就是多普勒效应。

类似地，电磁波(如光)也有多普勒效应。不同于声波，电磁波的传播不需要介质，因此只由光源和接收器的相对速率决定接收到的频率。假设光源的频率为 ν，它相对于接收器的速率为 v_r。根据相对论的理论，当光源和接收器在同一直线上运动时，如果它们相互靠近，那么接收器测得的频率 ν' 可以通过以下公式计算

$$\nu' = \sqrt{\frac{c - v_r}{c + v_r}} \nu \tag{5-46}$$

式中，c 为电磁波的传播速率，也就是光速；v_r 为光源相对于接收器的速率，当光源远离接收器时，v_r 为正值，当光源靠近接收器时，v_r 为负值。根据式(5-46)，可以得出结论：当光源远离接收器时，接收到的频率 ν' 会比原来的频率 ν 要小，同时波长也会变长。这种现象被称为"红移"，因为它在可见光谱中使光向红色一端移动。

多普勒效应在科技领域有着广泛的应用。例如，测定人造卫星的位置变化，进行报警系统的设计，测量流体的速度，以及检测车辆的速度等。这些应用使得多普勒效应成为一项非常重要的技术。

 知识扩展

一、超声波和次声波

超声波、次声波和可闻声波本质上是一致的，它们都是机械波，通常以纵波的方式在弹性介质内传播，是一种能量的传播形式。超声波在空气中波长一般小于 2 cm，低于人耳听觉的一般下限，次声波的波长则一般大于 20 m，高于人耳听觉的波长上限。

超声波在均匀介质中很难发生衍射，且波长越短，该特性就越显著。此外，根据瑞利散射定律，散射波的强度与波长的 4 次方成反比，因此散射就非常严重，穿透力不佳。但是超声波方向性好，穿透能力强，易于获得较集中的声能。

超声波的应用起步较晚，国际上从 1922 年首次提出超声波的定义到超声波治疗进入应用成熟阶段经历了将近 100 年的时间。中国于 20 世纪 50 年代初才有少数医院开展超声治疗。20 世纪 80 年代初，中国开展超声体外机械波碎石术是结石症治疗史上的重大突破，如今已在国际范围内推广应用。21 世纪，中国的超声聚焦外科已成为 21 世纪治疗肿瘤的最新技术。

超声在实际中的应用主要包括超声成像技术和空化作用。

超声波具有较好的各向异性，而且能透过不透明物质，这一特性可被用于超声波探伤和超声成像技术。超声成像把从换能器发出的超声波经声透镜聚焦在不透明试样上，再把携带了被照部位信息的超声波经声透镜会聚在接收器上，从而把不透明试样的形象显示在荧光屏上。超声成像技术已在医疗检查方面获得普遍应用，在微电子器件制造业中用来对大规模集成电路进行检查，在材料科学中用来显示合金中不同组分的区域和晶粒间界等。

超声波的空化作用会使液体微粒之间发生猛烈撞击，从而起到很好的搅拌作用，并且加速溶质的溶解。北方地区在干燥冬天使用的加湿器、为血流难达部位给药的雾化仪都应用了这个原理。大功率超声波还可以利用巨大的能量使人体内的结石破碎。在医学方面，可以利用超声波对物品进行杀菌消毒。最神奇的是在空化和强烈搅拌下，可以将固体药物分散在含有表面活性剂的水溶液中，形成口服或静脉注射混悬剂，如肝脏造影剂等。

次声波的第一个特点是来源广。自然界中的海上风暴、火山爆发、电闪雷鸣、波浪击岸、地震和人类活动中的核爆炸、导弹飞行、汽车争驰、高楼摇晃，甚至像鼓风机、搅拌机、扩声喇叭等在发声的同时都能产生次声波。次声波的第二个特点是能够绕过障碍物传得很远。1883 年 8 月，南苏门答腊岛和爪哇岛之间的克拉卡托火山爆发，产生的次声波绕地球 3 圈，全长十多万公里，历时 108 h。另外，次声波具有极强的穿透力，不仅可以穿透大气、海水、土壤，而且能穿透坚固的钢筋水泥构成的建筑物，甚至能穿透坦克、军舰、潜艇和飞机。7 000 Hz 的声波用一张纸即可阻挡，而 7 Hz 的次声波可以穿透十几米厚的钢筋混凝土。

1890 年，"马尔波罗号"在从新西兰驶往英国的途中神秘失踪了，20 年后，人们在火地岛海岸边发现了它；1948 年，一艘荷兰货船在通过马六甲海峡时，全船海员在一场风暴后莫名其妙地死光；在匈牙利鲍拉得利山洞入口，3 名旅游者突然倒地，停止了呼吸。科学家们在对这些惨案进行了长期的研究后，发现"凶手"是人们不太了解的次声波。

科学家们发现，人体某些器官的固有振动频率和次声波频率相近。倘若有外来的次声波穿透人体，其振荡频率与人体器官的振荡频率相当时，能够引起共振，严重时会导致人晕厥乃至死亡。前面提到的马六甲海峡惨案，就是因为货船在驶近马六甲海峡时遇上海上风暴，风暴与海浪摩擦产生了次声波，次声波使人的心脏及其他内脏剧烈抖动、狂跳，以致血管破裂，最后导致死亡。

因为次声波能对人体造成危害，所以世界上有许多国家已明确将其列为公害之一，规定了允许的最大次声波标准，并从声源、接受噪声、传播途径等方面入手，实施了可行的防治方法。

事物都有两面性，科学家正在研究、监测和控制次声波，以便有效地避免它的危害，并从中获取信息来预报地震、台风或为监测核爆炸提供依据。次声波的应用前景十分广阔，大致有以下几个方面。

(1)通过研究次声波的特性，来预测自然灾害。例如，台风和海浪摩擦产生的次声波传播速度远快于台风移动速度，人们制造了一种叫"水母耳"的仪器来监测风暴发出的次声波，这样就可以在风暴到来之前发出警报。利用类似方法，也可预报火山爆发、雷暴等自然灾害。

(2)通过测定自然或人工产生的次声波在大气中传播的特性，来探测某些大规模气象过程的性质和规律，如沙尘暴、龙卷风及大气中电磁波的扰动等。

（3）通过测定人和其他生物的某些器官发出的微弱次声波的特性，了解人体或其他生物相应器官的活动情况。例如，人们研制出的次声波诊疗仪可以检查人体器官工作是否正常。

（4）利用次声波的强穿透性，能够制造可穿透坦克、装甲车的武器，这种次声波武器一般只伤害人员，不会造成环境污染。

二、声呐

声呐是一种声学探测设备，全称为 Sound Navigation And Ranging（声音导航与测距），利用了声波在水中传播的特性进行导航和测距的技术，也可以指通过电声转换和信息处理对水下目标进行探测和通信的装置。因此，声呐是在水中进行测量和观察最有效的手段。

声呐发出声波信号，信号遇到物体后反射回来，依据反射时间及波形可计算出物体的距离及位置。依据这个原理可以对水下目标进行探测、分类、定位和跟踪，进行水下通信和导航；各国海军利用其进行水下监视，保障舰艇水中武器的使用，如鱼雷制导、水雷引信等；还可以用于鱼群探测、海洋石油勘探、船舶导航、水下作业、水文测量和海底地质地貌的勘测等。

声呐技术已有超过 100 年的历史，世界上第一个声呐是英国的刘易斯·尼克森于 1906 年发明的"水听器"，之后出现了用于侦测潜艇的主动式声呐设备，后来，压电式变换器取代了静电变换器。1918 年，英国和美国都生产出了成品。1920 年，英国测试了他们称为 ASDIC 的声呐设备，1923 年应用于舰艇。1931 年，美国研究出了类似的装置，命名为 SONAR（声呐）。2020 年，声呐传感器以其价格低廉、节能、测距准确等优点，在机器人、无人驾驶汽车等领域得到了广泛应用。

声呐并非人类的专利，很多动物都有它们自己的声呐。蝙蝠发射超声脉冲并接收其回波，借助这种"主动声呐"探查细小昆虫及障碍物。飞蛾等昆虫具有"被动声呐"，能清晰地听到 40 m 以外的蝙蝠超声波，逃避攻击。因此，有的蝙蝠用超出昆虫侦听范围的高频超声波或低频超声波来捕捉昆虫，这就是动物界的"声呐战"。鲸和海豚拥有"水下声呐"，它们能产生一种十分明确的信号探寻食物和相互通信，其他海洋哺乳动物，如海豹、海狮等也都会发射出声呐信号进行探测。

海豚"声呐"的灵敏度很高，能发现几米以外直径 0.2 mm 的金属丝，能区别开只相差 200 ps 的两个信号，能发现几百米外的鱼群；海豚"声呐"的目标识别能力很强，不但能识别不同的鱼类，区分开黄铜、铝、塑料等不同的物质材料，还能区分开自己发声的回波和人们录下它的声音而重放的声波；海豚"声呐"的抗干扰能力也是惊人的，如果有噪声干扰，它会提高声波的强度盖过噪声，以使自己的判断不受影响。海豚"声呐"还具有感情表达能力，已经证实海豚"语言"是其"声呐"系统。尤其是中国长江中下游的白鱀豚，它的声呐系统分工明确，有为定位用的，有为通信用的，有为报警用的，并有通过调频来调制相位的特殊功能。

终身在极度黑暗的大洋深处生活的动物不得不采用"声呐"等手段来搜寻猎物和防避攻击，它们的"声呐"性能是人类现代技术所远不能及的。解开这些动物的"声呐"之谜，一直是现代声呐技术的重要研究课题。

因为海洋动物必须依赖声音进行交配、觅食以及躲避天敌等活动，所以军事声呐发射的声波会干扰鲸、海豚的捕食，还会影响一些鱼类的繁殖率和巨型海龟的行为等，甚至使一些鱼类的内耳也受到严重的伤害，这直接威胁着它们的生存。

人和大自然和谐共生，人类在发展科技的同时，也会对自然界产生不可逆转的影响，因此协调这种矛盾是人类必须解决的难题，人类应该思考怎么在保护环境的基础上来发展科技。

思考题

5-1 (1)将弹簧振子的弹簧剪掉一半，则其振动角频率如何变化？(2)在简谐振动表达式 $x = A\cos(\omega t + \varphi)$ 中，$t = 0$ 是质点开始运动的时刻，还是开始观察的时刻？

5-2 物体做简谐振动的过程中，为什么机械能是守恒的？

5-3 受迫振动是简谐振动吗？

5-4 产生共振的条件是什么？举例说明共振有何利弊。

5-5 什么是机械振动？研究机械振动的目的是什么？

5-6 举例说明什么是简谐振动。

5-7 为什么简谐振动的机械能是守恒的？

5-8 线性回复力的特点有哪些？

5-9 举例说明共振有哪些应用。

5-10 横波与纵波有何区别？为什么说"波的传播过程就是振动状态(或相位)的传播"？

5-11 什么是波动？振动与波动有什么区别和联系？

5-12 试述机械波产生的条件和在连续弹性介质中机械波形成的过程。如果连续介质的质元相互之间没有弹性力的联系，能否形成机械波？为什么？

5-13 试绘图说明波面和波前有何区别。如何理解"平面波的波源在无限远处"这一说法？

5-14 波形曲线与振动曲线有什么不同？试说明之。

5-15 机械波在给定的介质中传播时，试说明波速、波长和波的周期与频率的意义及其相互关系。

5-16 试述波的叠加原理。产生波的干涉现象时，其相干条件是什么？

5-17 两波叠加产生干涉时，试分析在什么情况下，两波干涉加强？在什么情况下，两波干涉减弱？

5-18 S_1 和 S_2 为两个相干的点波源，S_1 的初相比 S_2 超前 $\pi/2$，S_1 和 S_2 相距 $\lambda/4$，如思考题 5-18 图所示，则在 S_1S_2 连线上，在 S_1 左侧的点干涉减弱，而在 S_2 右侧的点干涉加强。试解释这一现象。

思考题 5-18 图

5-19 在驻波的同一半波中，其各质点振动的振幅是否相同？振动的频率是否相同？相位是否相同？

5-20 试述驻波的形成过程，绘图指出波腹和波节的位置，并导出驻波的表达式，据此说明驻波与行波的区别。

5-21 驻波的能量有没有定向流动？为什么？

5-22 什么是波腹？什么是波节？驻波的能量是如何在波腹和波节间周期性转换和转移的？

5-23 波源向着接收器运动和接收器向着波源运动，都会产生频率增高的多普勒效应，这两种情况有何区别？

习 题

5-1 一个质点沿 x 轴做简谐振动：$x = A\cos(\omega t + \varphi)$，其振幅为 A，角频率为 ω，在下述情况下开始计时，试分别求振动的初相。(1)质点在平衡位置处且向负方向运动。(2)质点在 $x = \dfrac{A}{2}$ 处且向 x 轴负方向运动。

5-2 一弹簧振子做简谐振动，振幅为 A，周期为 T，其运动方程用余弦函数表示。当 $t = 0$ 时，求：(1)振子在负的最大位移处的初相位；(2)振子在平衡位置处向正方向运动的初相位；(3)振子在位移为 $A/2$ 处，且向负方向运动的初相位。

5-3 某振动质点的 $x-t$ 曲线如习题 5-3 图所示，试求：(1)运动方程；(2)点 P 对应的相位；(3)到达点 P 相应位置所用时间。

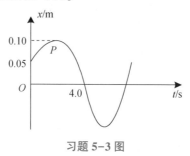

习题 5-3 图

5-4 质量为 1×10^{-2} kg 的子弹，以 500 m·s^{-1} 的速度射入并嵌在木块中，同时使弹簧压缩从而做简谐振动，如习题 5-4 图所示。设木块的质量为 4.99 kg，弹簧的弹性系数为 8×10^{3} N·m^{-1}。若以弹簧原长时物体所在处为坐标原点，向左为 x 轴正向，求简谐振动方程。

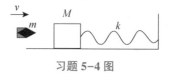

习题 5-4 图

5-5 一物体质量为 0.25 kg，在弹性力作用下做简谐振动，弹簧的弹性系数 $k=25$ N·m^{-1}，如果起振时具有势能 0.06 J 和动能 0.02 J，求：(1)振幅；(2)动能恰等于势能时的位移；(3)经平衡位置时的速率。

5-6 一物体同时参与两个同方向上的简谐振动

$$x_1 = 0.04\cos\left(2\pi t + \frac{1}{2}\pi\right) \quad (SI)$$

$$x_2 = 0.03\cos(2\pi t + \pi) \quad (SI)$$

求此物体的振动方程。

5-7　(1)波速与介质的哪些性质有关，在同一固态介质中，横波和纵波的波速是否相同？(2)如习题5-7图所示的曲线表示一列向右传播的横波在某一时刻的波形，试分别用箭头标出质元 A、B、C、D、E、F、G、H、I、J 在该时刻的运动方向；并指出质元 A 与 E、C 与 G、A 与 I 之间的相位差。

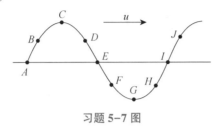

习题5-7图

5-8　对于机械波的波长、频率、周期和速度这4个量，问：(1)在同一介质中，哪些量是不变的？(2)当波从一种介质进入另一种介质时，哪些量是不变的？

5-9　横波的波形及传播方向如习题5-9图所示，试画出点 A、B、C、D 的运动方向，并画出经过1/4周期后的波形曲线。

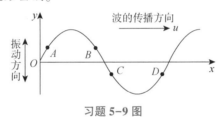

习题5-9图

5-10　(1)试导出平面简谐波(余弦波)的波函数，并分析其意义。(2)质元振动的速度与波传播的速度有何区别？(3)已知平面简谐波的波函数，能否由此求出质元振动的频率？能否求出波长？(4)试将波动表达式 $y = A\cos\left[\omega\left(t - \dfrac{x}{u}\right)\right]$ 化成 $y = A\cos(2\pi\nu t - kx)$。式中，$k = 2\pi/\lambda$，称为波数，表示 2π 长度中所包含的波长的个数，表征了波的空间周期性，它与 $T = \lambda/u$ 所表征波的时间周期性相对应。

5-11　在波长为 λ 的平面简谐波的传播过程中，试证明同一时刻在波线上与原点 O 相距为 r_1、r_2 两点处质元振动的相位差 φ_{21} 与距离 $(r_2 - r_1)$ 的关系为 $\varphi_{21} = \dfrac{2\pi}{\lambda}(r_2 - r_1)$。在 $r_2 - r_1 = k\lambda$ 和 $r_2 - r_1 = (2k+1)\lambda/2$（$k$ 为任意整数）两种情况下，两点的相位差如何？它们的振动状态是否相同？

第六章 | 波动光学

光在人类生活、社会发展和技术进步中起着极其重要的作用：阳光是人类必不可少的生命源泉；光给人类生活提供便利；激光技术已介入了我们日常生活；光电技术改变了我们的生活方式……但人们对于光到底是什么却说不清楚。

第六章 波动光学
思维导图

我们怎么能看见周围的物体？是眼睛发出的光射向物体，还是物体发出的光被眼睛接收？夜里把灯关上时，房间就一片漆黑，从而看不见房间里的物体，但白天却看得很清楚，这意味着房间里的光必定来自电灯，而不是来自我们的眼睛。我们能看见发光的物体，如太阳、白炽灯，也能看见不发光的物体，很显然，这是光从不发光的物体反射回来然后进入我们的眼睛。可进入我们眼睛的到底是什么东西呢？

在很长一段时间内，人类对光的认识只限于某些简单的现象和规律描述，最早对光学规律进行描述的是我国战国时期的《墨经》，其中记载了光的反射、凸凹镜成像、小孔成像等光学现象。在其后不到 100 年，古希腊学者欧几里得在《反射光学》中论述了光的直线传播原理和光的反射定理。

随着科学的发展，人们逐渐开始以科学的方法来研究光，17 世纪初，法国的笛卡儿对光提出了两种假说：一种假说认为光是类似于微粒的一种物质；另一种假说认为光是一种以"以太"为媒介的波。光的微粒说和波动说在笛卡儿的假说里埋下了伏笔，也从此开始了几百年的大争论。

1655 年，意大利波仑亚大学的数学教授格里马第在观测放在光束中的小棍子的影子时，首先发现了光的衍射现象，他据此推想光可能是与水波类似的一种流体。1663 年，英国科学家波意耳第一次记载了肥皂膜和玻璃球中的彩色条纹。他提出了物体的颜色不是物体本身的性质，而是光照射在物体上产生的效果。波意耳的实验助手胡克重复了格里马第的实验，并通过对肥皂膜颜色的观察提出了"光是以太的一种纵向波"的假说。根据这一假说，胡克也认为光的颜色是由其频率决定的。

1690 年，惠更斯出版了《光论》一书，阐述了光的波动原理。惠更斯认为，以太波的传播形式不是以太粒子本身的移动，而是以振动的方式传播的。惠更斯在此原理的基础上推导出了光的反射和折射定律，解释了光速在光密介质中减小的原因。《光论》中最精彩部分是双折射模型，它用球和椭球方式传播来解释寻常光和非常光所产生的奇异现象。这本书彻底、完整地建立了光的波动说。

惠更斯的波动说虽然冠以"波动"一词，但他把错误的"以太"概念引入波动光学，对波动过程的基本特性也缺乏足够的说明，因此难以说明光的直线传播现象，也无法解释光的偏振现象。

牛顿认为，既然光是沿直线传播的，那就应该是粒子，因为波会弥散在空间中，不会聚成一条直线。最直观的实验证明就是物体能挡住光而形成阴影。1672 年年初，牛顿因为制造了一台望远镜当选为英国皇家学会的会员，他提交给皇家学会的第一篇论文就是关于光的色散实验。在这篇论文中，牛顿提出光由一群不同色彩的微粒复合而成，在碰到三棱镜之后，又分解为不同颜色的微粒。牛顿在《光学》一书中，从粒子的角度阐明了反射、折射、透镜成像、眼睛成像原理、光谱等内容。同时，也将波动说中的周期、振动等理论引入微粒说，全面、完善地补足了微粒说。

随着牛顿在力学研究上的巨大成功，他光学方面的观点也越来越被大家重视，何况光的波动说无法说明为何看不到光的干涉现象。牛顿的微粒说统治了光学 100 多年，1801 年，情况发生了逆转——英国青年科学家托马斯·杨完成了双缝干涉实验，证实了光不是微粒而是波。1818 年，菲涅耳和泊松又发现光在照射圆盘时，在盘后方一定距离的屏幕上，圆盘的影子中心会出现一个亮斑。这是光的圆盘衍射，是波动说的又一个有力证据。

根据微粒说，光在水中的传播速度比真空中要快，而波动说一直认为光在水中的传播速度是比真空中要慢的。但是，因为光速实在是太快，之前一直很难测量。1850 年，傅科向法国科学院提交了他关于光速测量实验的报告。在准确测量了光在真空中的速度之后，他进行了水中光速的测量，发现这个值只有真空中光速的 3/4，这一结果彻底宣判了微粒说的死刑。

到了 19 世纪末期，光电效应被科学家发现。爱因斯坦据此提出了光子说，彻底解释了光电效应实验，又证实了光具有粒子性。目前，科学界普遍认为，光是一种具有波粒二象性的物质。本章将介绍光学基础知识，以及光的干涉、衍射、偏振等现象。

6.1　光学基础知识

6.1.1　光的基本属性

17 世纪中期，有关光属性的两种学说(胡克和惠更斯的波动说以及牛顿的微粒说)都得到了发展，在接下来的 100 多年中，许多学者的实验结果都支持了波动说，尤其是 1864 年麦克斯韦建立了普遍电磁波方程，并证明了横向电磁波的存在，还推导出了光波在真空中的传播速度为

$$c = \frac{1}{\sqrt{\mu_0 \varepsilon_0}} \approx 2.998 \times 10^8 \text{ m} \cdot \text{s}^{-1} \tag{6-1}$$

式中，μ_0 为真空中的磁导率；ε_0 为真空中的电容率(也称为介电常量)。

这一学说给出了在极宽频率范围内产生电磁波的前景。之后，赫兹通过实验证实了光波就是电磁波，肯定了麦克斯韦的理论。

可见，光波与电波虽然同是电磁波，但其产生的本质原因不同，因而波长(频率)相差很大，且频率越高，粒子性与波动性相比越明显。另外，电波的波导由金属导体构成，而光

波的波导由电介质构成。

波动说成功地将光归结为一种横电磁波。但是，直到激光出现以前，光都只是杂乱无章的、相位不整齐的噪声光，一般人根据经验很难相信光是一种横电磁波的说法。激光的出现，促进了人们对光本质的直观认识。波动说虽能解释光的干涉、衍射、偏振等现象，但用在能量交换场合，如光的吸收与发射、光电效应等，就完全失效了。

微粒说将光看作一群能量零散的、运动着的粒子，爱因斯坦提出用光频率 ν 与普朗克常量 h 的乘积所得的能量值 $h\nu$ 作为最小单位，认为光是以 $h\nu$ 的整数倍发射与吸收的，这种最小单位称为光子。微粒说可以合理地解释光的吸收、光的发射与光电效应等现象。综上所述，迄今为止，说到光的本质，粒子性与波动性各有其存在的合理性，因而通常称光具有波粒二象性。

6.1.2 光的干涉现象

干涉现象是波独有的特征，如果光真的是一种波，就必然会观察到光的干涉现象。1801 年，英国物理学家托马斯·杨在实验室里成功地观察到了光的干涉现象。两列或几列光波在空间相遇时相互叠加，在某些区域始终加强，在另一些区域则始终减弱，形成稳定的强弱分布的现象，证实了光具有波动性。按照波的叠加原理，当两列波在空间相遇时，发生干涉现象的条件是：振动频率相同，存在相互平行的光振动分量，相位差恒定。

6.1.2 光程 光程差

满足相干条件的光波称为相干光波。对光波来说，传播着的是交变的电磁场（分别用电场强度为 E 的电场和磁场强度为 H 的磁场表示），在这两个矢量中，对人的眼睛和感光仪器起主要作用的通常是电场强度 E。因此，后文提到光波中的振动矢量（也称光矢量）时，指的是电场强度 E，把 E 振动称为光振动。

实验证明，对于在真空中或介质中传播的光（光强不太强），当几列光波在空间相遇时，其合成光波的光矢量 E 等于各分光波光矢量 E_1，E_2，$\cdots$，E_n 的矢量和，即

$$E = E_1 + E_2 + \cdots + E_n \qquad (6-2)$$

这一规律称为光波叠加原理。

当两相干光波在同一种介质中传播时，在相聚点干涉加强或减弱取决于两相干光波在该处的相位差 $\Delta\varphi$，单色光经过不同的介质时，频率不变，而传播速度和波长都要发生变化，对折射率为 n 的介质来说，光在这种介质中传播的速率 u 为

$$u = \frac{c}{n} \qquad (6-3)$$

因此，在该介质中光的波长为

$$\lambda_n = \frac{u}{\nu} = \frac{c}{n\nu} = \frac{\lambda_0}{n} \qquad (6-4)$$

式中，c 为光在真空中的传播速率；$\lambda_0 = \dfrac{c}{\nu}$ 为光在真空中的波长。

若波长为 λ 的单色光在介质界面处分成两束光，这两束相干光分别在不同的介质中传播后再相遇，设两束光各自所经历的几何路程为 x_1 和 x_2，则在相遇处这两束相干光的相位差为

$$\Delta\varphi = 2\pi\left(\frac{x_2}{\lambda_2} - \frac{x_1}{\lambda_1}\right) = 2\pi\left(\frac{x_2}{\frac{\lambda_0}{n_2}} - \frac{x_1}{\frac{\lambda_0}{n_1}}\right) \tag{6-5}$$

$$= 2\pi\left(\frac{n_2 x_2 - n_1 x_1}{\lambda_0}\right) = 2\pi\frac{\delta}{\lambda_0}$$

式中，λ_1、λ_2 分别为光在这两种介质中的波长；λ_0 为光在真空中的波长。通常将 nx 定义为光程，$\delta = n_2 x_2 - n_1 x_1$ 称为光程差。

可以这样理解光程 nx 的物理意义：若光在介质中通过几何路程 x 所用的时间为 $\frac{x}{u}$（u 为光在介质中的传播速率），则在此相同时间内，光在真空中通过的路程为 $c \cdot \frac{x}{u} = nx$。可见，光程是光在介质中通过的路程折合到同一时间内光在真空中通过的相应路程。相干光在各处干涉加强或减弱取决于两束光的光程差，而不是几何路程之差。

此外，我们在观察干涉、衍射现象时，常借助薄透镜。平行光经过薄透镜不改变它们之间的相位差，也就是说，由于平行光的同一波阵面上各点有相同的相位，经薄透镜会聚于焦平面成焦点后仍有相同的相位并形成亮点，说明薄透镜不引起附加的光程差。

6.2　光的干涉

6.2.1　杨氏双缝干涉

干涉现象是波动所特有的现象，如果能观察到光的干涉，就能证明光是一种波。1801 年，英国物理学家托马斯·杨成功地观察到了光的干涉现象，证明了光的确是一种波。托马斯·杨是英国物理学家、医生和考古学家，光的波动说的奠基人之一。1801 年，他巧妙地设计了一种把单个波阵面分解为两个波阵面以锁定两个光源之间的相位差的方法，来研究光的干涉现象。他用叠加原理解释了光的干涉现象，在历史上第一次测定了光的波长，为光的波动说的确立奠定了基础。

6.2.1　双缝干涉

图 6-1 所示为杨氏双缝干涉实验装置示意图，将该装置置于空气（$n \approx 1$）中，单色平行光入射在垂直于纸面的狭缝 S 上，在与 S 平行而又对称的位置上，放置双狭缝 S_1 和 S_2，并在距离双狭缝为 D 处放置屏 E。双狭缝 S_1 和 S_2 中心的间隔 d 很小，通常在毫米级以下，而 D 很大，为米级，即 $D \gg d$。由于 S_1 和 S_2 总是处在从 S 发出的同一个光波的波面上，因此 S_1 和 S_2 成为两个具有相同初相位的单色线光源。它们满足相干光的条件，发出的光波在空间叠加，形成光的干涉现象，在屏上可以观察到与狭缝平行的明暗相间的干涉条纹。

当波长为 λ 的单色光垂直入射于双缝实验装置时，观察屏上明暗干涉条纹位置的分布。从图 6-2 中可以看出，从两缝射出的光线在点 P 会聚，在屏上取 Ox 轴向上为正方向，坐标原点 O 位于 S_1 和 S_2 的对称中心轴上，P 为屏上距 O 为 x 的任意一点。由于从 S_1 和 S_2 发出的光的相位相同，设 $\varphi_1 = \varphi_2 = 0$，则两光波到达点 P 的光线的光程分别为 r_1 和 r_2，则光程差为

$$\delta = r_2 - r_1 \approx d\sin\theta$$

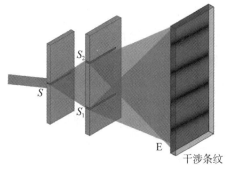

图 6-1 杨氏双缝干涉实验装置示意图

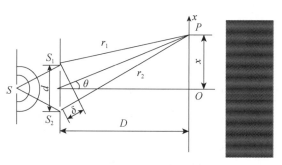

图 6-2 双缝干涉条纹计算用图

由于 $d \ll D$，因此 θ 很小，即

$$\sin \theta \approx \tan \theta = \frac{x}{D} \tag{6-6}$$

则有

$$\delta = r_2 - r_1 \approx \frac{xd}{D} \tag{6-7}$$

根据波动理论，当光程差为波长的整数倍（或半波长偶数倍），即 $\delta \approx \dfrac{xd}{D} = \pm k\lambda$ 时，两光波在点 P 的合振动加强，屏上点 P 处出现干涉明纹，该明纹的位置为

$$x = \pm \frac{D}{d} k\lambda \quad (k = 0, 1, 2\cdots) \tag{6-8}$$

显然，在相邻两条明纹之间分布有一条暗纹。

相邻两条明纹（或暗纹）的级次差 $\Delta k = 1$，且在屏上的间距都为

$$\Delta x = \frac{D}{d} \lambda \tag{6-9}$$

可见，屏上条纹是明暗相间等距分布的。

例 6-1 以单色光照射到相距为 0.2 mm 的双缝上，双缝与屏的垂直距离为 1 m。从第一级明纹到同侧第四级明纹间的距离为 7.5 mm，求单色光的波长。

解：由已知条件可知

$$d = 0.2 \text{ mm}, \ D = 1 \text{ m}$$

$$\Delta x_{41} = x_4 - x_1 = \frac{D}{d} (k_4 - k_1) \lambda$$

$$\lambda = \frac{d}{D} \times \frac{\Delta x_{41}}{(4-1)} \approx 5 \times 10^{-4} \text{ mm}$$

故单色光的波长为 5×10^{-4} mm。

6.2.2 薄膜干涉

前面介绍的杨氏双缝干涉实验采用了分波面法获得相干光，即把一束光从同一波阵面上取两个次级波相干涉。下面讨论另一种获得相干光的方法，即利用透明薄膜的上表面和下表面对入射光的一次反射，将入射光的

6.2.2 薄膜干涉

振幅分解为若干部分，然后由这些部分光波相遇产生干涉，这种方法称为分振幅法的干涉。

假设有一束光波照射于薄膜，由于折射率不同，光波会被薄膜的上界面与下界面分别反射，因相互干涉而形成新的光波，这一现象称为薄膜干涉。对这一现象的研究可以反映出关于薄膜表面的信息，如薄膜的厚度、折射率。生活中有很多薄膜干涉的现象，如水面上的油膜、肥皂泡膜以及昆虫的翅膀在阳光下形成的彩色条纹。薄膜的商业用途很广泛，如增透膜、镜子、滤光器等。

由于光的波动性，两个界面的反射光可能干涉相长（光强增大）或干涉相消（光强减小），这取决于它们的相位关系。相位关系取决于两个反射光不同的光程，而光程取决于薄膜厚度、光学常数和波长。光线由光疏介质进入光密介质会被反射，光的相位会变化$(2k+1)\pi$，因此当光程差$2nd = (k + 1/2)\lambda$时，两组反射光干涉相长；相反，当光程差$2nd = k\lambda$时，两组反射光相位相反，因而干涉相消。其中，d是薄膜厚度，k是整数，2是因为下表面反射光穿过薄膜两次。

图6-3所示为薄膜干涉。下面由图6-3来计算光束（1）、（2）的光程差，光线由光疏介质进入光密介质被反射（$n_2 > n_1$），因此光束（1）在介质上表面反射时有半波损失，则有

$$\delta = n_2(AC + BC) - n_1 AD + \frac{\lambda}{2} \tag{6-10}$$

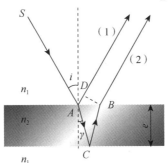

图6-3　薄膜干涉

利用折射定律$n_1\sin i = n_2\sin\gamma$和几何关系

$$AC = CB = \frac{e}{\cos\gamma} \tag{6-11}$$

$$AD = AB\sin i = 2e\tan\gamma\sin i \tag{6-12}$$

可得

$$\delta = \frac{2n_2 e}{\cos\gamma} - 2n_1 e\tan\gamma\sin i + \frac{\lambda}{2} = \frac{2n_2 e}{\cos\gamma}(1 - \sin^2\gamma) + \frac{\lambda}{2}$$

$$= 2n_2 e\cos\gamma + \frac{\lambda}{2} = 2e\sqrt{n_2^2 - n_1^2\sin^2 i} + \frac{\lambda}{2} \tag{6-13}$$

因此，反射光产生干涉明纹的条件为

$$\delta = 2e\sqrt{n_2^2 - n_1^2\sin^2 i} + \frac{\lambda}{2} = k\lambda \quad (k = 1, 2\cdots) \tag{6-14}$$

反射光产生干涉暗纹的条件为

$$\delta = 2e\sqrt{n_2^2 - n_1^2\sin^2 i} + \frac{\lambda}{2} = (2k + 1)\frac{\lambda}{2} \quad (k = 0, 1, 2\cdots) \tag{6-15}$$

对于厚度均匀的薄膜，光程差只取决于光在薄膜上的入射角 i。因此，相同倾角的入射光所形成的反射光到达相遇点的光程差相同，处于同一条干涉条纹上。处于同一条干涉条纹上的各个光点是由从光源射到薄膜的倾角相同的入射光所形成的现象，称为等倾干涉。

6.2.3 劈尖干涉

一个放在空气中的劈尖形状的介质膜(简称劈尖膜)的厚度不均匀，它的两个表面是平面，其间有一非常小的夹角 θ，如图 6-4 所示，当单色平行光垂直入射到劈尖上时，在劈尖的上、下表面的反射光将形成干涉。用 e 来表示光的入射点处膜的厚度，则两束相干的反射光在相遇时的光程差为

6.2.3 劈尖干涉

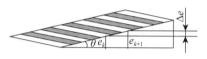

图 6-4 劈尖干涉

$$\delta = 2ne + \frac{\lambda}{2} \tag{6-16}$$

式中，n 为劈尖膜的折射率；$\frac{\lambda}{2}$ 为光在上表面反射时产生的半波损失。由于各处的介质厚度不同，因此光程差也不同，从而会产生干涉条纹。反射光产生干涉明纹的条件为

$$2ne + \frac{\lambda}{2} = k\lambda \quad (k = 1,\ 2,\ 3\cdots) \tag{6-17}$$

产生干涉暗纹的条件为

$$2ne + \frac{\lambda}{2} = (2k + 1)\frac{\lambda}{2} \quad (k = 0,\ 1,\ 2,\ 3\cdots) \tag{6-18}$$

每一 k 级次的明(暗)纹都与劈尖膜在该条纹处的厚度 e 有关系，在劈尖膜的相同厚度处有相同的光程差，该厚度处条纹轨迹对应同一级干涉条纹，这种条纹称为等厚干涉条纹。

由于劈尖的等厚干涉条纹是一系列平行于棱边的直线，因此劈尖的等厚干涉条纹是一些与棱边平行的明暗相交的条纹，随着膜厚度 e 增加，依次是一级明纹，一级暗纹，二级明纹，二级暗纹……相邻两条明纹(或暗纹)间对应的劈尖膜的厚度差都等于 $\frac{\lambda}{2n}$，即

$$e_{k+1} - e_k = \frac{\lambda}{2n} \tag{6-19}$$

设劈尖的夹角为 θ(一般很小)，则相邻明纹(或暗纹)的间距 L 应满足

$$L\sin\theta = \frac{\lambda}{2n} \tag{6-20}$$

$$L = \frac{\lambda}{2n\sin\theta} \approx \frac{\lambda}{2n\theta} \tag{6-21}$$

由上式可知，对于一定波长的入射光，条纹间距与 θ 角成反比，劈尖夹角 θ 愈小，则条纹分布愈疏。劈尖的上、下两表面都是光学平面时，等厚干涉条纹将是一系列平行的、间距相等的明暗纹。

由两块玻璃片，一端叠合，另一端夹一纸片所形成的空气薄膜称为空气劈尖。如果该空气劈尖中一块是光学平面的标准玻璃面，另一块是凹凸不平的待测玻璃片，如图6-5(a)所示，那么干涉条纹将不是直线，而是图6-5(b)所示的疏密不均匀的不规则曲线。工业生产上，常利用这一现象来检查光学工件的平整度。

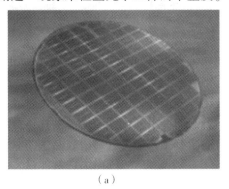
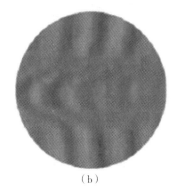

（a） （b）

图6-5 检验平面质量的干涉条纹

例6-2 有一玻璃劈尖放在空气中，劈尖夹角 $\theta = 8 \times 10^{-5}$ rad，波长 $\lambda = 0.589$ μm 的单色光垂直入射时，测得干涉条纹的宽度为 $l = 2.4$ mm，求玻璃的折射率。

解： 因为劈尖尖角 $\theta = \lambda/(2nl)$，所以玻璃的折射率为

$$n = \frac{\lambda}{2\theta l} = \frac{5.89 \times 10^{-7}}{2 \times 8 \times 10^{-5} \times 2.4 \times 10^{-3}} \approx 1.53$$

6.2.4 牛顿环

有曲率半径为 R 的一个平凸透镜，放在一个很平整的平板玻璃上，二者之间形成厚度不均匀的空气薄膜，如图6-6(a)所示。当平行光垂直射向平凸透镜时，可以观察到透镜表面出现一组等厚干涉条纹，这些条纹都是以接触点为圆心的一系列间距不等的同心圆环，如图6-6(b)所示，称为牛顿环。

6.2.4 牛顿环

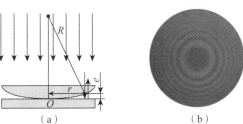

（a） （b）

图6-6 牛顿环

由于空气膜的折射率小于上、下介质(玻璃)的折射率，因此在空气薄膜的下表面上有半波损失，则上、下表面反射光的光程差为($n \approx 1$)

$$\delta = 2e + \frac{\lambda}{2} \tag{6-22}$$

当

$$\delta = 2e + \frac{\lambda}{2} = k\lambda \quad (k = 1, 2, 3\cdots) \tag{6-23}$$

时出现明纹；当

$$\delta = 2e + \frac{\lambda}{2} = (2k + 1)\frac{\lambda}{2} \quad (k = 0, 1, 2\cdots) \tag{6-24}$$

时出现暗纹。

由于在中心 O 处空气薄膜厚度为零，且光程差产生于下表面反射光的半波损失，因此空气薄膜的牛顿环中心是一个暗斑。由中心往边缘，空气薄膜厚度的增加越来越快，牛顿环也就越来越密。

由图 6-6 可计算出牛顿环的半径 r，显然

$$r^2 = R^2 - (R - e)^2 = 2Re - e^2 \tag{6-25}$$

由于 $R \gg e$，略去 e^2，因此 $r^2 \approx 2Re$，则有

$$e \approx \frac{r^2}{2R} \tag{6-26}$$

将上式代入明暗纹条件中，化简后得到明环和暗环的半径分别为

$$r = \sqrt{\frac{(2k - 1)R\lambda}{2}} \quad (k = 1, 2, 3\cdots) \text{ 明环}$$

$$r = \sqrt{kR\lambda} \quad (k = 0, 1, 2\cdots) \text{ 暗环} \tag{6-27}$$

在实验中，可以利用牛顿环来测量透镜的曲率半径 R。由于牛顿环中心暗斑较大，半径不易准确测定，实验中采用的方法是：先测出第 k 级暗环的直径 $d_k = 2r_k$，然后测出由它往外数的第 m 级暗环的直径 $d_{k+m} = 2r_{k+m}$，便可由暗环的公式算出 R 为

$$R = \frac{d_{k+m}^2 - d_k^2}{4m\lambda} \tag{6-28}$$

在生产上，牛顿环常用来检验透镜的质量。由前述可知，牛顿环与等倾干涉条纹都是内疏外密的圆环形条纹，但牛顿环的条纹级次是由环心向外递增，而等倾干涉条纹则反之。

例 6-3 用钠灯（$\lambda = 589.3$ nm）观察牛顿环，看到第 k 级暗环的半径 $r_k = 4$ mm，第 $k + 5$ 级暗环的半径 $r_{k+5} = 6$ mm，求所用平凸透镜的曲率半径 R。

解：牛顿环第 k 级暗环的半径 $r_k = \sqrt{k\lambda R}$，第 $k + 5$ 级暗环的半径 $r_{k+5} = \sqrt{(k+5)\lambda R}$。由此可知，$k = 4$，$R = 6.79$ m。

6.3 光的衍射

和干涉现象一样，衍射现象也是波动的基本特征之一。当光波在其传播路径上遇到障碍物时，可以绕过障碍物的边缘而向障碍物后面传播。波能够绕过障碍物的边缘到达其阴影内传播，并形成明暗相间的条纹，这种现象称为波的衍射现象。

光源 S 发出的光照射在带有圆孔的障碍物上，当圆孔的直径比较大时，在屏幕上形成一个亮度均匀的光斑，这时光是沿直线传播的，如图 6-7(a) 所示；逐渐减小圆孔的直径，则发现屏幕上的光斑也相应变小；当圆孔的直径减小到一定程度时，屏幕上的光斑不再变小，

反而变大，并且形成明暗相间的圆环，这时光不再沿直线传播，如图6-7(b)所示。

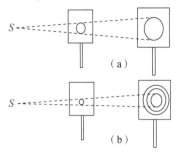

图 6-7　光的衍射现象

衍射根据光源、障碍物和屏三者之间的距离不同分为以下两种：一种是菲涅耳衍射，另一种是夫琅禾费衍射。菲涅耳衍射是指光源或屏到障碍物的距离是有限远的，如图6-8(a)所示。夫琅禾费衍射是指光源到障碍物的距离和障碍物到屏的距离都是无限远的，如图6-8(b)所示。在实验室中通常用透镜产生平行光束来代替"无限远"，如图6-8(c)所示。

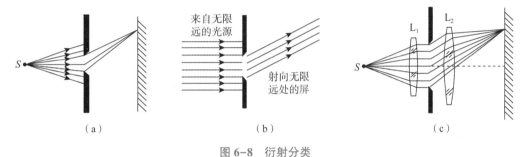

图 6-8　衍射分类

(a)菲涅耳衍射；(b)夫琅禾费衍射；(c)在实验室中产生夫琅禾费衍射

当光源通过障碍物照射在屏上并出现明暗相间的条纹时，即出现衍射现象，衍射也可以根据障碍物的形状不同来分。若障碍物是一个小圆孔，则这种衍射称为圆孔衍射；若障碍物是一个小缝，则这种衍射称为单缝衍射，除了单缝，障碍物还可以用细线、针、毛发等代替。

把这两种衍射方式进行结合，若障碍物是一个单缝，并且光源到障碍物的距离或障碍物到屏的距离是有限远的，则这种衍射叫作单缝菲涅耳衍射；若障碍物是一个单缝，并且光源到障碍物的距离和障碍物到屏的距离都是无限远的，则这种衍射叫作单缝夫琅禾费衍射。

本节主要讨论夫琅禾费衍射，即单缝夫琅禾费衍射和圆孔夫琅禾费衍射。

6.3.1　惠更斯-菲涅耳原理

菲涅耳(1788—1827)是法国物理学家，波动光学的奠基人之一。1818年4月，他用严格的数学证明将惠更斯原理发展为后来所谓的惠更斯-菲涅耳原理，即进一步考虑了各个次波叠加时的相位关系，从而圆满地解释了光的反射、折射、干涉、衍射等现象。惠更斯原理只能定性解释光的衍射现象，不能解释光的衍射图样中光强的分布。菲涅耳仔细研究了光的衍射现象，在惠更斯理论的基础上，根据波的叠加和干涉原理，提出了"子

6.3.1　惠更斯-
菲涅耳原理

波干涉叠加"的概念,圆满地解释了光的衍射现象。菲涅耳认为,波阵面上的每一点都可以看成一个新的子波源,空间任意一点的光振动是所有这些子波在该点相干叠加的结果。这就是惠更斯–菲涅耳原理。利用这一原理不仅能解决波的传播方向问题,而且能对空间任意一点的波的强度进行具体的分析和计算。

6.3.2 单缝衍射

图 6-9(a)所示为单缝夫琅禾费衍射实验装置示意图,从光源 S 发出的光经透镜 L_1 变成平行光束后,垂直照射在狭缝后,通过透镜 L_2,这束平行光会聚在屏上,形成明、暗相间的条纹。根据惠更斯–菲涅耳原理,屏上任意一点的光振动应该是单缝处波阵面上所有子波源发出的子波传播到该点振动的相干叠加。图 6-9(b)所示为单缝夫琅禾费衍射光路图,单

6.3.2 单缝衍射–半波带法

色平行光垂直照射宽度为 a 的狭缝 AB,通过狭缝的光发生衍射,衍射角为 θ,衍射光经过透镜 L_2 后会聚在焦平面上同一点 Q,该点的光强由这些平行光相干叠加而成。对于单缝衍射,可用菲涅耳提出的"半波带法"进行分析研究。

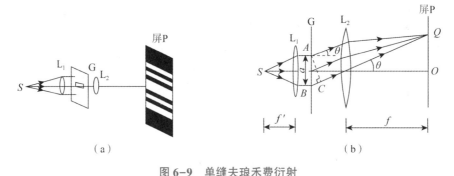

（a）　　　　　　　　　　　　　　（b）

图 6-9　单缝夫琅禾费衍射

（a）单缝夫琅禾费衍射实验示意图；（b）单缝夫琅禾费衍射光路图

图 6-10 所示为单缝衍射光路图。单缝 AB 可以看作平行入射光的一个波阵面,因此平行入射光入射在宽度为 a 的单缝 AB 上时所有的子波源等相位。若衍射光线仍按入射方向传播(图 6-10 中的光束①),它们被透镜 L 会聚于屏 P 中央的点 O。由于透镜 L 不产生附加光程差,光束①到达点 O 时仍保持相同的相位,即相位差为零,子波相干加强。于是屏 P 上的点 O 处是一条明纹的中心,这条明纹称为中央明纹。

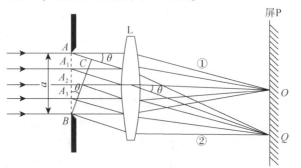

图 6-10　单缝衍射光路图(屏 P 位于透镜的焦平面上)

下面来讨论衍射光线的衍射角为 θ 的子波射线(图 6-10 中的光束②)会聚于屏 P 上的点

Q 处产生的明、暗纹的条件。衍射光线中各子波到达点 Q 的光程并不相等，因此它们在点 Q 的相位也不相同。由点 B 垂直于各衍射光线的波阵面 BC，其上各点到达点 Q 的光程都相等，而且入射光线到波阵面 AB 的相位差为零，这样入射光线到点 Q 的相位差就取决于从波阵面 AB 到波阵面 BC 的光程差，这时最大光程差 $\delta = AC = a\sin\theta$。把波阵面 AB 分成 AA_1、A_1A_2、A_2A_3 和 A_3B 这 4 个等面积的纵带，如图 6-11(a)所示。可以近似地认为，所有纵带发出的光强都是相等的，这样分割的纵带称为半波带，用半波带来研究衍射图样的方法称为半波带法。若任何两个相邻的纵带上，对应点(如 AA_1 与 A_1A_2 的中点)所发出的子波到达点 Q 处的光程差均为 $\lambda/2$，相位差则是 π，所发出的光线在点 Q 振动相互干涉抵消。如果把波阵面 AB 分成偶数个半波带，AC 就是 $\lambda/2$ 的偶数倍，偶数个半波带相互干涉后的效果是使点 Q 处呈现为子波干涉相消，则在屏上对应处将呈现为暗纹的中心。产生暗纹的条件为

$$a\sin\theta = \pm 2k\frac{\lambda}{2} \quad (k = 1,2,3\cdots) \tag{6-29}$$

若波阵面 AB 可分成 3 个半波带，如图 6-11(b)所示，此时相邻两个半波带(如 AA_1 与 A_1A_2)上各对应点的子波线的光程差 δ 仍然是 $\lambda/2$，相互干涉抵消，但是还剩下一个半波带(A_2B)没有其他的半波带与之相互干涉抵消，这个半波带的子波线到达点 Q 时，在屏上将是明纹，Q 是这条明纹的中心位置。产生明纹的条件为

$$a\sin\theta = \pm(2k+1)\frac{\lambda}{2} \quad (k = 1,2,3\cdots) \tag{6-30}$$

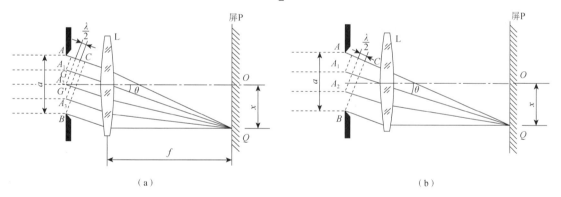

图 6-11　半波带法示意图

（a）偶数个半波带；（b）奇数个半波带

综合上述分析，结果可用数学式表示为

$$a\sin\theta = \begin{cases} \pm k\lambda & (k = 1,2,3\cdots) & 暗纹 \\ 0 & (k = 0) & 中央明纹 \\ \pm\left(k + \dfrac{1}{2}\right)\lambda & (k = 1,2,3\cdots) & 明纹 \end{cases} \tag{6-31}$$

需要指出，对任意衍射角 θ 来说，波阵面 AB 一般不能恰巧被分成整数个半波带，即 AC 不一定等于 $\lambda/2$ 的整数倍时，对应于这些衍射角的衍射光束，经透镜聚焦后，在屏幕上形成介于最明与最暗之间的中间区域。

衍射角为 θ 的衍射光线经透镜后会聚在屏上，如图 6-12 所示，此时这束光线在屏上的坐标是

$$x = f\tan\theta$$

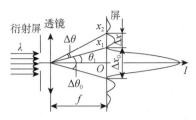

图 6-12　单缝衍射条纹位置意图

因为 θ 实际上很小，所以 $\tan\theta \approx \theta \approx \sin\theta$。由式（6-29）和式（6-30）可确定明纹（中心）的位置为

$$x_k = \pm(2k+1)\frac{f}{2a}\lambda \quad (k = 1, 2, 3\cdots) \tag{6-32}$$

和暗纹（中心）的位置为

$$x_k = \pm k\frac{f}{a}\lambda \quad (k = 1, 2, 3\cdots) \tag{6-33}$$

实际上，单缝衍射暗纹很窄，明纹比暗纹宽得多。通常把相邻两条暗纹中心之间的距离称为明纹的宽度。屏中间是最宽最亮的明纹，把它叫作中央明纹，明纹两侧第一级暗纹之间的距离称为中央明纹的宽度。其他相邻的两条暗纹之间的距离是其他明纹的宽度，其亮度越来越暗。

中央明纹两侧是第一级（$k = \pm 1$）暗纹，位置为

$$x_1 = \pm f\frac{\lambda}{a} \tag{6-34}$$

因此中央明纹的宽度为

$$\Delta x_0 = 2f\frac{\lambda}{a} \tag{6-35}$$

中央明纹对透镜的中心张角为

$$2\theta_1 = 2\frac{\lambda}{a} \tag{6-36}$$

式中，$2\theta_1$ 称为中央明纹的角宽度；θ_1 称为中央明纹的半角宽度。

在中央明纹的两侧，相邻的两条暗纹之间的距离称为次级明纹的宽度，即

$$\Delta x = x_{k+1} - x_k = f\frac{\lambda}{a} \tag{6-37}$$

上式说明中央明纹是最宽、最亮的，其条纹宽度是其他明纹宽度的 2 倍。

例 6-4　在单缝夫琅禾费衍射实验中，缝宽 $a = 4\lambda$，缝后正薄透镜的焦距 $f = 40\ \text{cm}$，试求中央明纹和第一级明纹的宽度。

解：由式（6-29）可知，第一级和第二级暗纹的中心满足

$$a\sin\theta_1 = \lambda$$
$$a\sin\theta_2 = 2\lambda$$

第一级和第二级暗纹的位置为

$$x_1 = f\tan\theta_1 \approx f\sin\theta_1 = \frac{f\lambda}{a} = 40\ \text{cm} \times \frac{\lambda}{4\lambda} = 10\ \text{cm}$$

$$x_2 = f \tan \theta_2 \approx f \sin \theta_2 = \frac{f 2\lambda}{a} = 40 \text{ cm} \times \frac{2\lambda}{4\lambda} = 20 \text{ cm}$$

中央明纹的宽度为两侧两个第一级暗纹间的距离，即

$$\Delta x_0 = 2x_1 = 2 \times 10 \text{ cm} = 20 \text{ cm}$$

第一级明纹的宽度为第一级和第二级暗纹间的距离，即

$$\Delta x_1 = \Delta x_0 = x_2 - x_1 = (20 - 10) \text{cm} = 10 \text{ cm}$$

例 6-5　一平行单色光垂直入射于宽度 $a = 0.3$ mm 的狭缝平面上，在缝后 2 m 的照相板上第一级暗纹与第二级暗纹之间的间隔为 0.765 cm，求该单色光的波长。

解：第一级暗纹与第二级暗纹之间的间隔，即第一级明纹的宽度，则由式

$$\Delta x_1 = f \frac{\lambda}{a}$$

可得

$$\lambda = \frac{a \Delta x_1}{f} = \frac{0.3 \times 10^{-3} \times 0.765 \times 10^{-2}}{2} \text{ m} \approx 1.15 \times 10^{-6} \text{ m}$$

6.3.3　光学仪器的分辨率

由几何光学的知识可知，一个点光源通过透镜、光阑等光学仪器后的像还是一个点。但如果发生光的衍射现象，它的像就不再是一个点，而是具有一定大小的艾里斑，因此相距很近的两个点光源，其对应的两个艾里斑就会互相重叠而无法区分，如图 6-13(c)所示。如果这两个艾里斑足够小或者它们的距离足够远，两个艾里斑虽会有重叠，但是重叠部分的光强较中心处的光强小，这时可以辨别出是两个点光源，如图 6-13(a)所示。那么，恰好能分辨的位置在哪里呢？德国物理学家瑞利提出了一个标准：如果一个点光源的艾里斑的中央最亮处与另外一个艾里斑的边缘最暗处重合，如图 6-13(b)所示，这时认为这两个点光源恰好能分辨。这个标准称为瑞利判据。

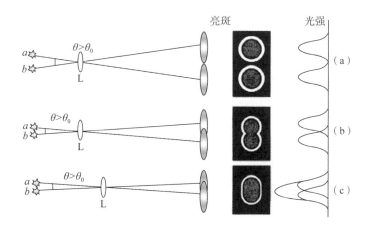

图 6-13　光学仪器的分辨本领
(a)能清晰分辨；(b)恰好能分辨；(c)不能分辨

两个艾里斑的中心对透镜的张角 θ_0 恰好等于艾里斑的半角宽度，如图 6-14 所示。张角 θ_0 称为最小分辨角，即

$$\theta_0 = \frac{d}{2f} \approx 1.22\frac{\lambda}{D} \tag{6-38}$$

最小分辨角的倒数称为光学仪器的分辨率，即

$$R = \frac{1}{\theta_0} \approx \frac{D}{1.22\lambda} \tag{6-39}$$

式中，D 为光学仪器的通光孔径。由上式可知，光学仪器的分辨率与入射光的波长 λ 成反比，与光学仪器的通光孔径成正比。

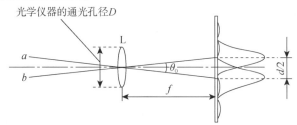

图 6-14　圆孔衍射的半角宽度

若要增大光学仪器的分辨率，可以采用增大光学仪器的通光孔径或者减少入射光的波长的方法。1609 年，伽利略制作了一架口径约 4.2 cm，长约 1.2 m 的望远镜，采用平凸透镜作为物镜，凹透镜作为目镜，这种光学系统称为伽利略式望远镜。伽利略用这架望远镜观察天空，得到了一系列重要发现，天文学从此进入了望远镜时代。

6.3.4　光栅衍射

单缝衍射形成的条纹很宽，除了中央明纹，其他各级明纹的强度都很弱，并且明、暗纹的边界很模糊，不容易确定明、暗纹的位置，因此用单缝衍射实验测量光波的波长不能得到精确的结果。光栅衍射的条纹明亮而细窄，且容易测量，因此通常采用光栅衍射来测量光波波长和其他有关的量值。

6.3.4　光栅衍射-本质

用于光栅衍射的光栅称为衍射光栅（以下简称光栅），其通过在玻璃片上刻大量等宽、等间距的平行刻痕制作而成。在每条刻痕处，因为漫反射，光不易透过，而两刻痕之间的部分则可以透光，它相当于一个狭缝。

光栅的种类繁多，通常分为以下两种：一种是利用透射光衍射的，称为透射光栅，如图 6-15（a）所示；另一种是利用反射光衍射的，称为反射光栅，如图 6-15（b）所示。

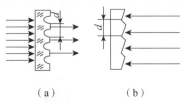

（a）　　　　　　（b）

图 6-15　光栅的结构图刻痕

（a）透射光栅；（b）反射光栅

实验中通常用的是透射光栅，透射光栅可以用刻痕技术制作而成，这种光栅的优点是精度高，缺点是成本高；透射光栅也可以利用全息照相的方法复制而成，这种光栅的优点是价格便宜，缺点是精度不是很高。实验中一般用的是全息照相复制而成的透射光栅。

在光栅上透光缝的宽度为 a，不透光刻度的宽度为 b，光栅常数为 d，$d = (a + b)$，如图6-16所示。有 N 条等宽等间距的平行狭缝，光栅常数为 $d = 1/N$，N 为缝数。普通光栅在 1 cm 长度范围内可有几百乃至上万条透光缝。

多缝衍射有着以下明显不同于单缝衍射的特征：

（1）明纹很细很亮，称作主极大，在主极大间较宽的范围内，分布有称作次极大的较弱明纹；

（2）主极大的位置与缝数 N 无关，但它们的宽度随 N 增大而变细；

（3）相邻主极大间有 $N-1$ 个暗纹和 $N-2$ 个次极大，形成一片较宽的暗背景。

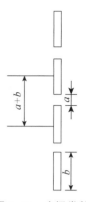

图6-16　光栅常数

但是，多缝衍射的光强分布保留了单缝衍射的痕迹，形状与单缝衍射的相同。

当入射光中包含有几种不同的波长成分时，每一波长都会形成各自的光强分布，形成光栅光谱线，并且每一光谱线都因很细很亮而易于分辨。因此，光栅是重要的分光元件，在实验中常利用它对光波波长和其他微小的量进行精确测量。

光栅衍射光强的这些特征是由单缝衍射和多缝的缝间干涉的综合效应决定的。单色平行光垂直入射于光栅后，在屏幕上每个缝的单缝衍射图样形状完全相同，位置也完全重合；而由光的相干性可知，各狭缝的衍射光都是相干光。下面通过图6-17来说明各狭缝间出射的衍射光是如何形成明暗纹的。

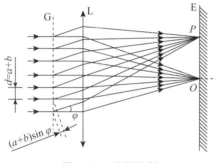

图6-17　光栅衍射

1. 光栅方程

主极大（屏幕明纹）：相邻两束衍射角为 φ 的衍射光线，在屏上相遇处点 P 的光程差为

$$\delta = (a + b) \sin \varphi \quad (k = 0, 1, 2\cdots) \tag{6-40}$$

相应地，在点 P 引起光振动的相位差为

$$\Delta\varphi = \frac{2\pi}{\lambda}\delta = \frac{2\pi}{\lambda}(a + b) \sin \varphi \quad (k = 0, 1, 2\cdots) \tag{6-41}$$

这时，两个光振动干涉加强，则两个光振动矢量的方向一致，即有 $\Delta\varphi = 2k\pi(k = 0, 1, 2\cdots)$，代入式（6-41）可知

$$d\sin \varphi = \pm k\lambda \quad (k = 0, 1, 2\cdots) \tag{6-42}$$

式（6-42）决定了缝间干涉形成主极大的位置，称为光栅方程或主极大方程。

满足光栅方程的主极大也称为光谱线，k 是主极大的级数。$k = 0$ 为中央明纹，即零级主极大，$k = 1、2、3$ 分别为第一级、第二级、第三级主极大，以此类推。

2. 暗纹条件

若光栅有 N 个刻痕，则有 N 个振幅相等的振动矢量，这些振动矢量的相位依次相差 δ，如图 6-18(a) 所示。

6.3.4 光栅衍射-明暗纹条件

此时根据矢量合成的多边形法则，把这 N 个光振动矢量叠加后形成的合矢量 E 如图 6-18(b) 所示，若在点 P 形成暗纹，则要求合矢量 E 的大小为零，N 个光振动矢量叠加构成了闭合的等边多边形，矢量和为零，相应点 P 处应为暗纹。因此，要求相邻两个振动矢量相位差 $\Delta\varphi$ 满足

$$N\Delta\varphi = \pm 2m\pi \quad (m = 0, 1, 2\cdots) \tag{6-43}$$

当相邻两束光的相位差 $\Delta\varphi = 0$ 时，对应 $m = 0$，这正好与 $k = 0$ 的零级主极大相对应，故 $m \neq 0$；若 $m = N$，则正好与 $k = 1$ 的第 k 级主极大相对应，故 $m \neq N$。同理，$m \neq 0$，N，$2N$，$3N$，$\cdots$，而在 $m = 0$ 和 $m = N$ 之间，可以取 $m = 1$，2，3，$\cdots$，$N-1$，即相邻两级主极大之间就会有 $(N-1)$ 条暗纹。

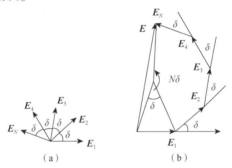

图 6-18 N 个振动矢量示意图

(a) N 个振动矢量相位差；(b) N 个振动矢量叠加后的合矢量

图 6-19(a) 所示为当光从同一个缝通过后在屏幕上形成的衍射条纹，即单缝衍射图样；图 6-19(b) 所示为光从多缝通过后的子波干涉条纹，即光栅主极大，最终在屏上的衍射图样并非等亮度的条纹，而是多缝衍射的主极大经过单缝衍射图样的调制形成的综合结果，如图 6-19(c) 所示。

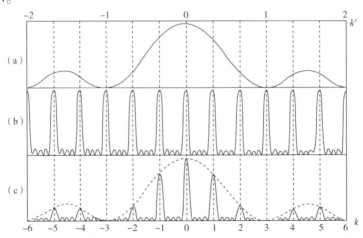

图 6-19 单缝对光栅的调制作用

(a) 单缝衍射图样；(b) 光栅主极大；(c) 综合结果

3. 光栅的缺级

在图6-19(c)中，有一些光栅主极大缺失了，如 $k = \pm 3$、± 6 等。光栅的衍射图样是单缝衍射和多缝的缝间干涉的综合效应决定的，因此会有光栅主极大的位置和单缝衍射暗纹的位置相重合，使得那级主极大缺失，把这个现象称为光栅的缺级。

6.3.4　光栅衍射–缺级条件

因为衍射角 φ 的主极大满足式(6-42)，单缝衍射暗纹条件是式(6-29)，即

$$d\sin\varphi = \pm k\lambda \quad (k = 0, 1, 2\cdots)$$
$$a\sin\varphi = \pm k'\lambda \quad (k' = 1, 2\cdots)$$

所以得到

$$k = \pm\frac{d}{a}k' \quad (k' = 1, 2\cdots) \tag{6-44}$$

相应的第 k 级主极大缺失了。图6-19(c)所示是光栅常数 d 满足 $d = 3a$ 的光栅衍射图样，在可观察范围内，级次为3的整数倍的主极大均不出现，即 $k = \pm 3$，$\pm 6\cdots$ 为缺级。显然，由缺级的条件，即式(6-44)还可判断出这个光栅的 $b = 2a$，即遮光部分的宽度是透光缝宽的两倍。

4. 光栅光谱

当垂直入射光为白光时，则形成光栅光谱。中央明纹仍为白光，其他主极大则由各种颜色的条纹组成。由光栅方程可知，不同波长由短到长的次序自中央向外侧依次分开排列。光栅常量 $(a + b)$ 越小或光谱级次越高，则同一级衍射光谱中的各色谱线分散得越开，如图6-20所示。

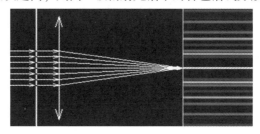

图6-20　光栅光谱

例6-6　有一平面光栅，每厘米有6 000条刻痕，一平行白光垂直照射到光栅平面上。求：

(1)在第一级光谱线中，对应于衍射角为20°的光谱线的波长；

(2)此波长的第二级光谱线的衍射角。

解：(1)该光栅的光栅常数为

$$d = a + b = \frac{1}{6\,000}\,\text{cm} \approx 1.667 \times 10^{-4}\,\text{cm} = 1.667 \times 10^{-6}\,\text{m}$$

由光栅方程 $d\sin\varphi = k\lambda$，得第一级光谱 $(k = 1)$ 中衍射角为20°的光谱线的波长为

$$\lambda = d\sin\varphi = 1.667 \times 10^{-6} \times \sin 20°\,\text{m}$$
$$\approx 5.701 \times 10^{-7}\,\text{m} = 570.1\,\text{nm}$$

(2)上述波长的第二级光谱线的衍射角可由 $d\sin\varphi = 2\lambda$ 求得，有

$$\sin \varphi = \frac{2\lambda}{d} = \frac{2 \times 5.701 \times 10^{-7}}{1.667 \times 10^{-6}} \approx 0.684$$

即

$$\varphi \approx 43°9'$$

例 6-7 波长为 600 nm 的单色平行光垂直入射在一光栅上，相邻的两条明纹分别出现在 $\sin \varphi = 0.2$ 与 $\sin \varphi = 0.3$ 处，第四级缺级。试问：

(1)光栅上相邻两缝的间距有多大？

(2)光栅上透光缝的宽度有多大？

(3)在所有衍射方向上，这个光栅可能呈现的全部级数是多少？

解：(1)设 $\sin \varphi_k = 0.2$，$\sin \varphi_{k+1} = 0.3$，根据光栅方程，得

$$d\sin \varphi_k = d \times 0.2 = k\lambda$$

$$d\sin \varphi_{k+1} = d \times 0.3 = (k+1)\lambda$$

得

$$k = 2$$

$$d = \frac{2\lambda}{\sin \varphi_k} = \frac{2 \times 600 \times 10^{-9}}{0.20} \text{ m} = 6 \times 10^{-6} \text{ m}$$

由此，光栅的光栅常数为 6×10^{-6} m。

(2)光栅的缺级条件为

$$k = \pm \frac{d}{a}k'$$

根据题意，第一次缺级发生在 $k' = 1$，$k = 4$，因此

$$d = 4a$$

$$a = \frac{d}{4} = 1.5 \times 10^{-6} \text{ m}$$

即光栅上透光缝的宽度为 1.5×10^{-6} m。

(3)光栅衍射的光强分布在 $-\frac{\pi}{2} < \varphi < +\frac{\pi}{2}$，在 $\varphi \equiv \pm \frac{\pi}{2}$ 的极限方向上，由倾斜因子可知，此时实际已无光强。

将 $\varphi \equiv \frac{\pi}{2}$ 代入光栅方程 $d\sin \varphi = k\lambda$，得最高级次为

$$k_m = \frac{d}{\lambda} = \frac{6 \times 10^{-6}}{600 \times 10^{-9}} = 10$$

事实上，$k = 10$ 的主极大是观察不到的。

由缺级条件

$$k = \pm \frac{d}{a}k'$$

可知，缺级发生在 ±4，±8，±12…处。这样可能观察到的主极大数为 $k = 0$，±1，±2，±3，±5，±6，±7，±9，共 15 个。

6.3.5 X 射线的衍射

1895 年，德国物理学家伦琴在做放电管实验时发现，受高速电子撞击的金属会发射一

种看不见的、穿透性很强的射线，它可以使照相底片感光，使空气电离，穿透许多不透明物体，伦琴把这种射线称为 X 射线（又称伦琴射线）。X 射线的波长很短（$10^{-2} \sim 10$ nm），用普通的光学仪器观察不到它的衍射现象。

1912 年，劳厄利用一片薄晶体作为光栅，将 X 射线穿过小孔照射在光栅上，从而直接观察到了其衍射图样。图 6-21 所示为 X 射线通过 NaCl 晶体制成的光栅后在照相底片上形成的衍射斑点，称为劳厄斑。X 射线的衍射实验证明了 X 射线是具有波动性的电磁波，其波长与格点的间隔差不多是同数量级的，同时也能反映出晶体内部原子的规则排列结构。

布拉格父子对 X 射线在晶体上的衍射现象提出了一种简明而有效的解释方法。当 X 射线照射到晶体上时，按照惠更斯-菲涅耳原理，晶体内晶格点阵的每个格点都可看成次波波源，向各个方向发出相干的衍射（散射）波。布拉格把晶格点阵看成由许多平行的晶面堆积而成，这组平行晶面称为晶面族，每一个晶面都是点阵平面，如图 6-22 所示。当一束平行的 X 射线，以掠射角 φ 入射于晶面时，在每个周期排列的格点上将产生衍射，对每一晶面而言，在镜面反射方向上具有最强的衍射；但对所有相互平行的晶面而言，在镜面反射方向上总的衍射强度则取决于各晶面反射波相干涉的结果。

图 6-21 劳厄斑

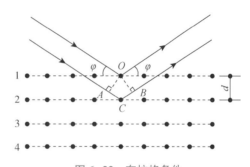

图 6-22 布拉格条件

在图 6-22 中，相邻晶面间距为 d，两反射线之间的光程差为

$$\delta = AC + CB = 2d\sin\varphi$$

当满足

$$2d\sin\varphi = k\lambda \quad (k = 1, 2, 3\cdots) \tag{6-45}$$

时，所有这组平行晶面反射的 X 射线之间都干涉加强。由于是晶面的很多反射光束间的相干加强，因此在反射方向上斑点清晰而明锐。式(6-45)称为晶体衍射的布拉格公式。

晶体对 X 射线的衍射应用很广。如果该晶体的晶格结构已知，即晶格常数 d 已知，就可用 X 射线衍射来测定入射波的波长 λ。这一方面的工作称为 X 射线的光谱分析，它对原子结构的研究极为重要。如果晶体的晶格常数 d 未知，已知入射波的波长为 λ，利用 X 射线在晶体上衍射，就可测定晶体的晶格常数 d。这一方面的工作称为 X 射线结构分析，它在工程技术中也有极大的应用价值。

例 6-8 以波长为 0.11 nm 的 X 射线照射岩盐晶面，测得反射光第一级主极大出现在 X 射线与晶面夹角为 $11°30'$ 处，求岩盐的晶格常数 d。当以待测 X 射线照射上述晶面时，测得第一级反射主极大出现在 X 射线与晶面夹角 $17°30'$ 处，求待测 X 射线的波长。

解：由布拉格公式得

$$d = \frac{k\lambda}{2\sin\varphi}$$

当 $k = 1$，$\theta_1 = 11.5°$，$\lambda = 0.11\ \text{nm}$ 时，晶格常数为

$$d = \frac{\lambda}{2\sin\theta_1} = \frac{1.1 \times 10^{-10}}{2\sin 11.5°} \approx 2.76 \times 10^{-10}\ \text{m} = 2.76\ \text{Å}$$

当 $k = 1$，$\theta_1 = 17.5°$，$d = 2.76\ \text{Å}$ 时，由布拉格公式得

$$\lambda' = \frac{2d\sin\theta_1}{k} = 2d\sin 17.5° \approx 1.66 \times 10^{-10}\ \text{m} = 1.66\ \text{Å}$$

6.4　光的偏振

6.4.1　光的偏振状态

机械波分为横波和纵波，横波的振动矢量的方向总是和波的传播方向相互垂直，纵波的振动矢量的方向与波的传播方向在一条直线上。不管是干涉还是衍射，只能说明波具有波动性，不能区分该波是横波还是纵波。但是，横波和纵波在某些方面的表现是不同的。

在机械波的传播路径上放置一个狭缝 AB，当缝 AB 与横波的振动方向平行时，如图 6-23(a)所示，横波便穿过狭缝继续向前传播；而当缝 AB 与横波的振动方向垂直时，由于狭缝很小振动矢量受阻，波不能穿过缝继续向前传播，如图 6-23(b)所示，说明横波的振动关于波的传播方向不具有轴对称性，横波的这一性质称为偏振性。而纵波却都能穿过这两个狭缝继续向前传播，如图 6-23(c)、(d)所示，即纵波的振动关于波的传播方向是轴对称的。可见，只有横波具有偏振性，而纵波不具有偏振性。因此，可以利用偏振性来区分某一列波是横波还是纵波。

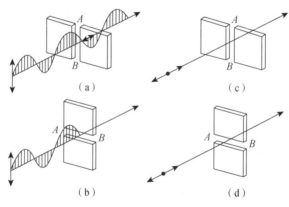

图 6-23　光的偏振性

光波是电磁波，光波中的光矢量 E（即电场强度矢量）的振动方向总是和传播方向相互垂直。在垂直于光传播方向的平面内，光矢量可以有各种不同的振动状态，称为光的偏振态。根据光的偏振态不同，可以将光分为自然光、线偏振光和部分偏振光。

1. 自然光

普通光源发出的光波是由大量分子或原子能级跃迁产生的，是光源中每个分子或原子间

歇地发出的独立光波列，各自有其确定的光振动方向。这些光波列持续的时间很短，它们的初相和振动方向都是无规则随机变化的。从统计规律上来说，没有哪一个方向上的光振动比其他方向的光振动更占优势，因此这种光沿各个方向振动的概率相同，相应光矢量的振幅（光强）都是相等的，即光振动在垂直于传播方向的平面内均匀对称分布，如图6-24(a)所示，具有上述特征的光称为自然光。

由于自然光中沿各个方向分布的光矢量彼此之间没有固定的相位关系，因此总可以把各个波列的光矢量 E 分解成任意的两个相互垂直方向上的光矢量分量（分矢量），把所有的振动矢量都沿这两个方向分解，分别求其光强的时间平均值，应是相等的。因为光振动矢量分布具有对称性，所以自然光在这两个相互垂直方向上的分量相等，光振动的能量也相同，各自占自然光能量的一半（即各占 $I_0/2$，I_0 为自然光的光强）。这样，就可把自然光用两个相互垂直的光矢量来表示，如图6-24(b)所示。图6-24(c)是自然光的图示法，图中短线表示在纸面内的光振动，圆点表示垂直于纸面的光振动，短线与圆点交替均匀配置，表示两个振动的光强相同。应该注意的是，自然光中各波列光矢量之间无固定的相位关系，因此用来表示自然光的这两个相互垂直的光矢量之间也没有固定的相位关系。

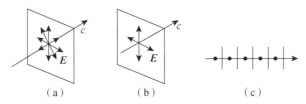

图6-24 自然光及其图示法

2. 线偏振光

在垂直于光传播方向的平面内，光矢量 E 只沿一个固定的方向振动的光称为线偏振光或完全偏振光，简称偏振光。偏振光的振动方向与其传播方向所构成的平面称为偏振光的振动面，如图6-25(a)所示。线偏振光的图示法如图6-25(b)所示，其中短线表示振动面平行于纸面的线偏振光，圆点表示振动面垂直于纸面的线偏振光。

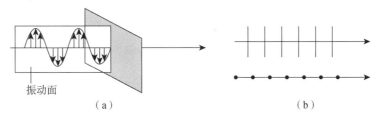

图6-25 线偏振光及其图示法

3. 部分偏振光

由于外界作用或采用某些方法，在垂直于传播方向的平面内利用偏振片产生线偏振光，使各个方向上都有光矢量，但其光振动强度不一样，某一个方向上的光振动矢量明显占优势，这种光称为部分偏振光，它是介于线偏振光与自然光之间的一种偏振光。部分偏振光可以用图6-26来表示，图6-26(a)表示平行于纸面的光振动较强，图6-26(b)表示垂直于纸面的光振动较强。

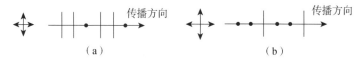

图 6-26　部分偏振光及其图示法

由自然光获得线偏振光的过程称为起偏，所用的器件称为起偏器。最简单的起偏器是偏振片，偏振片就是把某种具有二向色性的物质涂在玻璃片上，使它对光矢量具有二向色性。它只允许某一方向振动的光矢量通过，这个方向称为偏振化方向。与偏振化方向垂直的光矢量通过偏振片后能量被吸收。如图 6-27(a)所示，一束光强为 I_0 的自然光垂直入射到偏振片 P_1 后，透射光的振动方向就只剩下偏振片 P_1 的偏振化方向，这时的透射光为线偏振光。以光线为轴转动 P_1 时，线偏振光的偏振面将随之转动，但光强不发生变化，始终为 $I_1 = \dfrac{1}{2}I_0$。

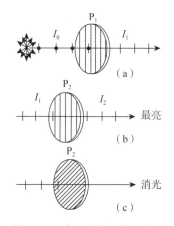

图 6-27　光通过偏振片示意图

若入射光为线偏振光，通过偏振片后情况如何呢？在图 6-27(b)中，光强为 I_1 的线偏振光垂直入射到偏振片 P_2，以光线为轴转动 P_2，在转动一周的过程中，透射光的光强出现了两次最亮，两次消光[透射光强为零称为消光现象，如图 6-27(c)所示]，由于通过偏振片后振动矢量只有一个方向，故出射光一定是线偏振光。当部分偏振光垂直入射到偏振片时，在以光线为轴转动偏振片的过程中，透射光仍为线偏振光，其光强虽然发生变化，但不存在光强为零的消光现象。

综上所述，旋转一个偏振片，可以通过透射光的光强变化来确定入射光的偏振态。这一过程叫检偏，有检偏作用的光学元件叫检偏器。检偏器和起偏器可以是完全相同的两个偏振片。

6.4.2　马吕斯定律

自然光通过偏振片后，光强变为原来的一半，那么线偏振光通过偏振片后光强会怎么变化呢？两偏振化方向成 α 角的偏振片 P_1 和 P_2 共轴地平行放置，光强为 I_0 的自然光垂直入射于该系统，通过偏振片 P_1 得到光强为 I_1 的

线偏振光，通过偏振片 P_2 得到光强为 I_2 的线偏振光，如图 6-28 所示。已知 $I_1 = \dfrac{1}{2}I_0$，它的光振动方向与 P_1 的偏振化方向一致，振幅 $A_1 \propto \sqrt{I_1}$。按检偏器 P_2 的偏振化方向，可将 A_1 分解为平行和垂直的两个分量，由图可知，平行分量 $A_2 = A_1 \cos \alpha$，这是可通过 P_2 的光振动振幅。因光强正比于振幅的平方，故有

$$I_2 = I_1 \cos^2 \alpha \tag{6-46}$$

式(6-46)称为马吕斯定律。

由式(6-46)可知，通过偏振片的光强与入射光振动方向的夹角 α 有关，当 $\alpha = 0$ 时，透过偏振片的光强最大；当 $\alpha = 90°$ 时，没有透过光，即 $I = 0$。于是，将检偏器绕光的传播方向旋转时，就可看到光强的明暗变化，即旋转一周，透射光强出现两次最强、两次消光。如果入射偏振片的是部分偏振光，那么旋转偏振片时透射光强也有所变化。每转一周，出现两次最强，两次最弱，但无消光现象。

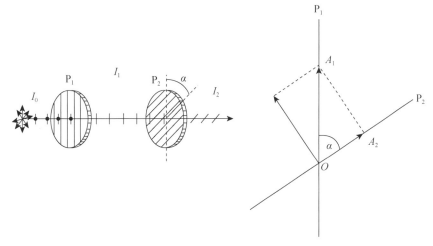

图 6-28　马吕斯定律示意图

偏振片的应用很广。例如，地质工作者所使用的偏振光显微镜和用于力学实验方面的光测弹性仪，其中的起偏器和检偏器当前大多采用人造偏振片。

又如，强烈的阳光从水面、玻璃表面、高速公路路面或白雪皑皑的地面反射入人眼的眩光十分耀眼，影响人们的视力，特别是城市里有些高层建筑的玻璃幕墙，往往会造成这种光污染。经检测，这种反射光是光振动大多在水平面内的部分偏振光。因此，如果把偏振化方向设计成竖直方向的偏振片，制成偏振光眼镜，供汽车驾驶员、交通警察、哨兵、水上运动员、渔民、舵手和野外作业人员等佩戴，就可消除或削弱来自路面和水面等水平面上反射过来的强烈眩光。

例 6-9　将两偏振片分别作为起偏器和检偏器，当它们的偏振化方向成 30° 时，观察一个光源发出的自然光；成 45° 时，再看同一位置的另一光源发出的自然光，两次观测到的光强相等，求两光源光强之比。

解：自然光可用两个相互垂直、振幅相同的线偏振光表示，它们的光强各占自然光总光强的一半。将本例中两个光源发出的自然光分别用平行和垂直于起偏器偏振化方向的两个线偏振光表示，其中平行于偏振化方向的线偏振光将通过起偏器。因此，若令所述两光源的光

强分别为 I_1 和 I_2，则通过起偏器后，其光强分别为 $I_1/2$ 和 $I_2/2$。

按照马吕斯定律，两光源发出的光通过检偏器的光强分别为

$$I_1' = \frac{I_1}{2}\cos^2 30°, \quad I_2' = \frac{I_2}{2}\cos^2 45°$$

由题设 $I_1' = I_2'$ 及上两式可得

$$I_1 \cos^2 30° = I_2 \cos^2 45°$$

因此两光源的光强之比为

$$\frac{I_1}{I_2} = \frac{\cos^2 45°}{\cos^2 30°} = \frac{\dfrac{2}{4}}{\dfrac{3}{4}} = \frac{2}{3}$$

6.4.3 布儒斯特定律

当自然光入射到两种折射率不同、各向同性介质的分界面上时，反射光和折射光的偏振态要发生变化。用偏振片来观察反射光(或折射光)时发现，当旋转偏振片时，透过偏振片的光强在不断改变，在旋转偏振片一周的过程中出现两次最亮，两次最暗，且最暗处光强不为零，这表明反射光(或折射光)为部分偏振光。一般情况下，反射光是垂直于入射面的光振动多于平行于入射面的光振动的部分偏振光，而折射光是平行于入射面的光振动多于垂直于入射面的光振动的部分偏振光。

6.4.3 布儒斯特定律

1812 年，英国科学家布儒斯特在实验中发现，反射光和折射光的偏振化程度会随着光的入射角变化而变化。当入射角为某一特定的角度 i_0 时，反射光的振动矢量只有一个方向，变成了线偏振光，光振动垂直入射面，如图 6-29 所示。这时，折射光仍然是部分偏振光。这时的入射角称为起偏角或布儒斯特角，用 i_0 表示。布儒斯特角必须满足以下条件

$$\tan i_0 = \frac{n_2}{n_1} \tag{6-47}$$

式(6-47)称为布儒斯特定律。

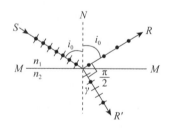

图 6-29 布儒斯特定律

入射角 i_0 除了必须满足布儒斯特定律，还必须满足折射定律

$$n_1 \sin i_0 = n_2 \sin \gamma \tag{6-48}$$

把式(6-47)式(6-48)联立，得

$$i_0 + \gamma = \frac{\pi}{2} \tag{6-49}$$

式中, γ 为折射角; i_0 为布儒斯特角。上式表明, 当入射光以布儒斯特角入射时, 反射光线与折射光线正好相互垂直, 如图 6-29 所示。

图 6-29 还指出, 当自然光以布儒斯特角入射时, 反射光是垂直于入射面的线偏振光, 但只是入射光中垂直振动部分中的一小部分。例如, 当自然光从空气中以布儒斯特角入射于玻璃(玻璃的折射率为 1.5)时, 反射的线偏振光的能量约占垂直振动部分能量的 15%, 而折射光中有剩下 85% 的垂直光振动以及入射光中全部平行于入射面的光振动。因此, 反射光的能量很小。折射光是偏振化程度不高的部分偏振光, 且能量较大。为了得到能量较大的线偏振光, 人们常把许多相同的玻璃片组成玻璃堆, 如图 6-30 所示。

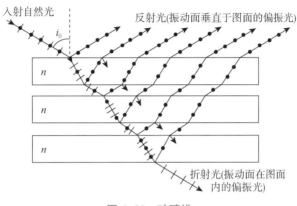

图 6-30　玻璃堆

例 6-10　某透明介质对空气的全反射的临界角为 45°, 求光从空气射向此介质时的布儒斯特角。

解: 设该介质的折射率为 n, 全反射的临界角为 45°, 则有

$$n = \frac{1}{\sin 45°} = \sqrt{2}$$

由布儒斯特定律得

$$\tan i_0 = n = \sqrt{2}$$

$$i_0 = \arctan(\sqrt{2}) \approx 54.7°$$

6 知识扩展

计算成像技术

随着成像电子学的进步和计算机数据处理能力的增强, 光、电信息处理技术取得了重大的突破。同时, 生物视觉系统对新一代光学成像技术的发展也提供了有益的启示。在 20 世纪 90 年代, 许多研究人员开始探索一种新的成像模式, 即图像形成不仅依赖于光学物理器件, 还通过前端光学和后端探测信号处理的联合设计来实现。这种技术称为计算成像技术, 目前已逐渐为人所熟知。

计算成像技术将光学调控与信息处理有机结合, 为突破传统成像系统中的限制性因素提供了新的手段和思路。对于计算成像这一概念, 国际上目前并没有明确的界定和严格的定义。一种被世人普遍接受的观点是, 计算成像通过光学系统和信号处理的有机结合与联合优

化，实现特定的成像系统特性，得到的图像或信息无法仅通过简单相加来获得。它能够克服传统成像系统的限制，并创造出新颖的图像应用。这种成像技术的实现方法与传统成像技术有本质上的差异，为光学成像领域注入了新的活力。

在 21 世纪初，计算成像技术在研究学者的推动下得到了快速的发展。它引入了一系列新的概念和模式，如波前编码成像、光场成像、时间编码成像、孔径编码成像、无透镜成像、衍射层析成像等。近年来，光学成像技术已经从传统的强度和彩色成像发展为计算光学成像。该技术通过将光学系统的信息获取能力与计算机的信息处理能力相结合，实现了高维度视觉信息（如相位、光谱、偏振、光场、相干度、折射率、三维形貌等）的高性能、全方位采集。

当前，计算光学成像已经发展成一个综合了几何光学、信息光学、计算光学、计算机视觉和现代信号处理等理论的新兴交叉技术研究领域，是光学成像领域的重点和热点之一。传统的光学成像旨在获得符合人眼或机器视觉需求的图像，因此在进行图像采集时，需要确保获取高质量的图像数据。传统光学成像过程与数字图像处理是独立且串行的关系，图像的处理算法被视为后处理过程，并没有纳入成像系统设计的考虑中。这就决定了传统成像技术无法通过图像处理技术从根本上挖掘出更多场景的本质信息。如果成像前端获取的图像数据存在缺失或质量不理想的情况，仅依靠图像处理技术很难弥补这些问题。

计算光学成像与传统光学成像采用完全不同的成像方式：传统光学成像采用的是"先成像，后处理"的方式，如图 6-31 所示；而计算光学成像则采用了"先调制，再拍摄，最后解调"的方式，如图 6-32 所示。在计算光学成像中，光学系统（包括照明、光学器件和光探测器）与数字图像处理算法被作为一个整体进行考虑，并在设计时进行综合优化。前端成像元件和后端数据处理相互补充，形成了一种"混合光学-数字计算成像系统"。不同于传统光学成像的"所见即所得"，计算光学成像通过对照明和成像系统引入可控的编码或"扭曲"，如结构照明、孔径编码、附加光学传函、子孔径分割、探测器可控位移等，这些都作为先验知识。其目的是将物体或场景更多的本质信息调制到传感器所能拍摄到的原始图像信号中。这种方式充分利用了光学和数字计算的优势，提高了图像的质量和信息获取能力。

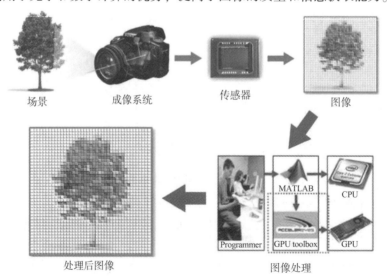

图 6-31 传统光学成像

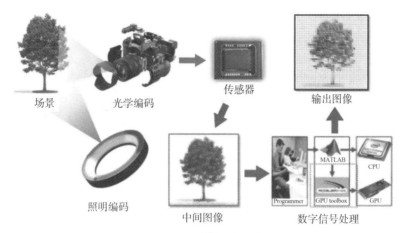

图 6-32　计算光学成像

在解调阶段，通过建立准确的正向数学模型，基于几何光学、波动光学等理论基础，对场景目标经过光学系统成像到探测器的完整图像生成过程进行计算重构，从而获得高质量的场景目标图像或其他感兴趣的物理信息。

这种新型的成像方式有望超越传统光学成像技术对光学系统、探测器制造工艺、工作条件和成本等方面的限制。它通过多维度获取或编码光场信息（如角度、偏振、相位等），为传感器设计提供了超越人眼感知的新方式。同时，结合数学和信号处理知识，能够深入挖掘光场信息，突破传统光学成像的极限。

计算光学成像技术目前正处于快速发展阶段，想要实现全面应用，还需要克服一些困难。首先，需要重新设计光学系统，将传感器作为核心，以确保与计算成像的协同工作。其次，为了获取多维度的光学信息，需要引入新型的光学器件和光场调控机制，但这可能增加硬件成本，同时也需要花费更多时间进行研发和调试。再次，为了实现计算成像硬件和软件的良好协同，需要重新开发算法工具。最后，计算光学成像对计算能力的要求非常高，这对应用设备的芯片和适配性提出了更高的要求。

然而，未来的计算光学成像将彻底改变传统的成像体系，并带来更具创造力和想象力的应用。例如，元成像芯片可以实现无像差的大范围三维感知，有望解决手机后置摄像头的突出问题。无透镜成像技术可以简化传统基于透镜的相机成像系统，进一步减小成像系统的体积，并且适用于各种可穿戴设备。此外，利用偏振成像技术可以穿过可视度低的介质清晰地成像，实现穿云透雾的效果。非视域成像技术能够通过记录和解析光传播的快速过程来有效探测非视域下的目标，实现隔墙窥视的功能，在反恐侦察、医疗检测等领域具有广泛的应用价值。这些创新的应用将给人们的生活带来更多的惊喜和可能性。

思考题

6-1　用白色线光源做双缝干涉实验时，若在缝 S_1 后面放一红色滤光片，在缝 S_2 后面放一绿色滤光片，能否观察到干涉条纹？为什么？

6-2　下雨后，在柏油马路的汽油层上会看到若干条封闭的彩色条纹，这是等倾干涉条纹还是等厚干涉条纹？它的每一条彩色条纹总是红色在里，紫色在外，为什么？

6-3　在单缝衍射实验中：(1)使单缝垂直于其后面透镜的光轴进行上下微小移动，屏上衍射图样是否变化?(2)使光源垂直于光轴进行上下移动,屏上衍射图样是否变化?

6-4　什么是自然光、线偏振光和部分偏振光?

6-5　(1)如何用偏振片鉴别一束光是不是偏振光?(2)简述马吕斯定律,并证明之。(3)夜间行车时,为了避免迎面驶来的汽车的炫目灯光以保证行车安全,可在汽车的前灯和挡风玻璃上装配偏振片,其偏振化方向都与竖直方向向右成 45° 角可大大削弱对方汽车射来的灯光,这是为什么?

6-6　单色平行光垂直照射一狭缝,在缝后远处的屏上观察到夫琅禾费衍射图样,现在把缝宽加倍,则透过狭缝的光的能量变为多少倍?屏上图样的中央明纹光强变为多少倍?

6-7　欲使双缝夫琅禾费衍射图样的包线的中央明纹恰好含有 11 条干涉条纹,缝宽 a、光栅常数 d 必须满足什么要求?

6-8　在单缝衍射图样中,离中央明纹越远的明纹亮度越小,试用半波带法说明。

6-9　单缝衍射暗纹的条件恰好是双缝干涉明纹的条件,这两者是否矛盾?怎样说明?

6-10　光栅衍射图样的强度分布具有哪些特征?这些特征分别与哪些参数有关?

6-11　在双缝实验中,怎样区分双缝干涉和双缝衍射?

习　题

6-1　杨氏双缝的间距为 0.2 mm,距离屏幕为 1 m,若入射光的波长为 600 nm,求相邻两条明纹的间距。

6-2　以单色光照射到相距为 0.2 mm 的双缝上,双缝与屏的垂直距离为 0.8 m,从第一级明纹到同侧旁第四级明纹间的距离为 7.5 mm,求单色光的波长。

6-3　照相机透镜常镀上一层透明薄膜,如习题 6-3 图所示,目的是利用干涉原理减少表面的反射,使更多的光进入透镜,常用的镀膜物质是 MgF_2,折射率 $n = 1.38$,为使可见光谱中 $\lambda = 550$ nm 的光有最小反射,问膜厚为多少?

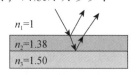

习题 6-3 图

6-4　把一细钢丝夹在两块光学平玻璃之间,形成空气劈尖。已知钢丝的直径 $d = 0.048$ nm,钢丝与劈尖顶点的距离 $L = 120$ mm,用波长为 632.8 nm 的平行光垂直照射在玻璃面上,求:(1)两玻璃片间的夹角是多少?(2)相邻两条明纹间距是多少?

6-5　一折射率 $n = 1.5$ 的玻璃劈尖,夹角 $\theta = 10^{-4}$ rad,如习题 6-5 图所示,将其放在空气中,当用单色平行光垂直照射时,测得相邻两条明纹间距为 0.2 cm,求此单色光的波长。

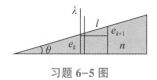

习题 6-5 图

6-6　在一平玻璃上放一平凹透镜,薄膜层为空气,折射率 $n_2 = 1$,$h = 10^{-6}$ m,$\lambda = 600$ nm,

玻璃折射率 $n_1 = n_3 = 1.5$，如习题6-6图所示，问边缘是明纹还是暗纹？

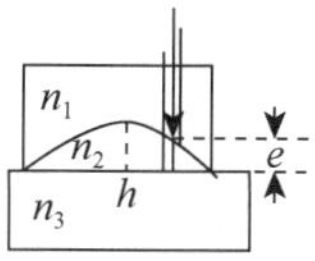

习题 6-6 图

6-7 空气中肥皂膜（$n_1 = 1.33$）厚为 $0.32\ \text{m}$，如用白光垂直入射，问肥皂膜呈现什么色彩？

6-8 在牛顿环干涉实验中，已知凸透镜的曲率半径 $R = 5\ \text{m}$，牛顿环的最大半径为 $2\ \text{cm}$，若入射光的波长 $\lambda = 589.3\ \text{nm}$，问可产生多少个明环？

6-9 在某个单缝衍射实验中，光源发出的光含有两种波长 λ_1 和 λ_2，垂直入射于单缝上。假如波长为 λ_1 的光的第一级暗纹与波长为 λ_2 的光的第二级暗纹相重合，试问：(1)这两种波长之间有何关系？(2)在这两种波长的光所形成的衍射图样中，是否还有其他暗纹相重合？

6-10 波长为 $400 \sim 760\ \text{nm}$ 的白光垂直照射在光栅上，在它的衍射光谱中，第二级和第三级发生重叠，求第二级光谱被重叠的波长范围。

6-11 在单缝夫琅禾费衍射中，缝宽 $a = 0.1\ \text{mm}$，平行光垂直入射在单缝上，波长 $\lambda = 500\ \text{nm}$，会聚透镜的焦距 $f = 1\ \text{m}$，求中央明纹旁的第一条明纹的宽度 Δx。

6-12 波长 $\lambda = 600\ \text{mm}$ 的单色光垂直入射到一光栅上，测得第二级主极大的衍射角为 $30°$，且第三级缺级。求：(1)光栅常数（$a + b$）；(2)透光缝可能的最小宽度 a；(3)在选定了上述（$a + b$）和 a 之后，在衍射角 $-\dfrac{1}{2}\pi < \varphi < \dfrac{1}{2}\pi$ 范围内可能观察到的全部主极大的级次。

6-13 一束具有两种波长 λ_1 和 λ_2 的平行光垂直照射到一光栅上，测得波长为 λ_1 的光的第三级主极大衍射角和波长为 λ_2 的光的第四级主极大衍射角均为 $30°$。已知 $\lambda_1 = 560\ \text{nm}$，试求：(1)光栅常数 $a + b$；(2)波长 λ_2。

6-14 一光栅，每厘米有 200 条透光缝，每条透光缝宽为 $a = 2 \times 10^{-3}\ \text{cm}$，在光栅后放了一焦距 $f = 1\ \text{m}$ 的凸透镜，现以 $\lambda = 600\ \text{nm}$ 的单色平行光垂直照射光栅，问：(1)透光缝宽为 a 的单缝衍射中央明纹宽度为多少？(2)在该宽度内，有几个光栅衍射主极大？

6-15 有 3 个偏振片叠在一起。已知第一个偏振片与第三个偏振片的偏振化方向相互垂直。一束光强为 I_0 的自然光垂直入射在偏振片上，已知通过 3 个偏振片后的光强为 $I_0/16$。求第二个偏振片与第一个偏振片的偏振化方向之间的夹角。

6-16 将 2 个偏振片叠放在一起，这 2 个偏振片的偏振化方向之间的夹角为 $60°$，一束光强为 I_0 的线偏振光垂直入射到偏振片上，该光束的光矢量振动方向与这 2 个偏振片的偏振化方向皆成 $30°$ 角。求：(1)通过每个偏振片后的光强；(2)将原入射光束换为光强相同的自然光后，通过每个偏振片后的光强。

第七章 ┃ 气体动理论

气体动理论是研究气体热现象的微观理论，是统计物理学中最简单、最基本的内容。气体由大量分子或者原子组成，描述单个分子特征的量（如分子的大小、质量、速度等）称为微观量，描述大量分子宏观特征的量（如气体的体积、压强、温度、总能量等）称为宏观量。本章将通过对个别分子的运动应用力学规律，对大量分子的集体行为应用统计平均的方法，来探讨微观量与宏观量之间的关系。

第七章 气体动理论
思维导图

7.1 平衡态

7.1.1 平衡态

在气体动理论和热力学中，我们把研究对象（由大量分子组成的气体、液体或固体等）称为热力学系统，或简称系统，也称工作物质，系统以外的物体统称外界。例如，研究气缸内气体的体积、压强等变化时，气缸内的气体就是系统，而气缸壁、活塞及大气等都是外界。

从热力学角度看，单体的行为不具有规律性，而大规模的群体行为具有某种统计学上的规律性。描述个体的分子特性的量称为微观量，如分子的尺寸、质量、速度、动量等。微观量用实验方法通常很难直接测量。描写大量分子集体特征的量称为宏观量，很多宏观量可用实验方法直接测量，如气体的温度和压力等。宏观量与微观量之间存在着必然的内在的联系。

热力学系统的宏观状态可分为平衡态和非平衡态两种。所谓平衡态，是指系统在不受外界影响的情况下，对于孤立系统，即系统与外界没有物质和能量的交换时，无论初始状态如何，其宏观性质经足够长时间后不再发生变化的状态，反之就称为非平衡态。有一个封闭容器，用隔板分成 A、B 两部分，如图 7-1 所示。起初，A 室充满某种气体，B 室为真空，当把隔板抽走后，A 室内的气体逐渐向 B 室运动。开始，A、B 室内各处的气体是不均匀的，即各处的压强、密度等大小不同，而且各处的压强、密度等状态不断地随时间的变化而发生变化，这样的状态即非平衡态。经过一段时间后，整个容器中气体的状态将达到处处均匀一致。倘若没有外界的影响，则容器中的气体将会始终保持这一状态，而不再发生宏观上的变化，这时容器内的气体所处的状态即为平衡态，如图 7-2 所示。

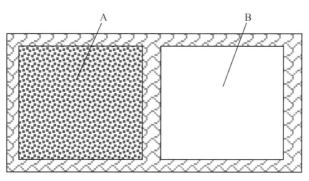

图 7-1　有隔板的封闭容器

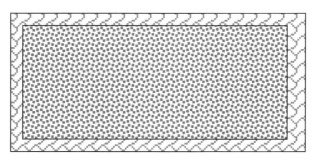

图 7-2　抽去隔板的密闭容器达到平衡态

　　实际上，不受外界影响、永远保持状态不变的系统是不存在的。平衡态只是一种理想状态，当实际系统处于相对稳定的情形时，就可以近似认为该系统处于平衡态。还应当明确的是，气体处于平衡态时，虽然它的宏观性质不随时间变化，但分子的无规则热运动并没有停止，因为容器内各气体分子之间，以及气体分子和容器壁之间仍在不断地碰撞和交换能量。因此，热力学中的平衡态实质上是一种热运动平衡状态。

7.1.2　状态参量

　　描述一定量的气体状态时，可用压强、体积和温度这 3 个物理量，也称作气体的状态参量。

　　压强是指气体作用于容器器壁并指向器壁单位面积上的垂直作用力，是气体分子对器壁碰撞的宏观表现，用 p 表示。在国际单位制中，压强的单位是帕斯卡，简称帕，符号是 Pa，其物理意义是 1 m² 的面积上受到垂直于该面的作用力是 1 N，则容器内气体的压强就是 1 Pa，即 1 Pa＝1 N·m²。常用的压强单位还有标准大气压(atm)和毫米汞高(mmHg)，它们之间的关系为

$$1 \text{ atm}＝1.013×10^5 \text{ Pa}＝760 \text{ mmHg}$$

　　气体的体积是指气体分子热运动所能到达的空间，在不计分子大小的情况下，通常就是容器的容积，用 V 表示。在国际单位制中，体积的单位为 m³，有时也用升(符号为 L)，即 1 L＝1 dm³＝10⁻³ m³。

　　温度可以用 T 或 t 来表示。温度在宏观上可简单地认为是物体冷热程度的量度，它来源于人们日常生活对物体的冷热感觉，但从分子动理论的观点来看，它与物体内部大量分子热运动的剧烈程度有关。

设有各处于平衡态的 A、B 两个系统，现在通过导热壁相互接触，绝热壁把整个系统与外界隔离开来，如图 7-3 所示。实验证明，在 A、B 之间会发生热传导，原来的平衡态将受到破坏。但是，经过一段时间后，A、B 两系统将达到一个共同的平衡态，称 A、B 系统达到了热平衡。若将 A、B 再分开或分开后再接触，都不再会改变 A、B 各自的平衡态，A、B 之间也不会再发生热传导。

现有 A、B、C 这 3 个系统，如图 7-4 所示，先将 A 和 B 绝热隔离，又分别同时与 C 接触，并且用绝热壁将 A、B、C 这 3 个系统整体与外界隔离。经过一段时间后，A、B 与 C 分别达到了热平衡。然后让 A、B 单独接触，实验证明，它们的状态没有任何变化。这种现象表明 A 和 B 也已经达到了相互热平衡状态。因此，如果两个热力学系统同时、分别与第 3 个热力学系统处于热平衡，则这两个系统也一定达到了热平衡，这个结论称为热力学第零定律。

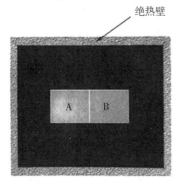

图 7-3　热平衡示意图 1

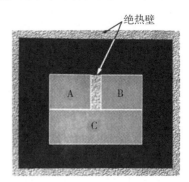

图 7-4　热平衡示意图 2

热力学第零定律表明，互为热平衡的所有热力学系统之间必定存在一个共同的宏观性质，以表示它们共同所处的热平衡状态。于是定义表征系统热平衡的宏观性质的物理量为温度。因此，若两个热力学系统达到了热平衡，则表示它们具有相同的温度；反之，若两个系统温度不相同，则表示它们没有达到热平衡，即一切互为热平衡的热力学系统都具有相同的温度。

为了定量地计量物体的温度，需要先规定温度的分度法，再规定某一特定温度的具体数值。每一种具体规定的数值表示法称为一种温标。现代科学中用得较多的是热力学温标，热力学温标表示的温度叫作热力学温度，它是国际单位制中的 7 个基本物理量之一，符号为 T，其单位为开尔文，简称开，单位的符号为 K。生产和生活中常用的温标为摄氏温标，它所确定的温度叫摄氏温度，一般用 t 表示，其单位是摄氏度，单位的符号为℃。1960 年，国际计量大会规定热力学温度 T 与摄氏温度 t 的数值之间的关系为

$$t = T - 273.15$$

7.2　理想气体状态方程

当一定量的气体处于平衡态时，它的状态参量 p、V 和 T 之间具有确定的关系，其具体形式可由气体的实验结果导出。

根据实验结果，对于一定质量的气体，当压强不太大（和大气压相比）、温度不太低（和室温相比）时，状态参量 p、V、T 之间有下列关系

7.2　理想气体状态方程

$$\frac{pV}{T} = C \tag{7-1}$$

式中，常数 C 随气体种类及气体的质量而定。当 T 为常数时，p 和 V 成反比（玻意耳定律）；当 p 为常数时，V 和 T 成正比（盖吕萨克定律）；当 V 为常数时，p 和 T 成正比（查理定律）。因此，上式概括了玻意耳定律、盖吕萨克定律和查理定律这 3 个气体实验定律。为了使推理和计算更为简单，人们抽象地概括出理想气体这一概念，即在任何情况下都绝对遵守上述 3 条实验定律的气体称为理想气体。一般气体在温度不太低、压强不太大时，都可近似地看作理想气体。

阿伏伽德罗定律指出，在相同的温度和压强下，物质的量相等的理想气体所占的体积相同。我们把气体在温度 $T_0 = 273.15$ K、$p_0 = 1$ atm 下的状态称为标准状态，其相应的体积为 V_0。实验指出，1 mol 的任何气体在标准状态下所占有的体积都为 22.4 L，称该体积为摩尔体积，用符号 V_{mol} 表示，即 1 $V_{mol} = 22.4$ L·mol^{-1}。设某一种气体在平衡态时的质量为 m，每摩尔气体的质量（称为摩尔质量）为 M，在标准状态下，该气体占有的体积为 $V_0 = \frac{m}{M}V_{mol}$，则式(7-1)中的常数 C 为

$$C = \frac{pV}{T} = \frac{p_0 V_0}{T_0} = \frac{p_0}{T_0}\frac{m}{M}V_{mol} = \frac{p_0 V_{mol}}{T_0}\frac{m}{M} \tag{7-2}$$

式中，$\frac{p_0 V_{mol}}{T_0}$ 是与气体种类无关的常数，用 R 表示，通常称为普适气体常量或摩尔气体常量。则

$$R = \frac{p_0 V_{mol}}{T_0} = \frac{1.013 \times 10^5 \times 22.4 \times 10^{-3}}{273.15} \text{ J·mol}^{-1}\text{·K}^{-1} \approx 8.31 \text{ J·mol}^{-1}\text{·K}^{-1}$$

这里略去推导过程，给出如下方程

$$pV = \frac{m}{M}RT \tag{7-3}$$

上式称为理想气体的物态方程或状态方程，它表明了理想气体的 3 个状态参量 p、V、T 之间的关系。

理想气体状态方程还可以写成另外一种形式。由于 1 mol 气体中的分子数为阿伏伽德罗常量 $N_A = 6.022 \times 10^{23}$ mol^{-1}，设某一种理想气体的每个分子的质量为 μ，其分子的总数目为 N，则该气体的质量为 $m = N\mu$，气体的摩尔质量 $M = N_A \mu$，将它们代入式(7-3)，有

$$pV = \frac{m}{M}RT = \frac{N\mu}{N_A\mu}RT = N\frac{R}{N_A}T \tag{7-4}$$

令 $n_V = \frac{N}{V}$，表示单位体积内的分子数，即分子数密度。因为 R 和 N_A 都是常数，所以 $\frac{R}{N_A}$ 也是一个常数，用 k 表示，称为玻尔兹曼常量，即

$$k = \frac{R}{N_A} = \frac{8.31}{6.022 \times 10^{23}} \text{ J·K}^{-1} \approx 1.38 \times 10^{-23} \text{ J·K}^{-1}$$

将 n_V、k 代入式(7-4)，可得

$$p = n_V kT \tag{7-5}$$

这是理想气体状态方程的又一形式。它指出，理想气体的压强与分子数密度和温度的乘

积成正比。在一定温度和压强下，可用它来计算分子数密度 n_V。

例 7-1 湖面下 50 m 深处(温度为 4 ℃)，有一体积为 10 cm³ 的空气泡向湖面上升，湖面的温度为 17 ℃，计算气泡升到湖面时的体积(大气压强为 1.013×10⁵ Pa)。

解：由 $\dfrac{p_1 V_1}{T_1} = \dfrac{p_2 V_2}{T_2}$ 知

$$V_2 = \frac{p_1 T_2}{p_2 T_1} V_1$$

$$= \frac{(1.013 \times 10^5 + 10^3 \times 9.8 \times 50) \times (273 + 17)}{1.013 \times 10^5 \times (273 + 4)} \times 1.0 \times 10^{-5} \text{ m}^3 \approx 6.11 \times 10^{-5} \text{ m}^3$$

则气泡升到湖面时的体积为 61.1 cm³。

7.3 理想气体的压强

7.3.1 理想气体的微观模型

遵守理想气体状态方程的气体是理想气体，这是理想气体的宏观模型。气体动理论假设理想气体的微观模型应满足以下条件。

理想气体
微观模型

(1)理想气体分子本身的大小与分子间的距离比较可以忽略不计。在标准状态下，分子间平均距离的数量级为 10^{-9} m，而分子直径的数量级为 10^{-10} m。因此，实际气体分子本身的线度，要比分子之间的平均距离小得多，即分子的大小可以忽略不计，分子可以看作质点。

(2)除了分子碰撞一瞬间，可以认为分子间及分子与容器壁之间均无相互作用力。分子力作用的最大距离的数量级为 10^{-9} m，它远小于分子间的平均距离，因此除碰撞的瞬间外，分子间的作用力可以忽略不计。

(3)分子间的相互碰撞以及分子与容器壁之间的碰撞可视为完全弹性碰撞，即碰撞前后气体分子的动量守恒，动能也守恒。

综上所述，理想气体分子的微观模型是自由、无规则地运动着的弹性质点群。

7.3.2 平衡态理想气体的统计假设

气体处于平衡态时，分子数密度处处均匀，各方向上的压强亦相等。因此，对处于平衡态时理想气体分子的热运动，还可作如下统计假设。

(1)当忽略重力影响时，平衡态气体分子均匀地分布于容器中，即分子数密度 $n_V = \dfrac{N}{V} = \dfrac{\Delta N}{\Delta V}$ 处处相等。

(2)在平衡态时，向各个方向运动的分子数目是相等的，因此分子速率在各个方向分量的各种平均值都是相等的。例如，分子速率在各个方向分量的平方的平均值应该相等，即

$$\overline{v_x^2} = \overline{v_y^2} = \overline{v_z^2} = \frac{1}{3}\overline{v^2} \tag{7-6}$$

应当指出，这种统计假设是对大量分子而言的，是大量分子的统计平均值，气体分子数目越多，准确度就越高。

气体的压强是大量气体分子对器壁不断碰撞的结果，每个分子与器壁碰撞时，都对器壁施加一个冲力，这种冲力有大有小，而且是不连续的，但是由于分子的数量很大，器壁受到的作用力则表现为一个持续稳定的均匀压力。由此可见，压强这一物理量只具有统计意义，只有大量分子碰撞器壁时，在宏观上才能产生均匀稳定的压强。

7.3.3 理想气体的压强公式

下面具体讨论理想气体作用在器壁上的压强表达式。为了方便，此处选择一个长方形的密闭容器，长宽高分别为 x、y、z，如图 7-5 所示。容器的体积为 $V=xyz$，其中装有 N 个同类理想气体分子，每个分子的质量为 μ。在平衡态时，容器壁上各处的压强相同，所以只要计算与 x 轴垂直的面 A_1 上的压强就可以了。

7.3.3 压强公式

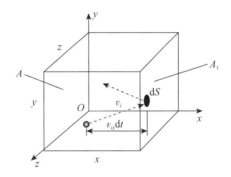

图 7-5 压强推导示意图

首先，考虑单个气体分子在一次碰撞中对面 A_1 的作用。设第 i 个分子的速率为 v_i，在直角坐标系中的 3 个分量分别为 v_{ix}、v_{iy} 与 v_{iz}，与面 A_1 碰撞起作用的是 v_{ix} 分量。当第 i 个分子以速率 v_{ix} 与器壁面 A_1 发生碰撞时，因为碰撞是完全弹性的，所以第 i 个分子以速率 $-v_{ix}$ 被弹回。根据动量定理，则第 i 个分子与面 A_1 碰撞一次施加给面 A_1 的冲量为

$$I = 2\mu v_{ix} \tag{7-7}$$

然后，考虑单位时间内单个气体分子对面 A_1 的作用。第 i 个分子从面 A 弹向面 A_1，经面 A_1 碰撞后再回到面 A。显然，第 i 个分子在两个器壁之间往返一次通过的距离为 $2x$。因为与器壁碰撞前后的速率仍为 v_{ix}，所以与面 A_1 连续两次碰撞的时间间隔为 $\dfrac{2x}{v_{ix}}$。因此，在单位时间内第 i 个分子与面 A_1 的碰撞次数为 $\dfrac{v_{ix}}{2x}$。单位时间内第 i 个分子施加给面 A_1 的冲量为

$$2\mu v_{ix}\frac{v_{ix}}{2x} = \frac{\mu v_{ix}^2}{x} \tag{7-8}$$

最后，考虑容器中大量分子对面 A_1 的作用。根据动量定理，面 A_1 所受平均力 $\boldsymbol{F}$ 的大小应等于单位时间内容器中所有分子给予面 A_1 的冲量的总和，即

$$\overline{F} = \sum_{i=1}^{N} \frac{\mu v_{ix}^2}{x} = \frac{\mu}{x} \sum_{i=1}^{N} v_{ix}^2 \tag{7-9}$$

因此，面 A_1 受到的压强为

$$p = \frac{\overline{F}}{yz} = \frac{\mu}{xyz} \sum_{i=1}^{N} v_{ix}^2$$

$$= \frac{N}{V} \cdot \mu \sum_{i=1}^{N} \frac{v_{ix}^2}{N} = \frac{N}{V} \cdot \mu \cdot \left(\frac{v_{1x}^2 + v_{2x}^2 + \cdots + v_{ix}^2 + \cdots + v_{Nx}^2}{N} \right)$$

$$= n_V \mu \, \overline{v_x^2} \tag{7-10}$$

根据式(7-6)，式(7-10)可写为

$$p = \frac{1}{3} n_V \mu \, \overline{v^2} \tag{7-11}$$

气体分子的平均平动动能为

$$\overline{\varepsilon}_k = \frac{1}{2} \mu \, \overline{v^2} \tag{7-12}$$

因此，式(7-11)又可写为

$$p = \frac{2}{3} n_V \left(\frac{1}{2} \mu \, \overline{v^2} \right) = \frac{2}{3} n_V \overline{\varepsilon}_k \tag{7-13}$$

式(7-11)和式(7-13)就是理想气体的压强公式。从压强公式的推导过程可以看出，对于单个分子运动，仍认定它遵守经典力学定律，而对于大量分子的运动，运用统计平均的方法，最终把宏观物理量压强 p 与大量分子运动的微观物理量的统计平均值——平均平动动能联系起来了，因而压强描述了大量分子的集体行为，具有统计意义。式(7-13)是气体动理论的一个基本公式，它表明了气体的宏观量压强 p 与微观量分子的平均平动动能的关系。

7.4　理想气体的温度公式

7.4　温度公式

根据理想气体的压强公式和状态方程，可以导出理想气体的温度与分子平均平动动能的关系，从而进一步阐明温度这一概念的微观本质。

将理想气体状态方程 $p = n_V kT$ 与理想气体压强公式(7-13)比较，得

$$\overline{\varepsilon}_k = \frac{3}{2} kT \tag{7-14}$$

上式是宏观量温度 T 与微观量 $\overline{\varepsilon}_k$ 之间的联系公式，称为理想气体的温度公式，也称为能量公式，它和压强公式一样，也是气体动理论的基本公式之一。式(7-14)揭示了温度的微观本质，即气体的热力学温度是分子平均平动动能的量度，而分子平均平动动能的大小又是分子热运动剧烈程度的反映，因此温度是气体内分子热运动剧烈程度的标志。这一结论适用于任何物体。

根据温度公式，可以计算气体分子速率平方的平方根，称为方均根速率，即

$$\sqrt{\overline{v^2}} = \sqrt{\frac{3kT}{\mu}} = \sqrt{\frac{3RT}{M}} \qquad (7-15)$$

另外，据式(7-15)推断，当 $T = 0$ K 时，$\overline{\varepsilon}_k = 0$，分子的热运动将停止。因此，称 $T = 0$ K 为绝对零度。实际上，分子的热运动是永不停息的，即热力学温度的零度只能接近而不能达到。

7.5　能量均分定理　理想气体内能

7.5.1　自由度

7.5.1　自由度

在讨论理想气体压强公式和温度公式时，只考虑了分子的平动，并引入了平均平动动能的概念，如果把分子仅当作弹性质点来处理，其结果与实验事实并不完全相符，于是还必须考虑分子本身的结构。分子是由原子组成的，单原子分子(如 He、Ne、Ar、Kr、Xe 等)的运动只有平动，而双原子分子(如 H_2、O_2 等)和多原子分子(如 H_2O、N_2O、NH_3、CH_4 等)不仅有平动，而且有转动和同一分子中原子间的振动，因此气体分子热运动的能量也应包括这些运动所具有的能量。为了阐明气体分子无规则运动的能量所遵循的统计规律，并且在此基础上求出理想气体的内能，这里引入自由度的概念。

确定一个物体的空间位置所需的独立坐标数，称为该物体的自由度。一个质点在三维空间自由运动，需要 3 个独立坐标来确定它的位置。例如，可以用直角坐标系中的 x、y 和 z 坐标变量来描述，即自由度为 3。若质点限定在平面上运动，则自由度为 2；若质点沿一维曲线运动，则自由度为 1。

刚体的运动一般可分解为质心的平动和绕通过质心的轴的转动，因此要确定刚体的空间位置，可以先用 3 个独立坐标确定质心 C 的位置，并用两个独立的方位角(α、β、γ 中任意两个)确定过质心的转轴 AC 的方位，再用一个独立坐标角 φ 确定刚体绕 AC 轴转过的角度，如图 7-6 所示。因此，刚体的一般运动有 6 个自由度，其中包括 3 个平动自由度和 3 个转动自由度。

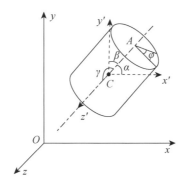

图 7-6　刚体自由度

下面研究气体分子的自由度。单原子分子可以看成一个能够在空间自由运动的质点，确定它的位置需要 3 个独立坐标(x, y, z)，如图 7-7(a)所示，因此单原子分子有 3 个平动自由度。刚性双原子分子可看成两个质点组成的哑铃形状的刚性分子 AB，如图 7-7(b)所示。

先用 3 个独立坐标确定其质心 C(或任意原子)的位置,这时它的位置还没有被完全确定,两个原子的连线还可以在空间转动,再用两个独立的方位角确定两个原子连线的方位,因此双原子分子有 3 个平动自由度和 2 个转动自由度,共计 5 个自由度。对于多原子分子,只要各原子不排列在一条线上,便可视为自由刚体,如图 7-7(c)所示,即有 3 个平动自由度和 3 个转动自由度,共计 6 个自由度。

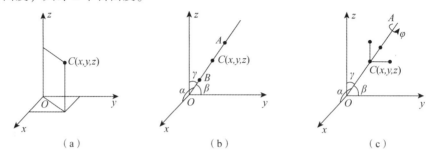

图 7-7　气体分子自由度

(a)单原子分子;(b)刚性双原子分子;(c)刚性多原子分子

以上 3 种分子的自由度如表 7-1 所示。

表 7-1　3 种分子的自由度

分子种类	平动自由度 t	转动自由度 r	总自由度 i
单原子分子	3	0	3
刚性双原子分子	3	2	5
刚性多原子分子	3	3	6

这里假定分子内各原子间的距离是固定不变的。原子间距保持不变的分子称为刚性分子,否则称为非刚性分子。非刚性分子内的原子间有微小振动,因而还具有振动自由度,但当研究常温下气体的性质时,对于大多数气体分子,一般可以不考虑分子的振动。

7.5.2　能量均分定理

我们已经得到了理想气体分子的平均平动动能为 $\overline{\varepsilon}_k$,由统计假设,气体分子沿各个方向运动的机会均等,则

$$\overline{\varepsilon}_k = \frac{3}{2}kT = \frac{1}{2}\mu\overline{v^2} = \frac{1}{2}\mu\overline{v_x^2} + \frac{1}{2}\mu\overline{v_y^2} + \frac{1}{2}\mu\overline{v_z^2} \qquad (7-16)$$

7.5.2　能量均分定理

上式表明,分子的平均平动动能均等地分配给每个平动自由度(作为质点的理想气体分子有 3 个平动自由度),每个自由度的能量都是 $\frac{1}{2}kT$。这个结论可以推广到分子的转动和振动,也可以推广到温度为 T 的平衡态下的其他物质(包括气体、液体或固体)。经典统计理论证明:在温度为 T 的平衡态下,物质分子的每一个自由度都具有相同的平均动能,其大小都等于 $\frac{1}{2}kT$。这就是能量均分定理。根据这一定理,自由度为 i 的分子,其平均总动能为

$$\overline{\varepsilon} = \frac{i}{2}kT \qquad (7-17)$$

因此，在常温下，单原子分子、刚性双原子分子和刚性多原子分子的平均总动能分别是 $\frac{3}{2}kT$、$\frac{5}{2}kT$ 和 $\frac{6}{2}kT$。必须指出，能量均分定理是对大量气体分子统计平均的结果，具有统计规律，对个别分子来说，在某一瞬时它的各种形式的动能不一定按自由度均分。气体由非平衡态转化为平衡态的过程是依靠大量分子无规则的、频繁的碰撞并交换能量来实现的。在碰撞过程中，一个分子的能量可以传递给另一个分子，一种形式的能量可以转化为另一种形式的能量，一个自由度的能量可以转移到另一个自由度上。当达到平衡态时，能量就按自由度均匀分配了。

7.5.3 理想气体的内能

7.5.3 理想气体内能

在热学中，气体的内能是指气体所有分子各种形式的动能(平动动能、转动动能和振动动能)以及分子之间、分子内各原子之间相互作用势能的总和。对于理想气体，因不考虑分子间的相互作用，分子间的相互作用势能便忽略不计，对于刚性分子(除个别气体分子外，如 Cl)，则不考虑原子间的振动，因此刚性分子组成的理想气体的内能就是所有分子各种无规则热运动动能的总和。

根据能量均分定理，一个自由度为 i 的理想气体分子的平均总动能为 $\frac{i}{2}kT$，1 mol 理想气体包含的分子数为 N_A(阿伏伽德罗常量)，因此它的内能为

$$E_{mol} = N_A \frac{i}{2}kT = \frac{i}{2}RT \tag{7-18}$$

那么质量为 m，摩尔质量为 M 的理想气体的内能为

$$E = \frac{m}{M} \frac{i}{2}RT \tag{7-19}$$

式(7-19)表明，对于一定质量的理想气体，其内能只和气体分子的自由度和温度有关，而与气体的体积和压强无关。也就是说，理想气体的内能仅是温度的单值函数，这一性质也可作为理想气体的另一定义。

例 7-2 在容积为 2.0×10^{-3} m³ 的容器中，有内能为 675 J 的刚性双原子分子的理想气体。求：(1)气体的压强；(2)容器中分子总数为 5.4×10^{22} 时，分子的平均平动动能及气体的温度。

解：内能公式为 $E = \nu \frac{i}{2}RT$，理想气体满足方程 $pV = \nu RT$。刚性双原子分子 $i = 5$。

(1)由 $E = \frac{i}{2}pV$ 知，$p = \frac{2E}{5V} = \frac{2 \times 675}{5 \times 2 \times 10^{-3}}$ Pa $\approx 1.35 \times 10^{5}$ Pa。

(2)由 $p = n_V kT$、$n_V = \frac{N}{V}$ 知，$T = \frac{pV}{Nk} = \frac{1.35 \times 10^{5} \times 2.0 \times 10^{-3}}{5.4 \times 10^{22} \times 1.38 \times 10^{-23}}$ K ≈ 362 K。

再由 $\overline{\varepsilon}_k = \frac{3}{2}kT$ 知，$\overline{\varepsilon}_k = \frac{3}{2} \times 1.38 \times 10^{-23} \times 362$ J $\approx 7.49 \times 10^{-21}$ J。

例 7-3 储有 1 mol 氧气，容积为 1 m³ 的容器以 10 m·s⁻¹ 的速度运动，设容器突然停止，其中氧气的 80% 的机械运动动能转化为气体分子热运动动能。问：气体的温度和压强各升高了多少？

解：1 mol 氧气质量为 32×10^{-3} kg，转化的气体分子热运动动能为

$$\Delta E_k = \frac{1}{2} \times 32 \times 10^{-3} \times 10^2 \times 80\% \text{ J} = 1.28 \text{ J}$$

由 $E_k = \nu \frac{5}{2} RT$ 知，$\Delta T = \frac{2\Delta E_k}{5\nu R} = \frac{2 \times 1.28}{5 \times 8.31}$ K $\approx 6.16 \times 10^{-2}$ K。

再由 $pV = \nu RT$ 知，$\Delta p = \frac{\nu R \Delta T}{V} = \frac{8.31 \times 6.16 \times 10^{-2}}{1}$ Pa ≈ 0.51 Pa。

 知识扩展

实际气体状态方程

根据理想气体状态方程，可以计算气体反应的化学平衡问题，但理想气体完全忽略气体分子间的相互作用，不能解释分子力起重要作用的气液相变和节流等现象。理想气体状态方程只对高温、低密度的气体才近似成立，对物质状态的大部分区域都不适用。随着实验精度的提高，人们发现实际气体有着与理想气体不同的性质，如体积变化时内能也发生变化、有相变的临界温度等。实际气体的分子具有分子力，即使在没有碰撞的时刻，分子之间也有相互作用，因而其状态的变化关系偏离理想气体状态方程。只有在低压强下，理想气体状态方程才较好地反映了实际气体的性质，随着气体密度的增加，两者的偏离越来越大。因此，实际气体状态方程的提出更具实际意义。实际气体状态方程是指一定量实际气体达到平衡态时，其状态参量之间函数关系的数学表示。

18 世纪，伯努利提出了气体分子的刚球模型，考虑到分子自身体积的影响，把气体状态方程改为 $p(V-b) = RT$ 的形式。1847 年，勒尼奥做了大量实验，发现除氢气以外，没有一种气体严格遵守玻意耳定律。1873 年，荷兰物理学家范德·瓦耳斯假设气体分子是有相互吸引力的刚球，作用力范围的半径大于分子的半径，气体分子在容器内部与在容器壁处受到的力不同。范德·瓦耳斯方程能较好地给出高压强下实际气体状态变化的关系，而且推广后可以近似地应用到液体状态，它是许多近似方程中最简单和使用最方便的一个。

为了获得能反映实际气体性质的状态方程，必须考虑实际气体的基本特征，对理想气体状态方程进行修正：

(1)实际气体分子不是质点，占有一定的体积，当两个分子足够靠近时将产生强烈的排斥力；

(2)实际气体分子间的距离大于平衡距离，小于有效作用半径时，分子间相互吸引。

范德·瓦耳斯于 1873 年首先应用苏则朗势成功地修正理想气体状态方程，得到了温度、压强和摩尔体积分别为 T、p 和 V_0 的 1 mol 范德·瓦耳斯气体(简称范氏气体)状态方程

$$\left(p + \frac{a}{V_0}\right)(V_0 - b) = RT$$

式中，a 和 b 分别是考虑了范氏气体分子之间有引力作用和分子占有一定体积而引进的范氏修正量。表 7-2 列出了一些气体的范德·瓦耳斯修正量的实验值。由于在得到范氏状态方程时，并未对范氏气体的宏观条件如温度和密度等进行限制，因此它能相当好地解释气液相变，并能对高密度气体以及液体的性质进行定性的解释。

表 7-2　一些气体的范德·瓦尔斯修正量的实验值

气体	$a/(10^{-6}\ \text{atm}\cdot\text{m}^6\cdot\text{mol}^{-2})$	$b/(10^{-6}\ \text{m}^3\cdot\text{mol}^{-1})$
氢(H_2)	0.244	27
氦(He)	0.034	24
氮(N_2)	1.39	39
氧(O_2)	1.36	32
氩(Ar)	1.34	32
水蒸气(H_2O)	5.46	30
二氧化碳(CO_2)	3.59	43

实际气体状态方程反映了客观事实，它对一切气体均适用，而不像理想气体状态方程那样，只对理想气体才适用，因此具有普遍性。

思考题

7-1　处于平衡状态的一瓶氮气和一瓶氦气的分子数密度相同，分子的平均平动动能也相同，那么二者的温度和压强存在什么关系？

7-2　在常温下(如 300 K)，气体分子的平均平动动能等于多少电子伏(eV)？在多高的温度下，气体分子的平均平动动能等于 1 000 eV？

7-3　一容器内装有 N_1 个单原子理想气体分子和 N_2 个刚性双原子理想气体分子，当系统处在温度为 T 的平衡态时，内能和平均总动能的表达式分别是什么？

7-4　如果氧和氦的温度和物质的量都相同，则：(1)它们的平均平动动能是否相同？(2)它们的平均总动能是否相同？(3)它们的内能是否相同？

习　题

7-1　一打足气的自行车内胎，在 $t_1 = 7\ ℃$ 时，轮胎中空气的压强为 $p_1 = 4.0 \times 10^5\ \text{Pa}$，则当温度变为 $t_2 = 37\ ℃$ 时，轮胎内空气的压强 p_2 为多少(设内胎容积不变)？

7-2　有一横截面均匀的封闭圆筒，中间被一光滑的活塞分割成两部分。如果其中的一边装有 0.1 kg 某一温度的氢气，为了使活塞停留在圆筒的正中央，则另一边应装入同一温度的氧气质量为多少？

7-3　温度为 0 ℃ 和 100 ℃ 时理想气体分子的平均平动动能各为多少？欲使分子的平均平动动能等于 1 eV，气体的温度需多高？

7-4　储于体积为 $10^{-3}\ \text{m}^3$ 容器中某种气体，气体分子总数 $N = 10^{23}$，每个分子的质量为 $5 \times 10^{-26}\ \text{kg}$，分子方均根速率为 400 $\text{m}\cdot\text{s}^{-1}$。求气体的压强和气体分子总的平均平动动能以及气体的温度。

7-5　1 mol 氢气在温度为 27 ℃ 时，它的平动动能、转动动能和内能各是多少？

7-6　体积为 200 L 的钢瓶中盛有氧气(视为刚性双原子分子)，使用一段时间后，测得瓶中气体压强为 2 atm，求此时氧气的内能。

第八章 | 热力学基础

热力学与分子物理学一样，也是研究热现象及热运动规律的学科。但是，热力学的研究方法不同于分子物理学，热力学不涉及物质的微观结构，而是以实验事实为依据，用能量转化的观点研究伴随着热现象的状态变化过程，热力学理论是关于物质热现象的宏观理论，分子物理学则是微观理论。经过分子运动论的分析，人们了解了热现象的本质，反之，分子运动论的理论经过热力学的研究又得到验证，两者相辅相成，使人们对热运动的规律有了全面的认识。

第八章 热力学基础
思维导图

16—17世纪，煤作为燃料的广泛应用，刺激了煤矿的开采。为解决矿井排水问题，人们开始利用蒸汽动力。达·芬奇、爱德华·萨默塞特、塞缪尔·莫兰等都先后设计或研制过蒸汽动力装置。

1698年，英国矿山技师托马斯·塞维利制造了一台蒸汽水泵。1690年，法国人丹尼斯·巴本在德国制造了第一个有活塞和气缸的实验性蒸汽机。英国铁匠托马斯·纽科门研究了塞维利和巴本设计的优点，发明了自己的空气蒸汽机，并于1712年有效地应用于矿井排水和农田灌溉。这是一个使用一只活塞的封闭的圆筒式气缸，活塞借助一根杆系于一根横杆的一头，横杆的另一头连着排水泵。这部机器是一个广义上的把热能转化为机械能的原动机。但是，它和塞维利机都有耗煤量大、效率低、只能做往复直线运动的缺点，限制了它们的应用。

真正有巨大工业应用价值的蒸汽机，是18世纪70—80年代在英国首先出现的。詹姆斯·瓦特是格拉斯哥大学的仪器修理技工，从1759年开始，他进行了一系列有关蒸汽力量的实验。1763年，他在布莱克的帮助下，发现纽科门机有相当大的热量浪费，原因是活塞每一次冲击后被冷却时，气缸和活塞也同时被冷却了，然后为了下一次冲击，它们还需重新被加热。在经过多次失败后，他终于在1769年制造了一台"单动式蒸汽机"，在1782年又制造了动力大、能够使所带动的机器做旋转动作的蒸汽机，后来又增加了飞轮和离心调速装置，从而使蒸汽机达到了近代水平。

瓦特制成的蒸汽机使人们多年来想利用热能来获得机械能的愿望实现了。随着蒸汽机在生产上被广泛应用，提高效率便成为首要任务，同时也促使人们对热的本质进行深入研究。

热力学发展初期，热能和机械能的相互转化是人们研究的主题。在工业革命的推动下，工业上和运输上都相当广泛地使用蒸汽机。为了满足生产对于动力日益增加的要求，人们开始研究怎样消耗最少的燃料而获得尽可能多的机械能。甚至幻想制造一种机器，不需要外界提供能量就能不断地对外做功，这就是所谓的第一类永动机。各种各样第一类永动机的设计在实践中无不以失败告终。千万次的失败促使人类开始走出幻想，面对现实。为了解决这个问题，人们开始研究热能和机械能之间的关系。迈尔第一个提出了能量守恒定律，但此定律得到物理学界的确认却是在焦耳的实验工作发表以后。

焦耳前后用了 20 多年时间，做过多种多样的实验，终于测定了热能与多种能量相互转化时严格的数量关系。以前，热能的单位是卡（cal），功以尔格（erg）为单位，焦耳的实验结果为 1 cal = 4.184×10^7 erg，即 1 cal = 4.184 J（焦耳）。焦耳实验表明，自然界的一切物质都具有能量，它可以有多种不同的形式，但通过适当的装置，能从一种形式转化为另一种形式，在相互转化的过程中，能量的总量不变，这一结论给予能量守恒定律坚实的实验基础。这时，能量守恒定律（即热力学第一定律）已经完全建立起来了。紧跟着热力学第一定律的建立，克劳修斯和开尔文分别独立地发现了热力学第二定律，热力学第二定律是关于热能与机械能（或者热能和其他形式能量）转化的一种特殊转化规律，它的基本内容是：牵涉到热的过程是不可逆的。本章将介绍热力学第一、第二定律，以及热循环和熵的知识。

8.1 热力学第一定律

8.1.1 热力学系统

在热力学中，宏观物体通常表现为固态、液态和气态。无论表现为哪种物态，宏观物体都是由大量分子和原子组成的系统。这种由大量分子和原子组成的系统称为热力学系统，处于热力学系统之外的物体称为外界。例如，气缸内气体为系统，其他物体为外界。

8.1 热力学第一定律

热力学就是研究热力学系统的状态及其变化规律的科学。根据热力学系统同外界之间的关系不同，它可以分为以下 3 类。

（1）与外界完全隔绝的系统，称为孤立系统。孤立系统和外界既无能量交换，也无质量交换。例如，一个绝对密封的暖水壶，外界的热传不进去，里面的热也传不出来，与外界无能量交换；壶盖盖紧，暖水壶的质量也不减少。此时，将暖水壶中的水看作孤立系统，严格说来仍是一种物理模型。在现实世界中，既不可能找到与外界完全没有相互作用、相互影响的系统，也不可能找到与外界完全没有物质和能量交换的系统。

（2）与外界没有质量交换，但有能量交换的系统，称为封闭系统。例如，一个装有水的铝壶（盖紧后），用火加热。将水和壶看成一个系统，水的质量不变，但可以从外界吸热，这时将水和壶看作一个封闭系统。

（3）与外界既有质量交换又有能量交换的系统，称为开放系统。例如，一个没有盖子的装水铝壶，水被加热至沸腾后继续加热。此时，水和壶这个系统与外界既有能量交换，又有质量变换，可以看作开放系统。

8.1.2 准静态过程

热力学系统从一个平衡态到另一个平衡态的转变过程中，必然要破坏平衡，原来的平衡态被破坏后，需要经过一段时间才能达到新的平衡态（这段时间称为弛豫时间）。然而，转变过程往往进行得较快，在还未达到新的平衡前又继续了下一步的变化。这样，在转变过程中系统必然要经历一系列非平衡状态，这种过程称为非静态过程。但是，在热力学中，具有重要意义的是所谓的准静态过程，在这种过程进行中的每一时刻，系统都处于平衡态，这是一种理想的过程。下面举个具体的例子来说明，设有一个带活塞的容器，里面储有气体，气体与外界处于热平衡状态(外界温度 T_0 保持不变)，气体的状态参量用 p_0、T_0 表示。设活塞与器壁间无摩擦，控制外界压强，使它在每一时刻都比气体压强大一微小量，这样气体就将被缓慢地压缩。如果每压缩一次(气体体积减小一微小量 ΔV)所经过的时间都比弛豫时间长，那么在压缩过程中，系统就几乎随时接近平衡态。所谓准静态过程，就是这种过程无限缓慢进行的理想极限，在过程中的每一时刻，系统内部的压强都等于外界的压强。这种极限情形实际上虽然不能完全做到，但可以无限趋近。这里应该注意的是没有摩擦阻力的理想条件，在有摩擦阻力时，虽然仍可使过程进行得无限缓慢，从而使每一步都处于平衡态，但这时外界作用压强显然不等于系统内部的压强。

实际过程当然都是在有限的时间内进行的，不可能是无限缓慢的。但是，在许多情况下，可近似地把实际过程当作准静态过程来处理。以后讨论的各种过程除非特别声明，都是指准静态过程。当然，把实际过程当作准静态过程来处理毕竟是有误差的，当要求的精确度较高时，还需将所得的结果进行修正，如果过程进行得很快(如爆炸过程)，就不能看作准静态过程。

8.1.3 准静态过程的功

做功改变系统的状态的例子很多，如摩擦生热：摩擦指的是克服摩擦力做功，生热指的是使物体温度升高，也就是改变了物体的状态。焦耳曾经在实验中改进摩擦生热的方法，如图 8-1 所示，在一个盛有水的绝热容器内，用重物下落做功带动叶片转动，这些叶片搅拌液体摩擦生热使液体温度升高，精确地测量出了所做机械功与所产生的热量。焦耳还用其他类型的装置做了实验，如在绝热容器内装入一些水，并在其中埋入一根电阻丝，当向电阻丝中通入电流时，电阻丝和水的温度也会升高，如图 8-2 所示，这是对系统做电功的例子。

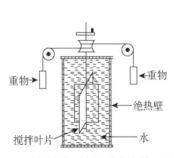

图 8-1 做机械功改变系统状态的焦耳实验

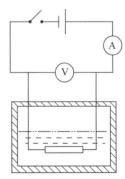

图 8-2 做电功改变系统状态的实验

下面讨论准静态过程的功，以图 8-3 所示的气缸内部的气体作为热力学系统，以气体膨胀为例，其中气体压强为 p，活塞的横截面积为 S，气体膨胀过程中，压强不是常数，气体对活塞的压力 $F = pS$ 是变力，计算变力做功，应该先计算元功。当活塞缓慢、无摩擦地发生微小位移 $\mathrm{d}x$ 的过程中，气体体积由 V 膨胀到 $V + \mathrm{d}V$，可认为压强 p 处处均匀且没有变化，

在此微小变化过程中，气体对外所做的元功为

$$dW = Fdx = pSdx = pdV \tag{8-1}$$

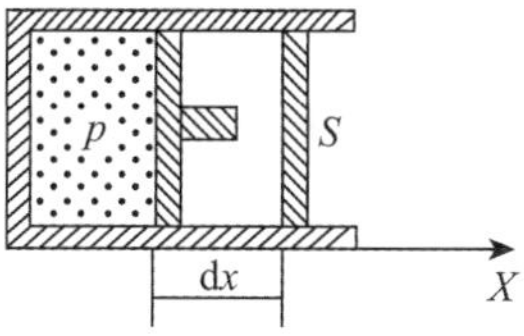

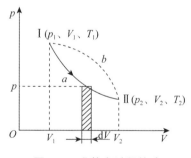

图 8-3　气体膨胀做功

当气体从状态 I（p_1、V_1、T_1）缓慢变化到状态 II（p_2、V_2、T_2）时，在这一有限的准静态变化过程中，气体对外界所做的功为

$$W = \int dW = \int_{V_1}^{V_2} pdV \tag{8-2}$$

式中，p、V 都是描写气体平衡状态的参量。上式用描述系统平衡状态的参量把准静态过程的功定量地表示出来了，这样具体计算准静态过程功的时候，就可以利用系统状态的方程所给出的 T、p、V 之间的关系。

在准静态过程中，可以用 p-V 图来计算气体所做的功，从图 8-4 中可以看出，a 过程线下画有斜线的窄条的面积 pdV 在数值上等于系统对外界所做的元功 dW，系统由状态 I（p_1、V_1、T_1）经曲线 a 到状态 II（p_2、V_2、T_2）整个过程所做的总功对应的是曲线 a 下的面积。如果系统从状态 I 经虚线 b 到达状态 II，则在此过程中系统所做的总功等于虚线 b 下的面积，此面积大于曲线 a 下的面积。也就是说，过程 b 所做的功大于过程 a 所做的功。由此可知，系统做功的大小与过程有关，功是一个过程量。因此，可以说"系统的温度和压强是多少"（它们是系统状态的特征），但绝不能说"系统的功是多少"或者"处于某一状态的系统有多少功"。

图 8-4　准静态过程的功

8.1.4　热量

改变系统状态的另一种方式是热传递。例如，温度不同的两个物体 A 和 B 互相接触后，热的物体要变冷，冷的物体要变热，最后达到热平衡，具有相同的温度 T。对于这种现象，人们很早就引入了热量的概念，认为在这过程中有热量从高温物体传递给低温物体，两系统的热运动状态都因为热传递过程而发生变化，但这里没有做功，做功和传热是系统间相互作用的两种方式，每一种都可使系统的宏观状态发生变化。热量传递是通过系统与外界接触边

界处分子之间的碰撞来完成的，是系统外物体分子无规则热运动与系统内分子无规则热运动之间交换能量的过程。

传热过程中所传递的能量的多少(它等于微观功的总和)叫热量，通常以 Q 表示，在国际单位制中，它的单位也是 J。热量的传递方向用 Q 的正负来表示，通常规定：$Q>0$ 表示系统从外界吸热；$Q<0$ 表示系统向外界放热。

很多情况下，系统和外界之间的热传递会引起系统本身温度的变化。这个温度的变化和热传递之间的关系用热容表示。设某物质温度升高 dT 时所吸收的热量为 dQ，则该物质的热容为

$$C = \frac{dQ}{dT} \qquad (8-3)$$

系统物质的量为 1 mol 时，热容用 C_m 表示，称为摩尔热容，它表示 1 mol 该物质温度升高(或降低)1 K 时所吸收(或放出)的热量。由于热量是一个过程量，因此不同的过程，物质的热容也不同。

若外界向系统传递热量 Q，系统的温度由 T_1 变化到 T_2，则热量可以表示为

$$Q = \frac{m}{M}C_m(T_2 - T_1) \qquad (8-4)$$

8.1.5 内能

做功和热传递都可以改变系统状态，当系统始末状态相同时，系统与外界交换的能量也是相同的，这说明当系统的状态一定时，系统具有的能量也是一定的，该能量称为系统的内能，用 E 表示。内能是由系统的状态唯一确定的，并随状态变化而变化。因此，内能是状态的单值函数。由第七章的式(7-19)知，理想气体的内能 E 仅是温度的函数。当系统的温度由 T_1 变化到 T_2 时，内能的增量为

$$\Delta E = \frac{m}{M}\frac{i}{2}R(T_2 - T_1) \qquad (8-5)$$

8.1.6 热力学第一定律概述

实验证明，系统在状态变化的过程中，若从外界吸收热量 Q，内能从初状态的值 E_1 变化到末状态的值 E_2，同时对外做功 W。系统所吸收的热量 Q，在数值上一部分使系统内能增加，另一部分用于系统对外做功，用公式表达上述关系为

$$Q = \Delta E + W \qquad (8-6)$$

式(8-6)称为热力学第一定律。显然，热力学第一定律是包括热现象在内的能量转换和守恒定律，在式(8-6)中，Q 代表系统从外界吸收的热量，W 代表系统对外做的功，$\Delta E = E_2 - E_1$。按此规定，Q 为正值($Q > 0$)，表示系统从外界吸收热量；Q 为负值($Q < 0$)，表示系统向外界放出热量。$W > 0$，表示系统对外做功；$W < 0$，表示外界对系统做功。$\Delta E > 0$，表示系统内能增加了；$\Delta E < 0$，表示系统内能减少了。

热力学第一定律指出，要使系统对外做功($W > 0$)，必然要消耗内能，或由外界给系统传递热量，或者两者兼而有之。在历史上，人们曾经幻想制出一种机器，使系统不断地经历状

态变化而仍然回到初状态($\Delta E = 0$)，同时在这个过程中又无须外界提供任何能量($Q = 0$)，却可以不断地对外做功($W > 0$)，这就是前面提到的第一类永动机。

17—18 世纪，很多人尝试研制出永动机，尽管各种设计方案都很巧妙，但都以失败而告终，这也启示了人们考虑是否存在着一条普遍规律，决定了无论利用什么结构，都不可能不要代价地获得无穷无尽的可供利用的自然动力，以至于 1775 年法国科学院不得不做出决议，声明不再审理任何有关永动机的设计方案。可见，第一类永动机违反了热力学第一定律，是不可能实现的。所以热力学第一定律还有另一种表述：第一类永动机是不可能造成的。

例 8-1 一系统由图 8-5 中的 A 态沿 ABC 到达 C 态时，吸收了 350 J 的热量，同时对外做了 126 J 的功。

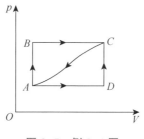

图 8-5 例 8-1 图

(1)系统在 ABC 过程中，内能增加了多少？

(2)如果在 ADC 过程中，系统做功 42 J，问此系统吸热还是放热？热量传递是多少？

解：(1)系统在 ABC 过程中，吸热 $Q = 350$ J，做功 $W = 126$ J，据热力学第一定律 $Q = W + \Delta E$，从 A 到 C 系统内能的变化为

$$\Delta E = E_C - E_A = Q - W = 224 \text{ J}$$

(2)在 ADC 过程中，系统做功 $W = 42$ J，内能增量为 $\Delta E = E_C - E_A = 224$ J，据热力学第一定律，有

$$Q = W + \Delta E = 266 \text{ J}$$

$Q > 0$，表明在此过程中系统吸热 266 J。

8.2 热力学第一定律对理想气体的应用

热力学第一定律可以应用于气体、液体和固体系统，用来研究它们的状态变化过程。下面分析理想气体在一些简单过程中的能量转换情况。

8.2.1 等容过程

等容过程就是系统的体积始终保持不变的过程，等容过程在 p-V 图上对应的是一条与 p 轴平行的线段，如图 8-6 所示。

8.2.1 等容过程

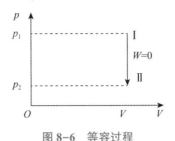

图 8-6 等容过程

在等容过程中，由于外界所做的功为

$$W = 0 \tag{8-7}$$

因此，根据热力学第一定律有

$$Q = \Delta E = \frac{m}{M}\frac{i}{2}R(T_2 - T_1) \tag{8-8}$$

式中，T_1 和 T_2 分别表示始态 I 和终态 II 的温度。

设等容过程的摩尔热容为 $C_{V,m}$，称之为定容摩尔热容，则有

$$Q = \frac{m}{M}C_{V,m}(T_2 - T_1) \tag{8-9}$$

式中，$C_{V,m} = \frac{i}{2}R$，为常数。

8.2.2 等压过程

等压过程就是系统的压强始终保持不变的过程，等压过程在 p-V 图上对应一条与 V 轴平行的线段，如图 8-7 所示。

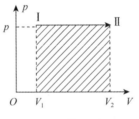

图 8-7 等压过程

8.2.2 等压过程

在等压过程中，系统对外界做功为

$$W = p\Delta V = p(V_2 - V_1) \tag{8-10}$$

式中，V_1 和 V_2 分别表示始态 I 和终态 II 的体积。

因此，根据热力学第一定律有

$$Q = W + \Delta E = p(V_2 - V_1) + \frac{m}{M}\frac{i}{2}R(T_2 - T_1) \tag{8-11}$$

设等压过程的摩尔热容为 $C_{p,m}$，称之为定压摩尔热容，则有

$$Q = \frac{m}{M}C_{p,m}(T_2 - T_1) \tag{8-12}$$

式中，$C_{p,m} = \frac{i+2}{2}R$，为常数。

8.2.3 等温过程

8.2.3 等温过程

等温过程就是系统的温度始终保持不变的过程。现在各种恒温装置可以保证内部发生的过程尽量接近于等温过程。理想气体等温过程中，压强和体积满足以下关系

$$pV = 常数 \tag{8-13}$$

因此，等温过程在 p-V 图上对应一条双曲线，称为等温线，如图 8-8 所示。

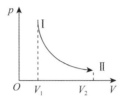

图 8-8 等温过程

因为内能是温度的单值函数，所以等温过程中内能不变，内能增量为

$$\Delta E = 0 \tag{8-14}$$

根据热力学第一定律有

$$Q = -W \tag{8-15}$$

在等温过程中，系统对外界做功为

$$W = \int_{V_1}^{V_2} p\,\mathrm{d}V = \frac{m}{M}RT\int_{V_1}^{V_2}\frac{\mathrm{d}V}{V}$$

$$= \frac{m}{M}RT\ln\frac{V_2}{V_1} \tag{8-16}$$

式中，T 为等温过程系统的温度；V_1 和 V_2 分别表示始态 Ⅰ 和终态 Ⅱ 的体积。当系统等温膨胀时，$W > 0$，系统对外界做功；反之，当系统等温压缩时，$W < 0$，外界对系统做功。

8.2.4 绝热过程

8.2.4 绝热过程

绝热过程就是系统始终与外界没有热量交换的过程。被良好的绝热材料所隔绝的系统，或者由于过程进行得较快来不及和外界有显著的热量交换的过程，都可以近似看作绝热过程。

在绝热过程中，因为 $Q = 0$，所以

$$W = \Delta E = \frac{m}{M}\frac{i}{2}R(T_2 - T_1) \tag{8-17}$$

例 8-2 将 500 J 的热量传给标准状态下的 2 mol 氢。

(1) V 不变时，热量转变为什么？氢的温度为多少？

(2) T 不变时，热量转变为什么？氢的 p、V 各为多少？

(3) p 不变时，热量转变为什么？氢的 T、V 各为多少？

解：(1) V 不变时，$Q = \Delta E$，热量转变为内能，即

$$\Delta E = Q_V = \frac{m}{M}C_V(T - T_0) = \nu\frac{5}{2}R(T - T_0)$$

$$T = \frac{2Q_V}{5\nu R} + T_0 = \left(\frac{2 \times 500}{5 \times 2 \times 8.31} + 273 \right) \text{K}$$

$$\approx 285 \text{ K}$$

（2）T 不变时，$Q = W$，热量转变为功，即

$$Q = W = \frac{m}{M} RT \ln \frac{p_0}{p} \Rightarrow \frac{Q}{\nu RT} = \ln \frac{p_0}{p}$$

$$p = p_0 \mathrm{e}^{-\frac{Q}{\nu RT}} = 1.013 \times 10^5 \times \mathrm{e}^{-\frac{500}{2 \times 8.31 \times 273}} \text{ Pa} \approx 9.07 \times 10^4 \text{ Pa}$$

$$V = \frac{p_0 V_0}{p} = \frac{1.013 \times 10^5 \times 44.8 \times 10^{-3}}{9.07 \times 10^4} \text{ m}^3 \approx 5.00 \times 10^{-2} \text{ m}^3$$

（3）p 不变时，$Q = W + \Delta E$，热量转变为功和内能，即

$$Q_p = \frac{m}{M} C_{p,\,\mathrm{m}} (T - T_0) = 2 \times \frac{7}{2} R (T - T_0)$$

$$T = \frac{Q_p}{7R} + T_0 = \left(\frac{500}{7 \times 8.31} + 273 \right) \text{K} \approx 281.6 \text{ K}$$

$$V = \frac{V_0 T}{T_0} = \frac{44.8 \times 10^{-3} \times 281.6}{273} \text{ m}^3 \approx 0.046 \text{ m}^3$$

8.3 循环过程

8.3.1 循环过程的定义

在能量守恒与转化定律建立的漫长时期内，人们意识到借助一个系统的状态变化，可以实现热、功之间的转化，这就为制造热动力机器提供了一种基本思路。但是，要想将热与功之间的转换持续不断地进行下去，靠单一过程显然是不行的。例如，等温膨胀过程虽然能把吸收的热量完全转化为对外做功，但随着气体膨胀过程中体积逐渐变大，压强不断减小，当气体压强与外界压强相同时，膨胀过程就无法再持续下去了。因此，人们想到把几个不同的过程组合起来，使系统重复这几个过程，在热动力机械中来实现热功的连续转化。系统由某一状态出发，经过一系列中间变化过程又回到初始状态的整个过程叫作循环过程，简称循环。研究循环过程的规律在实践上（如热机的改进）和理论上都有很重要的意义。

8.3 循环过程

8.3.2 热机

在循环过程中利用热来做功的机器称为热机，如蒸汽机、内燃机、汽轮机等。下面以热电厂内水的状态变化为例来说明循环过程的意义。一定量的水从锅炉中吸收热量变成温度和压强较高的蒸汽，蒸汽通过传送装置进入气缸，在气缸中膨胀推动汽轮机的叶轮对外做功，做功后蒸汽的温度和压强都大为降低，成为废汽，废汽进入冷凝器后凝结为水时放出热量，最后由水泵对冷凝水做功将它压回到锅炉中而完成整个循环过程，如图 8-9 所示。从能量转换的角度来说，工作物质（蒸汽）从高温热源（锅炉）吸收热量 Q_1，其内能增加，然后一部分内能通过对外做功 W 转化为机械能，另一部分内能在低温热源（冷凝器）放热 Q_2 而传给外

界，经过这一系列过程又回到了原来的状态，如图 8-10 所示。也就是说，热机对外做功的能量来源于从高温热源所吸收的热量的一部分。

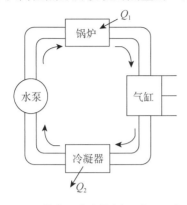

图 8-9 热电厂内水的循环过程示意图

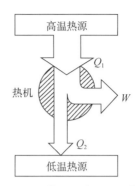

图 8-10 热机工作原理示意图

因为内能是状态的单值函数，所以经历一个循环，回到初始状态时，内能没有改变，这是循环过程的重要特征。若系统在循环过程中所经历的中间过程都是准静态过程，则可将循环过程在 $p-V$ 图上用一个闭合的曲线来表示，如图 8-11 所示。图中曲线上的箭头表示过程的进行方向，顺时针方向的循环称为正循环(又称热机循环)，逆时针方向的循环称为逆循环(又称制冷循环)。

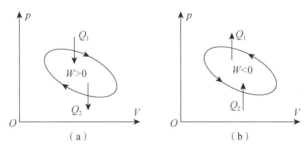

图 8-11 循环过程

(a)正循环；(b)逆循环

在循环过程中，系统所做的净功(系统对外做功和外界对系统做功的代数和)等于图 8-11 所示 $p-V$ 图中曲线所包围的面积。当系统所经历的过程为正循环时，系统对外界所做的净功 $W > 0$，反之则 $W < 0$。

根据热力学第一定律，工作物质吸收的净热量 $(Q_1 - Q_2)$(Q_1 和 Q_2 分别表示在一次循环过程中从高温热源吸收的热量和向低温热源放出热量的绝对值)应该等于它对外做的净功 W，即

$$W = Q_1 - Q_2 \tag{8-18}$$

这就是说，工作物质以传热方式从高温热源吸收热量，部分用来对外做功，部分在某些低温热源处释放出去，二者的差额等于工作物质对外做的净功。

热机性能的重要标志之一就是它的效率，也就是吸收的热量有多少转化为有用的功。更确切地说，是通过吸热的方式增加的内能有多少通过做功的方式转化为机械能。因此，将一次循环过程中工作物质对外做的净功占它从高温热源吸收热量的比值定义为热机效率，表达

式为

$$\eta = \frac{W}{Q_1} = 1 - \frac{Q_2}{Q_1} \tag{8-19}$$

不同的热机其循环过程不同，因而有不同的效率。

例 8-3　图 8-12 所示为 1 mol 单原子理想气体所经历的循环过程，其中，AB 为等温过程，BC 为等压过程，CA 为等容过程，已知 $V_B = 2V_A$，求此循环的效率。

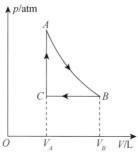

图 8-12　例 8-3 图

解：AB 为等温过程，设 $T_A = T_B = T$，则由 BC 为等压过程可得

$$T_C = \frac{V_C T_B}{V_B} = \frac{V_A T_B}{V_B} = \frac{1}{2}T$$

AB 为等温过程，则有

$$Q_{AB} = \frac{m}{M}RT\ln\frac{V_B}{V_A} = RT\ln 2$$

BC 为等压过程，则有

$$Q_{BC} = \frac{m}{M}C_{p,\,m}(T_C - T_B) = \frac{5}{2}R(T_C - T_B) = -\frac{5}{4}RT$$

CA 为等容过程，则有

$$Q_{CA} = \frac{m}{M}C_{V,\,m}(T_A - T_C) = \frac{3}{2}R(T_A - T_C) = \frac{3}{4}RT$$

循环的效率为

$$\eta = 1 - \frac{Q_2}{Q_1} = 1 - \frac{\dfrac{5}{4}}{\ln 2 + \dfrac{3}{4}} \approx 13.4\%$$

8.3.3　制冷机

逆循环过程反映了制冷机的工作原理。制冷机是利用外界对工作物质做功，使从低温热源吸收的热量不断地传递给高温热源的机器。例如，家用电冰箱的工作物质用的是容易液化的氨、氟利昂等，称为制冷剂。图 8-13 所示为家用电冰箱工作原理示意图。液化后的制冷剂从蒸发器(低温热源)中吸热蒸发，经压缩机急速压缩为高温高压气体，然后通过冷凝器向大气(高温热源)放热并凝结为液体，经节流阀的小口通道进一步降温降压后再进入蒸发

器，然后进行下一个循环。

制冷机工作原理示意图如图 8-14 所示。制冷机在制冷循环过程中，工作物质从低温热源（冷库）吸热 Q_2，向高温热源（环境）放热 Q_1，要实现这一点，外界必须对工作物质做功 $W(W<0)$。由于循环过程中 $\Delta E=0$，因此热力学第一定律可写成 $W=Q_1-Q_2$。工作物质向高温热源传递的热量 Q_1 来自两部分：一部分是从低温热源吸收的热量 Q_2，另一部分是外界对工作物质做的功 W。换句话说，工作物质从低温热源吸收热量传递到高温热源，是以外界对工作物质做功为代价的。从低温热源吸热越多，外界对工作物质做功越少，则制冷效果越好。因此，制冷机的效能可用制冷系数 e 表示，即

$$e = \frac{Q_2}{W} = \frac{Q_2}{Q_1 - Q_2} \tag{8-20}$$

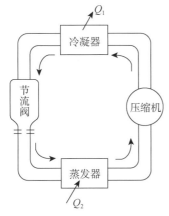

图 8-13　家用电冰箱工作原理示意图

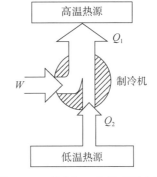

图 8-14　制冷机工作原理示意图

利用制冷装置降低温度达到制冷的目的是不言而喻的，实际应用中还可利用制冷装置来升高温度，以此目的设计的制冷机叫热泵。例如，冬天可将室外大气作为低温热源，以房间为高温热源，热泵从室外吸热，连同外界的功一起向房间供热，使室内升温变暖。在夏天以房间为低温热源，以室外大气或者河水作为高温热源，则可使室内温度降低。利用同一装置达到既能降温又可供热的机器就是空调。

8.3.4　卡诺循环

19 世纪初期，蒸汽机在工业、交通运输业中起到越来越重要的作用，但是蒸汽机在使用过程中的效率很低，只有 3%～5%，大部分热量都没有得到利用，许多人都为提高蒸汽机的效率而努力。当时，关于控制蒸汽机把热能转变为机械能的各种因素的理论尚未形成，因此虽然蒸汽机在英国的使用已超过一百年，但英国的工程师，如瓦特等人大都只是通过自学，凭借着实践经验和灵巧的技术在摸索和实验中改进着蒸汽机。法国的情况

8.3.4　卡诺循环

则不同，法国的理论科学家和实用工程师是在多科工艺学院中培养出来的，他们更多从事着蒸汽机理论和一般机器理论的研究。具有代表性的是萨迪·卡诺，他是法国大革命中"胜利的组织家"拉扎尔·卡诺的儿子。他在 1814 年成为一位军事工程师，1828 年因其父被流放而退役，1833 年 8 月 2 日死于霍乱。1824 年出版的《关于火的动力的思考》一书中总结了他

早期的研究成果，在这本书的一开始，他谈到了在地球上观察到的许多现象都与热有关，如大气的运动、云的上升、水的流动等。他指出"热机的目的就在于提供动力，解决人们的各种需要"，并以找出热机不完善性的原因为出发点，指出"与机器所产生的功相比，燃料的消耗太高了"。因此，阐明从热中获得动力的条件，就能够利用热的原理改进热机的效率。他关心的具体问题是热所产生的动力是有限的还是无限的？人们能无限制地改善热机，还是存在着一个不可超越的界限。经过研究，卡诺明确指出"动力不依赖于提供它的工作物质，动力的大小唯一地由热质在其间转移的一些物体的温度决定"，这就是说在循环中，热机的效率有一个极大值。

卡诺分析了蒸汽机的基本结构和工作过程，撇开一切次要因素，提出了一个理想循环，该循环体现了热机循环的最基本的特征。这是一种准静态循环，在循环过程中，工作物质只和两个恒温热源交换热量，没有散热、漏气等因素存在。这种循环叫卡诺循环，由卡诺循环构成的热机称为卡诺热机。

下面以理想气体为例讨论卡诺热机的循环过程。卡诺热机的循环过程由等温膨胀、绝热膨胀、等温压缩和绝热压缩 4 个分过程组成，如图 8-15 所示。

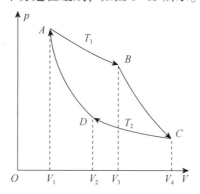

图 8-15　卡诺热机的循环过程

各过程说明如下。

$A \rightarrow B$：气缸与温度为 T_1 的高温热源接触，气体等温膨胀，体积由 V_1 增大到 V_2，系统吸收热量。

$B \rightarrow C$：将气缸从高温热源移开，气体绝热膨胀，体积变为 V_3，温度降为 T_2。

$C \rightarrow D$：使气缸与温度为 T_2 的低温热源接触，等温地压缩气体直到体积缩小到 V_2，这一过程中，气体将向低温热源放出热量。

$D \rightarrow A$：将气缸从低温热源移开，沿绝热线压缩气体，直到回到初始状态。

在整个循环过程中，只有 $A \rightarrow B$ 和 $C \rightarrow D$ 有热量交换。

根据 4 个过程的性质和循环的热机效率公式，可以得到卡诺热机的效率为

$$\eta = 1 - \frac{T_2}{T_1} \qquad (8-21)$$

由此可见，以理想气体为工作物质的卡诺循环的效率只由两个热源的温度决定。那么，提高热机效率的方法之一是提高高温热源的温度，如现代热电厂利用的水蒸气的温度可达 580 ℃，冷凝水的温度约为 30 ℃，若按卡诺循环计算，其效率应为

$$\eta = 1 - \frac{303}{853} \approx 64.5\%$$

但实际效率最高只有 36% 左右，这是因为卡诺循环是理想的循环，而实际循环过程中热源并不是恒温的，因而工作物质可以随处和外界交换热量，而且进行的过程也不是准静态过程。尽管如此，式(8-21)还是有一定的实际意义，即提高高温热源的温度是提高效率的途径之一，现代热电厂中要尽可能地提高水蒸气的温度就是这个道理。式(8-21)还表明，降低低温热源的温度也可以提高效率，但这只有理论上的意义，因为实际上要把冷却器降低到室温以下既很困难又不经济。

如果卡诺循环逆向进行，就构成了卡诺制冷机，其循环过程如图 8-16 所示。在整个循环中，外界必须对系统做功 W，工作物质才可能从低温热源 T_2 中吸收热量 Q_2，向高温热源 T_1 中放出热量 Q_1，其分析方法与卡诺正循环类似，很容易可以得到卡诺制冷机的制冷系数为

$$e = \frac{Q_2}{W} = \frac{Q_2}{Q_1 - Q_2} = \frac{T_2}{T_1 - T_2} \tag{8-22}$$

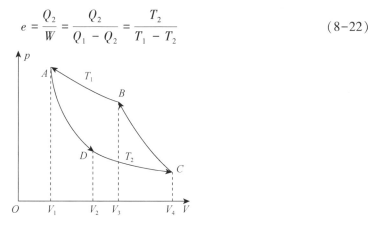

图 8-16　卡诺制冷机的循环过程

在一般的制冷机中，高温热源就是大气环境的温度 T_1，因此卡诺制冷机的制冷系数 e 取决于希望达到的制冷温度 T_2。例如，家用电冰箱冷冻室的温度 $T_2 = -13\ ℃$，室温为 27 ℃，则由式(8-22)可计算出

$$e = \frac{T_2}{T_1 - T_2} = \frac{273 - 13}{(273 + 27) - (273 - 13)} = 6.5$$

假定室温 T_1 不变，显然 T_2 值越低，制冷系数就越小，如果仍然要从冷库吸取相等的热量，压缩机就必须做更多的功。

8.4　热力学第二定律

热力学第一定律是自然界遵循的能量转化与守恒定律在热力学中的具体表现，但这并不意味着一切不违背热力学第一定律的过程都会发生。进入 19 世纪，改良后的蒸汽机已经在工业上有了广泛的应用，如何进一步提高热机的效率是人们关注的话题。那么，能否设计一种热机，它可以在不违反热力学第一定律的前提下，使从高温热源吸收的全部热量都变为有用功，效率达到 100%？答案显然是否定的。这表明，有一条独立于热力学第一定律之外的

规律在自然界中发挥着重要的作用,这就是热力学第二定律。

8.4.1 可逆过程与不可逆过程

已知一个系统从一初状态经历某一过程达到末状态,如果存在另一个过程能使系统重新回到初状态,同时可以消除原过程给外界带来的一切影响,就像原过程没有发生过一样,则称原过程为可逆过程。相反,如果用任何方式都不能令系统和外界完全恢复原状,则称为不可逆过程。

8.4.1 可逆和不可逆过程

下面以一些典型的热力学过程为例,讨论实际过程的不可逆性。

1. 热传递过程的不可逆性

日常生活里,热量可以自发地从高温物体传递给低温物体;也可以从物体的高温部分自动传递给低温部分。但是,与之相反的过程,即热量从低温物体传给高温物体或从物体低温部分传给高温部分是不可能自发发生的。这就是说,热传递过程是不可逆过程。

2. 功热转换过程的不可逆性

足球在操场上滚动着,由于地面摩擦力及空气阻力的作用,速度越来越慢,最终会停下来。足球克服摩擦阻力做功自发地将动能转变为自身、地面和周围空气的分子内能。反过来,等待足球和周围空气温度降低,减少的内能转变成足球的动能,让足球重新在操场上滚动起来是不会发生的。这就是说,功能自发转变成热,而在不带来其他影响的条件下,热不能自发转变为功,即功热转换过程是不可逆过程。

3. 气体绝热自由膨胀过程的不可逆性

一个绝热的容器被挡板分成左右两部分,左部分盛有某种理想气体,右部分为真空,如图 8-17 所示。若将挡板撤掉,则左部分的气体开始自由膨胀,最后会充满整个容器。而这个过程的逆过程,即占据整个容器的气体又完全退回左部分空间,使右部分再次呈现真空状态是不可能自发发生的。这就是说,气体绝热自由膨胀过程是不可逆过程。

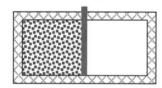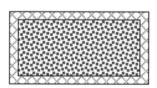

图 8-17 气体绝热自由膨胀过程

通过以上 3 个典型例子的分析可知,与热现象相关的宏观过程都是有方向性的,都是不可逆过程。需要强调的是,这里说的不可逆并不是指逆过程不能发生,而是说不能自发发生,如果发生一定会产生其他影响。冰箱能够将热量从内部(低温热源)传到外部(高温热源),但压缩机需要做功。理想气体的等温膨胀过程虽然是从单一热源吸收热量使之全变成有用功,却带来了其他变化,即气体体积膨胀了。已经充满整个容器的气体当然可以再次退回到一半的空间内,但需要外界压缩气体做功。

大量事实证明,自然界中一切自发发生的现象都是不可逆的,如成语"落叶归根""覆水难收""破镜难圆"等,以及李白在《将进酒》中写的"君不见,黄河之水天上来,奔流到海不复回。君不见,高堂明镜悲白发,朝如青丝暮成雪"都形象地描述了这一规律。而可逆过程只是一种理想过程。实际上,如果该过程进行得足够缓慢,并且可以忽略摩擦力等耗散力做功的效应，则该过程就能够被近似地视为可逆过程。本书在 $p-V$ 图上画出的准静态过程都可以当作可逆过程处理。能够完成可逆过程的机器称为可逆机，否则称为不可逆机。可逆过程的定义对理论分析和计算有重要的意义。

8.4.2　热力学第二定律概述

任何一个宏观过程的发生都是有方向的，向相反方向进行而不引起其他变化是不可能的。热力学第二定律就是这一自然规律的总结。

1850 年，德国物理学家克劳修斯根据热传导过程的不可逆性提出了如下说法（称为热力学第二定律的克劳修斯表述）：热量不可能从低温物体自发传到高温物体而不引起其他变化。克劳修斯表述告诉我们，如果热量从低温物体传到高温物体，则此过程一定伴随着系统或外界发生变化。例如，一台制冷机（电冰箱）在一次循环过程中，压缩机做功 A，工作物质从低温热源吸热 Q_2，向高温热源放热 $Q_1 = Q_2 + A$ 后回到原来的状态，达到了使热量从低温物体传到高温物体的目的，定义其制冷系数 $\varepsilon = \dfrac{Q_2}{A}$。假设不需要压缩机做功，制冷机经历一次循环过程恢复原状，唯一的效果是把热量从低温物体传到高温物体，则这台制冷机的制冷系数将趋于无穷大，这是不可能发生的。它违背了热力学第二定律。

8.4.2　热力学第二定律的两种表述

1851 年，英国物理学家开尔文根据功热转换过程的不可逆性对热力学第二定律进行了以下阐述（称为热力学第二定律的开尔文表述）：不可能从单一热源吸取热量，使之完全变为有用功而不产生其他影响。根据热机效率的表达式 $\eta = 1 - \dfrac{Q_2}{Q_1}$ 可知，在一个循环过程中，工作物质在低温热源处放出的热量 Q_2 越少，热机的效率就越高。有人曾设想制造这样一台机器：工作物质只从单一热源吸收热量并完全用来对外做功而不产生其他影响，如此热机的效率就会达到100%。倘若这种机器能够制成，那困扰人类的能源危机将不再存在。可以利用空气和江河湖海中的水作为单一热源，经过估算，如果海洋中水的温度降低 0.01 K，减少的内能够让全世界的机器开动上千年！这种只有单一热源的机器称为第二类永动机，它并没有违反热力学第一定律。但是，经过实践检验，第二类永动机也只能以失败告终。因此，热力学第二定律又可以表述为：第二类永动机是不可能实现的。

由此可见，热力学第二定律的两种表述分别从不同的角度描述了一种典型的不可逆的热现象。虽然文字内容不同，但这两种表述是等效的，即热传导的不可逆性必然能得出功热转换的不可逆性，而功热转换的不可逆性也必然能得出热传导的不可逆性。下面用反证法证明这一等效性。

首先，假设克劳修斯表述不成立，如图8-18(a)所示，热机 A 可以将热量 Q 由低温热源 T_2 传到高温热源 T_1 而不产生其他影响。并且，在相同的高、低温热源之间设计另一台热机 B，令它在一次循环中从高温热源吸热 $Q_1 = Q$，对外做功 W，同时向低温热源放热 Q_2。这样，总的效果就是：高温热源 T_1 没有任何变化，只是从低温热源 T_2 处吸热 $Q - Q_2$，并全部用来对外做功 W。这是违反热力学第二定律的开尔文表述的。因此，可以得出结论：如果克劳修斯表述不成立，那么开尔文表述也不成立。

接下来，假设开尔文表述不成立，如图8-18(b)所示，热机 A 从高温热源 T_1 吸热 Q，全部变为有用功 W 而不产生其他影响。并且，将输出的功 W 提供给在高温热源 T_1 和低温热源 T_2 之间工作的一台制冷机 B。这台制冷机在一次循环过程中得到功 W，并从低温热源 T_2 吸热 Q_2，向高温热源 T_1 放热 $Q_1 = Q_2 + W = Q_2 + Q$。这样一来，总的效果就是：低温热源放热 Q_2，高温热源吸热 Q_2，此外没有任何变化。这是违反热力学第二定律的克劳修斯表述的。这就表明，如果开尔文表述不成立，那么克劳修斯表述也不成立。

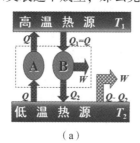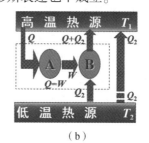

（a）   （b）

图 8-18

（a）自动传热的机器；（b）热自动变成功的机器

同热力学第一定律一样，热力学第二定律也是自然界遵循的基本规律。它是大量实验和经验的总结概括，虽然不能用更普遍的定律去验证它，但由它得到的各种推论经实践检验都是正确的。热力学第二定律可以有多种表述，其中最著名的就是克劳修斯表述和开尔文表述，它们都指出了与热现象有关的过程进行的方向性问题，这些表述本质上都是等效的。

8.4.3 卡诺定理

1824年，卡诺在《关于火的动力的思考》中对自己的理论研究进行总结，并提出了卡诺定理：

（1）在相同的高温热源和相同的低温热源之间工作的一切可逆热机，其效率都相等，与工作物质无关；

（2）在相同的高温热源和相同的低温热源之间工作的一切不可逆热机，其效率都不可能大于可逆热机的效率。

按照卡诺定理的描述，既然任何可逆热机在两个恒温的高温热源和低温热源之间的工作效率都相等，那么它们的效率一定与理想气体作为工作物质的卡诺热机的效率相等，而不可逆机的效率要小于卡诺热机的效率，即

$$\eta \leqslant 1 - \frac{T_2}{T_1} \quad （取等号时表示可逆热机） \tag{8-23}$$

卡诺定理的提出对如何提高热机效率具有重要的意义。它指出了可以从以下两个方面提高热机效率：第一，尽量使实际的热机循环可逆化，即尽可能避免漏气、漏热以及耗散力做功等情况出现；第二，尽量提高高温热源温度 T_1。理论上，降低低温热源的温度 T_2 也可以起到提高效率的作用，但实际热机的冷凝器（低温热源）温度与周围环境温度相近，获得更低的温度要消耗更多的能量，只有提高高温热源的温度才是实际可行的。

卡诺定理是早于热力学第一定律和热力学第二定律提出的，其正确性可以通过热力学第一定律和第二定律进行证明。

8.5　热力学第二定律的统计意义

8.5　热力学第二定律的统计意义

一切与热现象有关的自然宏观过程都是不可逆的，都是按照确定的方向发生的，从宏观上的大量观察与实验得到了热力学第二定律。那么，从微观上如何对这一定律进行解释呢？根据分子运动论的观点，组成物质的大量分子永不停息地做无规则热运动，热力学过程的方向性就是由这些无规则运动决定的。大量分子的无规则运动必然遵循统计规律，因此下面将从微观层面说明热力学第二定律的统计意义。

（1）分析气体自由膨胀过程。有一容器被挡板分成体积相等的 A、B 两室，A 室盛有理想气体，B 室为真空状态，如图 8-19 所示。以任意一个气体分子 a 为例，在撤掉挡板前，它被限制在 A 室内；撤掉挡板后，它可以在整个容器内运动，一会儿出现在 A 室，一会儿又出现在 B 室。从单个分子的角度看，分子 a 出现在 A、B 两室的机会是均等的，留在 B 室和返回 A 室的概率都是 $\frac{1}{2}$。现在分析有 a、b、c 这 3 个分子的情形。撤掉挡板后，它们在整个容器内自由运动，如果以处于 A 室或 B 室作为位置分布讨论，3 个分子在容器中的分布共有 $2^3 = 8$ 种可能，即对应着 8 种微观状态，详见表 8-1。

表 8-1　3 个分子在容器中的分布情况

分子各种可能分布的微观状态		每个宏观状态 A 室、B 室分子数		宏观状态对应的微观状态数目 Ω	宏观状态出现的概率
A 室	B 室	A 室 N_A	B 室 N_B		
a、b、c	无	3	0	1	$\frac{1}{8}$
a、b	c	2	1	3	$\frac{3}{8}$
b、c	a				
a、c	b				
c	a、b	1	2	3	$\frac{3}{8}$
a	b、c				
b	a、c				
无	a、b、c	0	3	1	$\frac{1}{8}$

依据统计理论，在孤立系统中，认为每种微观状态出现的概率都相等。这 8 种微观状态与 4 种宏观状态相对应，每一种宏观状态包含的微观状态数目不同。3 个分子同时留在 A 室或 B 室的宏观状态出现的概率最小，为 $\frac{1}{2^3}$，而 A、B 两室都有分子这样的宏观状态出现的概率最大，为 $\frac{6}{8}$。推广到分子数目为 N 的情况，之前局限在 A 室内的 N 个分子经自由膨胀后再全部退回 A 室的这一宏观状态出现的概率应为 $\frac{1}{2^N}$。N 越大，这个概率就越小。以 1 mol 气体

为例，出现全部分子退回 A 室这一状态的概率仅为 $\dfrac{1}{2^N} = \dfrac{1}{2^{6.02 \times 10^{23}}}$，这比将一部《红楼梦》小说文字全部打乱，再随机排列，结果与原著完全一样的可能性还要小得多，实际上根本观察不到。

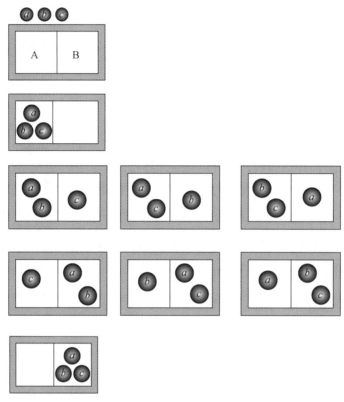

图 8-19　3 个分子自由膨胀的微观状态

　　经过上面的讨论，可知 N 个气体分子自由膨胀后，共有 2^N 种概率相同的微观状态，而与全部分子都留在 A 室的宏观状态对应的微观状态只有一种，这种宏观状态出现的概率几乎为零。我们真正大概率观察到的分子基本均匀分布在 A、B 两室的宏观状态包含着 2^N 种微观状态的绝大多数。也就是说，气体自由膨胀的不可逆性意味着这一过程总是由概率小的宏观状态向概率大的宏观状态发生，或者说总是由包含微观状态数目少的宏观状态向包含微观状态数目多的宏观状态发生，其逆过程在无外界影响的条件下是不会实现的。

　　(2)分析功热转换过程。功热转换可以看成将分子做规则定向运动具有的机械能转换成分子做无规则热运动具有的内能的过程。大量分子有规则运动状态出现的概率远远小于无规则运动状态出现的概率。因此，功变成热是由概率小的宏观状态转换成概率大的宏观状态。反之，热变成功是概率大的宏观状态转换成概率小的宏观状态，在没有外界帮助时，实际上是不可能实现的。

　　(3)分析热传递过程。温度是分子无规则运动剧烈程度的量度，温度高的物体分子平均平动动能大，温度低的物体分子平均平动动能小。温度不同的两个物体接触，分子间无规则碰撞作用使它们最终的温度相同。这表明两物体分子平均平动动能相等的宏观状态出现的概率，远大于分子平均平动动能不相等的宏观状态出现的概率。热量从高温物体传向低温物体的过程是由小概率的状态向大概率的状态进行的；而相反的过程在没有外界影响下发生的概率微乎其微，根本观察不到。

从上面 3 个常见例子的分析中，可以总结出热力学第二定律的统计意义：在不受外界影响的孤立系统中发生的过程，总是由概率小的状态向概率大的状态进行，由包含微观状态数目少的宏观状态向包含微观状态数目多的宏观状态进行。热力学第二定律是关于大量分子无规则运动的规律，其本质上就是统计规律，因此只适用于大量微观粒子组成的宏观系统，而不适用于只含有少量微观粒子的系统。

8.6 熵

8.6.1 熵的概念 熵增加原理

热力学第二定律明确指出了宏观过程的方向性问题，即在孤立系统中，实际过程总是从包含微观状态数少的宏观状态向包含微观状态数多的宏观状态进行。任意宏观状态所包含的微观状态数目 Ω 称为该宏观状态的热力学概率。由表 8-1 可知，分子完全留在 A 室或 B 室这一宏观状态对应的微观状态数目为 1，该宏观状态的热力学概率最小；而 A、B 两室都有分子出现的宏观状态对应的微观状态数目为 6，该宏观状态的热力学概率较大。这种不可逆的方向性规律表明热力学过程的初态和末态间存在着重大的差异性。为此，根据热力学第二定律，可以引入一个新的物理量来对这种差异性进行定量分析，这就是熵，用字母 S 表示。1865 年，克劳修斯首先确立了这个反映系统状态的物理量熵的概念。

有趣的是，"熵"这个汉字的出现到现在也不过百年的时间，它是由我国物理学家胡刚复先生创造的。1923 年 5 月 25 日，"量子论之父"德国物理学家普朗克在东南大学做"热力学第二定律及熵之观念"的报告，胡刚复先生为普朗克翻译时，将"entropy"译为熵，意为求热量变化除以温度的商。因为跟温度有关，胡先生形象地把"商"字加上"火"字旁，于是便产生了"熵"。

在有了热力学概率这个概念之后，也可以这么理解热力学第二定律的统计意义：孤立系统内发生的不可逆过程，总是从热力学概率小的宏观状态向热力学概率大的宏观状态进行。这是否意味着热力学概率 Ω 和反映系统状态的熵 S 之间有关联呢？1877 年，玻尔兹曼利用统计方法建立了 $S \propto \ln \Omega$ 这一关系。1900 年，普朗克引入比例系数 k，将该公式写为

$$S = k \ln \Omega \tag{8-24}$$

式中，k 是玻尔兹曼常量。式(8-24)称为玻尔兹曼熵公式，后人将该公式刻在了玻尔兹曼的墓碑上，以表示对他的纪念。

从式(8-24)中不难发现熵的物理意义：某一宏观状态的热力学概率越大，表示它所对应的微观状态数目越多，系统内分子热运动进行得越混乱，无序性越大，熵也就越大。因此，熵可以看作表示系统分子运动无序性的一种量度。仍以绝热自由膨胀为例，如表 8-1 所示，气体分子全部出现在 A 室或 B 室时，其宏观状态的热力学概率最小，此时分子运动处于相对有序的状态，由式(8-24)得到的熵值也最小。气体开始膨胀，其宏观状态的热力学概率增大，分子运动的无序程度增加，熵随之增加。当气体分子均匀分布于容器时，系统达到平衡态，此时热力学概率最大，熵也达到最大。

由热力学第一定律得到了内能这个状态函数，与内能相似，由热力学第二定律得到的熵也是状态函数。人们更关心的是某个热力学过程初、末态熵的增量，亦称为熵变。显然，熵变仅与初、末态有关，而与热力学过程无关。由玻尔兹曼熵公式可知

$$\Delta S = S_2 - S_1 = k\ln \Omega_2 - k\ln \Omega_1 = k\ln \frac{\Omega_2}{\Omega_1} \qquad (8-25)$$

由热力学第二定律统计意义可知，孤立系统内发生的实际过程总是从热力学概率小的宏观状态向概率大的宏观状态方向进行，即 $\Omega_2 > \Omega_1$，则 $\Delta S > 0$。因此，在孤立系统内发生的一切不可逆过程都会使系统的熵增加，在发生的一切可逆过程中熵不变。简单地说，一个孤立系统的熵永不减少，这就是熵增加原理，即

$$\Delta S \geqslant 0 \qquad (8-26)$$

式(8-26)仅对可逆过程取等号。它可以看成热力学第二定律的数学表示，表明了热力学过程进行的方向。需要注意的是，熵增加原理只适用于孤立系统。对于非孤立系统，熵是可以减少的。例如，一杯开水向外放热的过程熵就是减少的。

8.6.2　熵的热力学表示

根据玻尔兹曼熵公式(熵的统计表示)，可以得到熵的热力学表示。考虑物质的量为 ν 的理想气体发生绝热自由膨胀，体积由 V_1 变为 V_2 的过程。因为该过程初、末态温度相等，分子速率分布相同，所以分子的位置分布就成为确定初、末态包含的微观状态数目唯一需要考虑的因素。

假设可以将 V_1 和 V_2 分成若干大小相等的体积元，且每个分子在任一体积元中出现的机会相等。若 V_1 含有 n 个体积元，则 V_2 应含有 $n\dfrac{V_2}{V_1}$ 个体积元。因为每个分子在初、末态中分别将有 n 个和 $n\dfrac{V_2}{V_1}$ 个不同位置，每个分子的任一可能位置都对应一个可能的微观状态，所以 N 个分子在初态时可能的微观状态数目 $\Omega_1 = n^N$，在末态时可能的微观状态数目 $\Omega_2 = \left(n\dfrac{V_2}{V_1}\right)^N$。根据式(8-25)，若物质的量为 ν 的理想气体发生绝热自由膨胀，在体积由 V_1 变为 V_2 的过程中，其熵变为

$$\begin{aligned}\Delta S = S_2 - S_1 &= k\ln \frac{\Omega_2}{\Omega_1} = kN\ln \frac{V_2}{V_1} \\ &= \frac{N}{N_A}R\ln \frac{V_2}{V_1} = \nu R\ln \frac{V_2}{V_1}\end{aligned} \qquad (8-27)$$

因为熵变仅与初、末态有关，而与热力学过程无关，所以上式对温度为 T，体积分别为 V_1、V_2 的初、末态的任何过程(不必区分是否为可逆过程)都成立。因此，自然也可以看成物质的量为 ν 的理想气体由初态(T、V_1)经可逆等温膨胀过程至末态(T、V_2)的熵变。已知理想气体经过等温膨胀过程从外界吸收的热量为

$$\Delta Q = \nu RT\ln \frac{V_2}{V_1}$$

则式(8-27)可改写为

$$\Delta S = \nu R \ln \frac{V_2}{V_1} = \frac{\Delta Q}{T} \qquad (8\text{-}28)$$

这表明，可逆等温过程系统的熵变等于系统从外界吸收的热量与温度之比。在等温吸热过程中，$\Delta S > 0$，系统的熵增加；而在等温放热过程中，$\Delta S < 0$，系统的熵减小。

根据式(8-28)，对于微小的可逆等温过程，有

$$dS = \frac{dQ}{T} \qquad (8\text{-}29)$$

式中，dS 为系统在微小可逆等温过程中的熵变；dQ 为系统吸收的热量；T 为系统温度。可以证明，式(8-29)对任何系统的任意微小可逆过程都成立。若系统经任一有限的可逆过程由状态 A 变为状态 B，则系统的熵变可以表示为

$$\Delta S = S_B - S_A = \int_A^B \frac{dQ}{T} \qquad (8\text{-}30)$$

式(8-29)和式(8-30)即为熵的热力学表示，也称为克劳修斯熵公式。应该注意，这一公式只适用于可逆过程。但是因为熵变是与过程无关的，只要在初、末态之间设计一个可逆过程，就可以应用式(8-30)计算系统在初、末态间发生不可逆过程时的熵变了。

对于熵的计算，应该强调以下几点。

(1)熵是描述系统平衡态的函数。当系统的状态确定后，熵就完全确定了，与通过什么过程到达这一状态无关。

(2)为了方便，在实际问题中常选定一个参考态并规定在此状态的熵值为零，从而确定其他态的熵值。

(3)在利用式(8-30)计算初、末态熵变时，其积分路径代表连接初、末状态的任意可逆过程。若要计算不可逆过程的熵变，则可以选择一个连接同一初、末状态的任何可逆过程，再用式(8-30)来计算。

(4)熵值具有可加性，系统的总熵变可以表示成各部分熵变之和。

例8-4 试确定下列可逆等值过程的熵变。

(1)可逆等容过程；(2)可逆等压过程；(3)可逆等温过程。

解：对于可逆过程，可直接利用式(8-30)求解。

(1)对于可逆等容过程，有

$$\Delta S = \int_A^B \frac{dQ}{T} = \int_{T_1}^{T_2} \frac{\nu C_{V,m} dT}{T} = \nu C_{V,m} \ln \frac{T_2}{T_1}$$

(2)对于可逆等压过程，有

$$\Delta S = \int_A^B \frac{dQ}{T} = \int_{T_1}^{T_2} \frac{\nu C_{p,m} dT}{T} = \nu C_{p,m} \ln \frac{T_2}{T_1}$$

(3)对于可逆等温过程，有

$$\Delta S = \int_A^B \frac{dQ}{T} = \frac{\nu R T \ln \frac{V_2}{V_1}}{T} = \nu R \ln \frac{V_2}{V_1}$$

例 8-5 求 1 mol 0 ℃的水在等压下变成 100 ℃的水蒸气的熵变（水的比热容为4.18 kJ·kg^{-1}·K^{-1}，汽化热为 2 253 kJ·kg^{-1}）。

解： 利用熵值具有可加的性质，总的熵变等于由 0 ℃的水变成 100 ℃的水和由 100 ℃的水变为 100 ℃的水蒸气两者熵变之和。

首先计算由 0 ℃的水变成 100 ℃的水过程中的熵变。假设这个变化是由可逆等压过程实现的，则系统的熵变为

$$\Delta S_1 = \int_A^B \frac{dQ}{T} = \int_{T_1}^{T_2} \frac{mcdT}{T} = mc\ln\frac{T_2}{T_1}$$

$$= 0.018 \times 4.18 \times \ln\frac{373}{273} \text{ kJ·K}^{-1}$$

$$\approx 0.023 \text{ kJ·K}^{-1}$$

然后计算由 100 ℃的水变成 100 ℃的水蒸气的熵变。汽化过程温度不变，可假设有一个可逆等温过程，其熵变为

$$\Delta S_2 = \int_A^B \frac{dQ}{T} = \frac{ml}{T}$$

$$= \frac{0.018 \times 2\ 253}{373} \text{ kJ·K}^{-1}$$

$$\approx 0.109 \text{ kJ·K}^{-1}$$

式中，l 为水的汽化热。这样就得到了由 0 ℃的水变成 100 ℃的水蒸气的熵变为

$$\Delta S = \Delta S_1 + \Delta S_2$$

$$= 0.132 \text{ kJ·K}^{-1}$$

知识扩展

一、热寂说

在能量守恒定律成功推广到整个宇宙后，接下来将热力学第二定律也推向宇宙就成为水到渠成的事情了。1865 年，克劳修斯把热力学第一定律和第二定律概况总结为"宇宙的能量是常量；宇宙的熵将趋于最大"。这就是说，宇宙会达到热平衡态，即最大的无序状态。那时，宇宙无法维持生命和能量流动，所有的星体将耗尽能量，燃料的燃烧将停止，星星将熄灭，黑洞将消失。整个宇宙将进入一种静止、均匀且温度极低的状态，没有任何可利用的能量供应，任何进一步的变化都不会发生。这种无尽的死寂状态就称为"热寂"状态。

"热寂说"是令人沮丧的。从它诞生之日起，人们就从不同方面对其进行批判，其中比较著名的是玻尔兹曼的"热涨说"。玻尔兹曼通过统计物理学的方法，利用分子动力学模型和概率统计，解释了热力学中的宏观现象。他认为，尽管宏观系统的熵可能增加，但具体到分子层面，局部能量状态的变化是随机的，有时会倾向于降低熵。这种局部涨落可以导致系统中局部的有序结构出现，并形成复杂的有序系统。也有人认为"热寂说"的荒谬在于把无限的宇宙看成一个孤立系统，而热力学第二定律的研究对象应该是在有限空间和时间范围内的事物。热力学中的孤立系统是指外界与其没有相互作用或影响较小的有限系统。把无限的宇宙看成一个有限的孤立系统根本是错误的。但是，这些批判的说服力不够强，事实依据尚

不充分。

随着现代物理学的发展，解释"热寂说"疑惑的主要有以下两种理论。一种是宇宙的膨胀，它来自伽莫夫提出的宇宙大爆炸理论，即早期的宇宙处于高温高密度单调的热平衡态，之后发生了大爆炸，宇宙空间不断膨胀，从温度均匀到出现温差，从热平衡态过渡到非平衡态，由此相继出现了宇宙中所有的星系、恒星、行星乃至生命。这些现象在静态宇宙模型中是不会出现的。另一种是引力系统是具有负热容的不稳定系统。在考虑宇宙领域时，引力效应起着至关重要的作用，引力对热力学的影响给整个系统带来了不稳定的干扰。具体地说，引力系统具有负热容的特性，这使得宇宙的热平衡是不稳定的，稍有起伏平衡就会被破坏。既然不存在平衡态，那么熵就可以一直增加下去，而没有极大值的存在。

虽然目前还没有直接的证据来证明或否定"热寂说"的准确性，但人们对它的关注程度已经减弱。热力学第二定律是否可以适用于整个宇宙演化的全过程，只有在对宇宙有更深入了解后，才能做出有价值的判断。未来的科学研究可能会带来新的发现，对宇宙最终命运的理解也可能会有所改变。

二、能量品质退化

燃烧一块煤，虽然它的能量并未消失，但散失在空气中的能量（内能），却无法再聚集起来做同样的功了。根据热力学第二定律，能量在任何转化过程中都会产生一定程度的熵增，即一切不可逆过程总是使能量丧失做功的本领，从可利用状态转化为不可利用状态，称为能量的品质退化了。这种能量品质退化主要表现为热能的散失、机械能的摩擦损耗、电能的电阻损耗等形式。

能量品质退化限制了能量利用效率，这对于能源的利用是一个重要问题。为了减少能量品质退化，可以采取下列几种方法。

（1）提高能源转换效率。优化能源转换设备和系统的设计，以提高能源转化过程的效率。例如，在热能转换中使用高效的热机和热力循环，或在电能转换中使用高效的电机和变频器等。

（2）减少摩擦损耗。通过减少机械装置中的摩擦和阻力，可以降低能量转换过程中的损失。例如，使用润滑剂、改进机械零件的表面质量、减小运动部件之间的接触面积等方法都可以有效地减少摩擦损耗。

（3）控制能量散失。尽量避免能量的无效散失，如减少热能在传导、对流和辐射中的散失。合理选择绝缘材料、加强设备的隔热措施、改善管道与设备的连接方式等，都有助于减少能量的散失。

（4）采用节能措施。通过节约能源的使用来减少能量品质的退化，如改善建筑物的保温性能、使用高效节能的照明和电气设备、推广节能型交通工具等。通过减少能源的消耗，可以减少对自然资源的开采和能源转换过程中的能量损失。

（5）发展可再生能源。利用可再生能源，如太阳能、风能、水能等来替代传统的化石能源，可以减少能量品质的退化。可再生能源具有较低的环境污染，通过促进其发展和应用，可以实现更加清洁和可持续的能源利用。

这些方法都可以减少能量品质退化程度，提高能源利用的效率和可持续性。在实践中，需要综合考虑各种技术、经济和环境因素，以寻找最佳的能源利用方案。

三、熵与人类社会

熵是热力学中非常重要的概念，它是热力学系统的状态函数，用于描述系统的混乱程度或无序程度。熵的概念可以从物理学范畴扩展到自然科学的其他分支，甚至应用到人类社会之中。

人类社会是一个高度复杂和动态的系统，存在着各种各样的因素和相互作用。社会的发展和变化是一个不断演化的过程。社会中的各种力量和因素不断地相互竞争、融合和分化，从而导致了社会的变革。这种社会变化的过程中既有秩序的生成和维持，也有混乱和无序的产生。熵的概念可以帮助我们理解社会变化的趋势和模式，以及社会系统中存在的紊乱和不确定性。社会系统的稳定和可持续发展需要维持一定的秩序和组织结构，以便适应内外环境的变化和挑战。然而，如果社会系统的熵不断增加，即无序和混乱程度不断提高，就可能导致社会的不稳定和动荡。因此，为了实现社会的稳定和可持续发展，必须通过合理的组织、管理和调节来控制社会系统中的熵。例如，在信息时代的今天，信息的爆炸式增长和流动给人们带来了巨大的挑战和机遇。信息的快速传播和更新使得社会变得更加复杂和不确定，也增加了社会系统的熵。我们需要通过筛选、分析和整合信息，从而提高社会系统的有序性和适应性。熵还可以与社会的创新和进步联系在一起。在社会中，创新是推动社会发展和进步的重要力量。创新意味着将旧的秩序和观念打破，引入新的思维方式和行动模式。这种创新过程本质上是一种减少熵的过程，即通过引入新的秩序和结构来减少系统的混乱和无序。通过促进创新和培养创新能力，我们可以为社会的可持续发展创造更有序、更有活力的环境。

熵与人类社会存在密切的关系。熵可以帮助我们从物理学角度思考社会现象和问题。通过掌握和利用自然规律来控制和减少社会系统中的熵，能够促进社会的秩序和组织，推动创新和进步。在实践中，我们需要综合运用各种方法和视角，以更好地理解和应对社会问题。

思考题

8-1 改变系统内能的方式有哪两种？试对二者进行比较。

8-2 为什么说系统的内能是状态量，而功和热量是过程量？

8-3 说明热力学第一定律的意义及其数学表达式，并指出式中各量正、负的意义。

8-4 热力学第一定律是否只对气体适用？系统吸热是否直接转变为功？

8-5 将0℃的水冻结为0℃的冰，在此过程中，试指出热力学第一定律中的各项是正、负还是零？（水结冰时体积增大）

8-6 在某一过程中，供应系统500 J热量，此系统同时向外做100 J的功，问系统的内能增加多少？

8-7 有人设计了一部机器，当燃料供给$10.5×10^7$ J的热量时，要求机器对外做30 kW·h的功，而放出$31.4×10^7$ J的热量。问这部机器能工作吗？

8-8 下列几种说法是否正确，请加以说明：（1）热量能从高温物体传到低温物体，但不能从低温物体传到高温物体；（2）功可以全部变为热，但热不能全部变为功；（3）有规则运动的能量能够变为无规则运动的能量，但无规则运动的能量不能变为有规则运动的能量。

8-9 等温膨胀时，系统吸收的热量全部用来做功，这和热力学第二定律矛盾吗？为什么？

8-10 有人想利用热带海洋中不同深度处温度的差异来设计一种机器，将其内能变为机械功，用来驱动发电机。这是否违背热力学第二定律？

8-11 一盆水在寒冷的天气放在户外就要结冰。液态水的分子无序程度比冰高。那么，结冰过程是熵增加定律的例外吗？请加以说明。

习题

8-1 定量气体在膨胀过程中对外所做功 200 J，同时吸收热量 100 J，则该气体内能变化量是多少？该气体温度如何变化？

8-2 一定量的氢气，从 A 态出发，经习题 8-2 图所示的过程到 D 态，求在这个过程中，氢气吸收的热量及气体对外所做的功。

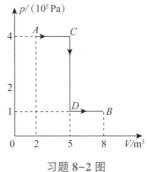

习题 8-2 图

8-3 温度为 25 ℃，压强为 1.013×10^5 Pa 的 1 mol 刚性双原子分子理想气体，经等温过程体积膨胀至原来的 3 倍。求：(1)这个过程中气体对外所做的功；(2)气体经绝热过程体积膨胀至原来的 3 倍时，气体对外做的功(普适气体常量 $R = 8.31$ J·mol^{-1}，$\ln 3 \approx 1.098\,6$)。

8-4 设一热机在一个循环过程中，工作物质吸收的热量为 4×10^3 J，放出的热量为 3×10^3 J。问：(1)该热机效率为多少？(2)在一个循环过程中热机对外输出的净功为多少？

8-5 一定量的某种理想气体进行习题 8-5 图所示的循环过程。已知气体在状态 A 的温度为 $T_A = 300$ K，求：(1)气体在状态 B、C 的温度；(2)各过程中气体对外做的功；(3)经过整个循环过程，气体从外界吸收的总热量(各过程吸热的代数和)。

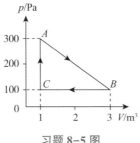

习题 8-5 图

8-6 1 mol 理想气体在 $T_1 = 400$ K 的高温热源与 $T_2 = 300$ K 的低温热源间进行卡诺循环(可逆的)，在 400 K 的等温线上起始体积为 $V_1 = 0.001$ m^3，终止体积为 $V_2 = 0.005$ m^3，试求此气体在每一循环中：(1)从高温热源吸收的热量 Q_1；(2)气体所做的净功 W；(3)气体传给低温热源的热量 Q_2。

8-7　一热机在 1 000 K 和 300 K 的两热源之间工作，如果：(1)使高温热源温度提高到 1 100 K；(2)使低温热源温度降低到 200 K。求理论上热机效率增加了多少？为了提高热机效率，哪一种方案更好？

8-8　1.0×10^{-3} kg 氮气绝热自由膨胀后的体积是原来体积的 2 倍，求熵的增量(氮气可视为理想气体)。

第九章 | 静电场

人们对电学现象的观察由来已久，早在公元前 600 多年，古希腊哲学家泰勒斯就发现了有记载的第一个电学现象——被猫毛摩擦后的琥珀会吸引轻微物体。1600 年，英国医生威廉·吉尔伯特在他的著作《论磁石》中首先使用了拉丁语 electricus（源自 ηλεκτρον，elektron，希腊文"琥珀"的意思）来描述电。随后，科学家奥托·冯·格里克将一个硫黄球固定于一根铁轴的一端，然后一边旋转硫黄球，一边用干手摩擦硫黄球，使硫黄球产生电荷，能够吸引微小物质，这可能是人类发明的第一台静电发电机。

第九章　静电场
思维导图

随着科技的进步，人们已经进入了信息时代，小到手机、计算机，大到高铁、飞机都离不开电。可以想象，在即将到来的智能时代，人类将更加依赖电，那么了解电的规律就十分重要了。本章主要介绍复杂电现象背后的基础物理规律，这些知识既是工作生活的必备常识，也是进行深入学习的基础。

9.1　库仑定律与电场强度

9.1.1　库仑定律

如果想进一步研究电学现象，那么必须首先对电进行定量描述。描述物体带电多少的物理量称为电荷量（简称电量），用 q 或 Q 来表示，单位是库仑（C）。最开始，人们认为一个物体可以带任意数量的电荷，1909 年，美国芝加哥大学瑞尔森物理实验室的罗伯特·安德鲁·密立根与其学生哈维·福莱柴尔发现电荷量具有量子效应，即电荷量的大小并不是连续的数值，而只能取某一数值的整数倍。这一数值称为元电荷，用 e 来表示，其大小为 $1.602\ 176\ 620\ 8(98)\times10^{-19}$ C。为什么会有这种现象呢？随着科技的进步，人们发现，"电"实际上是物质的一种属性，它来源于原子的微观结构。原子由带正电荷的原子核和核外带负电荷的电子组成，其中电子的带电量即为 e。由此，可以得出以下结论。

（1）自然界中只存在两种电荷——正电荷和负电荷。正电荷可以用一个正数来表示，负电荷可以用一个负数来表示。

（2）带正电的物体是因为损失了核外电子而显正电性，带负电荷的物体是因为获得了其他原子的电子而显负电性。

（3）根据粒子数守恒，可以得到自然界中正负电荷的代数和应为恒量。

(4)同质心概念类似,如果电荷的尺寸可以忽略,那么可以认为全部电量集中于一点,此时称该带电体为点电荷。

通过实验,人们发现电荷之间具有力的相互作用,遵循"同种电荷相互排斥,异种电荷相互吸引"的原则,把这种相互作用称为电磁相互作用,其中最简单的情况就是两个静止的点电荷之间产生相互作用力。1785 年,为了定量研究这种相互作用的强度,查利·奥古斯丁·库仑利用自己设计的高精度扭秤(图 9-1)测量了力的大小。

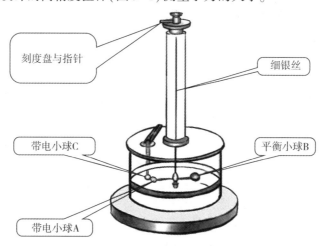

图 9-1   高精度扭秤

该实验的原理是,装置下侧的圆柱形玻璃缸的上表面开有两个孔,其中中间的孔中装有一个细长的玻璃管,一根细银丝从玻璃管中穿过,延伸至玻璃缸内,细银丝下段悬挂一个保持平衡的绝缘杆,杆的一端为金属小球 A,另一端为平衡小球 B,整个杠杆达到平衡。细银丝上端连接指针和刻度盘,这样就可以测量出银丝所旋转的角度。现在让一带电小球 C 从玻璃缸的另一个孔进入缸内,并与金属小球 A 相接触,这样小球 A 和小球 C 所带电量均为初始电量的一半。在电磁相互作用下,两个小球发生排斥,从而推动杆旋转,库仑再旋转扭丝使杆回到初始位置,从而通过测量扭丝旋转的角度衡量力的大小。在库仑的论文中,他分别让小球 A 和小球 C 相距 36 个刻度、18 个刻度和 8.5 个刻度,即两球距离之比为 $1:\dfrac{1}{2}:\dfrac{1}{4}$;而银丝分别扭转了 36 个刻度、144 个刻度和 576 个刻度,即 $1:2^2:4^2$。库仑由此得出结论:带同种电荷的两球之间的排斥力,与两球中心之间距离的平方成反比。

将库仑的实验的结果通过公式的形式表示出来,即为库仑定律:真空中,静止的点电荷 q_2 会对静止的点电荷 q_1 产生力 $\boldsymbol{F}_{12}$,计算公式为

$$\boldsymbol{F}_{12} = \frac{1}{4\pi\varepsilon_0} \frac{q_1 q_2}{r_{12}^2} \boldsymbol{e}_{12} \tag{9-1}$$

式中,r_{12} 为 q_2 与 q_1 之间的距离;$\boldsymbol{e}_{12}$ 为 q_2 指向 q_1 的位置矢量;ε_0 为真空中的电容率,其值为 $8.854\,187\,817 \times 10^{-12}\ \mathrm{C}^2 \cdot \mathrm{N}^{-1} \cdot \mathrm{m}^{-2}$。该力的方向沿点电荷 q_1 和 q_2 连线的方向,电荷受力示意图如图 9-2 所示。

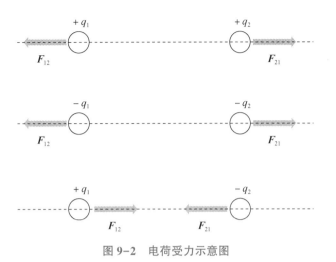

图 9-2 电荷受力示意图

9.1.2 电场

那么，两个相距一定距离的带电粒子之间是如何产生力的呢？早期的电学理论认为，两个带电粒子之间存在的相互作用既不需要介质，也不需要时间，只需要在空间中放置两个带电物体，那么静电力就瞬间完成建立。然而，这种认为静电力是"超越距离"的力的观点是不对的，根据相对论理论，任何联系的建立都需要一定时间，并且这个速度不可能超过光速。实际上，早在 19 世纪，法拉第在大量实验的基础上，就提出了"场"的概念。那么是否可以用"场"的概念来理解静电力呢？可以这样假设：真空中存在的带电粒子 A 会在空间中激发一个静电场，该静电场以光速向外传播，而静电场的效果就是会对其他带电粒子产生力的相互作用。当某一时刻，静电场传播到第二个带电粒子 B 所在的位置时，就会对 B 产生静电力。同理，B 也可以向外辐射静电场，同一时刻，B 产生的静电场也传播到 A 所在位置（因为静电场传播速度相同），因此 A 也会受到静电力。而这两个力应为一对作用力和反作用力，它们大小相等、方向相反，同时产生和消失。因此，"场"的概念不仅完美地解释了静止电荷之间产生力的性质，而且满足相对论的要求，可见电磁相互作用是通过"场"建立的。

9.1.3 电场强度

下面介绍描述电场的物理量。描述一个电场对静止带电粒子 q_0 产生力的能力称为电场强度 $\boldsymbol{E}$，简称场强。在电场中，有 $\boldsymbol{E} = \dfrac{\boldsymbol{F}}{q_0}$。从该式中不难看到，电场强度的大小等于 q_0 受到的静电力的大小除以电量 q_0。若 q_0 为正，则电荷方向沿 $\boldsymbol{F}$ 的方向；若 q_0 为负，则电荷方向沿 $\boldsymbol{F}$ 的相反方向。不同带电体产生的 $\boldsymbol{E}$ 的表达式并不相同。以图 9-3 为例，q_2 在真空中产生的电场强度为

$$\boldsymbol{E}_2 = \frac{\boldsymbol{F}_{12}}{q_1} = \frac{1}{4\pi\varepsilon_0} \frac{q_1 q_2}{q_1 r_{12}^2} \boldsymbol{e}_{12} = \frac{1}{4\pi\varepsilon_0} \frac{q_2}{r_{12}^2} \boldsymbol{e}_{12} \tag{9-2}$$

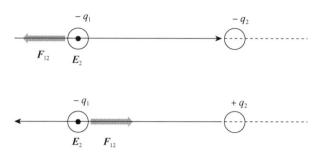

图 9-3　点电荷电场强度方向示意图

除了用表达式来表示电场强度，法拉第还引入了另外一种几何表示方法——电场线：可以在存在电场的范围内画出一系列假想线，并且让曲线上的每一点的切线方向表示该点的电场强度方向，曲线的疏密程度正比于电场强度的大小，即该点附近垂直于电场方向的点位面积所通过的电场线条数正比于电场强度。因此，可以用有方向的曲线表示出电场强度。常见电荷分布对应的电场线情况如图 9-4 所示。

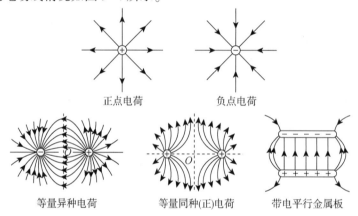

正点电荷　　　　　　负点电荷

等量异种电荷　　　等量同种(正)电荷　　　带电平行金属板

图 9-4　常见电荷分布对应的电场线情况

从图 9-4 中，可以总结得到静电场的电场线有如下特点：
(1)电场线起始于正电荷或无限远，终止于负电荷或无限远，在无电荷处不中断；
(2)任意两条电场线不相交；
(3)电场线不形成闭合线；
(4)电场强处电场线密集，电场弱处电场线稀疏。

9.1.4　电场叠加原理

接下来讨论更为复杂的情况。在之前的讨论中，已经介绍了两个静止点电荷直降产生静电力和静电场的情况。现在将该情况进行拓展，考虑空间中同时存在 3 个静止点电荷 A、B 和 C 的情况。

根据前面的内容，A 对 C 之间会产生静电力和静电场，分别为

9.1.4　场强叠加原理

$$F_{CA} = \frac{1}{4\pi\varepsilon_0}\frac{q_A q_C}{r_{CA}^2}e_{CA}$$
(9-3)

$$E_A = \frac{F_{CA}}{q_C} = \frac{1}{4\pi\varepsilon_0}\frac{q_A}{r_{CA}^2}e_{CA}$$
(9-4)

同理，B 对 C 之间也会产生静电力和静电场，分别为

$$F_{CB} = \frac{1}{4\pi\varepsilon_0} \frac{q_B q_C}{r_{CB}^2} e_{CB} \tag{9-5}$$

$$E_B = \frac{F_{CB}}{q_C} = \frac{1}{4\pi\varepsilon_0} \frac{q_B}{r_{CB}^2} e_{CB} \tag{9-6}$$

根据力的叠加原理，C 受到的合力应为

$$F = F_{CA} + F_{CB} \tag{9-7}$$

那么，根据电场强度的定义式，可以得到

$$E = \frac{F}{q_C} = \frac{F_{CA} + F_{CB}}{q_C} = E_A + E_B \tag{9-8}$$

由此得到电场强度的叠加原理：空间中某一点处的总电场强度等于各个分电场强度的矢量和，即

$$E_合 = \sum E_i \tag{9-9}$$

带电粒子连续分布时，将求和符号改为积分符号即可

$$E_合 = \int dE \tag{9-10}$$

图 9-5 所示为电场力（即静电力）合成示意图。

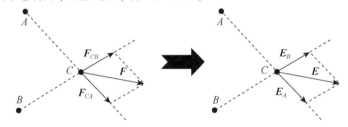

图 9-5 电场力合成示意图

例 9-1 真空中一长为 L 的均匀带电细直杆，总电量为 q，如图 9-6 所示，试求在直杆延长线上距杆的一端距离为 D 的点 P 的电场强度大小。

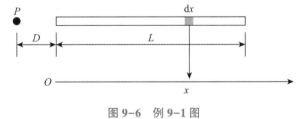

图 9-6 例 9-1 图

解： 以带电细杆的左端点 O 为原点建立坐标系。因为电荷在细杆上的分布是均匀分布的，所以电荷的线密度为

$$\lambda = \frac{q}{L}$$

在棒上 x 处取微元 dx，则 dx 到点 P 距离为 $D + x$，dx 所带电量 $dq = \lambda dx$，则该微元所产生的电场强度为

$$dE = \frac{\lambda\,dx}{4\pi\varepsilon_0\,(D+x)^2}$$

对上式进行积分可得

$$E = \int_0^L \frac{\lambda\,dx}{4\pi\varepsilon_0\,(D+x)^2} = \frac{q}{4\pi\varepsilon_0 D(D+L)}$$

9.2 电场强度通量与高斯定理

9.2.1 电场强度通量

根据静电场的性质，可知电场线的产生和消失与电荷有密切关系，为了讨论电场与"源头"之间的关系，将流体中的通量概念引入电学中。在电学中，电场强度通量(以下简称电通量)的表达式为 $\Phi_e = E \cdot S = BS\cos\theta$。在电场的几何表示中，它等于电场线穿过该平面的电场线条数。其中，S 为面积矢量，大小等于面积大小，方向为该面积元的法向方向；θ 为 E 和 S 法向量的夹角，如图9-7所示。

9.2.1 电场强度通量

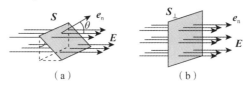

(a)   (b)

图9-7 电通量示意图

通常，S 有两个法向方向，既可以指向曲面外，也可以指向曲面内，不同的方向会得到截然相反的电通量值，在图9-7(b)中，由于 $\theta < \pi/2$，因此 $\Phi_e > 0$，如果把平面的法向方向取为相反方向，则此时 $\theta > \pi/2$，即 $\Phi_e < 0$。由此可见，在使用电通量概念时，应指明定义的法向正方向，否则只知道 Φ_e 的正负是没有任何意义的。当然，这在交流中增加了沟通成本。为解决该问题，对闭合曲面进行一般性规定，即指向曲面外的方向为法线正方向，如图9-8所示，那么 $\Phi_e > 0$ 表示穿出该闭合曲面的电场线条数，$\Phi_e < 0$ 表示穿入该闭合曲面的电场线条数。对于复杂曲面，曲面上每一点的法线方向都可能不同，可以利用微积分思想，将复杂的曲面分解为无数个无穷小的面元，这样每一个微小的面元可看作平面，利用上面的公式就可以求出每一个面元的电通量，然后求积分即可，即 $\Phi_e = \int E \cdot dS$，如图9-9所示。

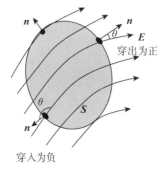

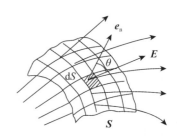

图9-8 电通量定义正负性示意图   图9-9 复杂的曲面分解为无穷小的面元

下面讨论图 9-10 所示的 3 种特殊情况下，穿过（任意形状）闭合曲面的电通量。

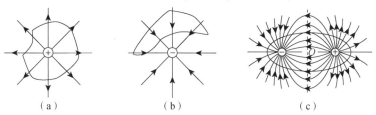

图 9-10　分情况讨论电通量

(a)正点电荷；(b)负点电荷；(c)等量异种电荷

从图 9-10(a)中可以看到，每一根电场线穿出闭合曲面都会产生一个正的电通量，而总的电通量则与电场线条有关，电荷越多，电场越强，电场线的条数也越多，进而导致电通量越大，因此可以得出闭合曲面电通量与曲面内电荷数量有关。从图 9-10(b)中可以看出，穿过闭合曲面的电通为 0，闭合曲面外的电荷发射出的电场线会从一侧穿入曲面，电通量为负；同样，该电场线也会从另一面穿出该闭合曲面，因此会产生一个大小相等的正通量，二者相加，总的电通量为 0。在图 9-10(c)中，根据电场的叠加原理，不妨分别计算正、负电荷的电通量，然后对电通量进行标量相加。不难发现，此时穿过闭合曲面的电通量与电量的标量求和有关，若电量求和为零，则总电通量为零；若电量求和为正，则总电通量为正；若电荷求和为负，则总电通量为负。此外，由于上述讨论中没有强调闭合曲面的形状，因此穿过闭合曲面的电通量与其形状无关。

9.2.2　高斯定理

根据以上 3 个例子，不难看到对于一个闭合曲面而言，其电通量应与其内部的电荷数有关。德国数学家和物理学家高斯对此进行了精确的数学计算和总结，得到了著名的高斯定理：对于真空中的静电场，穿过闭合曲面的电通量等于该曲面所包围的电荷的代数和 $\sum q_{i内}$ 除以 ε_0，即

9.2.2　真空中静电场
高斯定理

$$\Phi_e = \oint \boldsymbol{E} \cdot \mathrm{d}\boldsymbol{S} = \frac{1}{\varepsilon_0} \sum q_{i内} \tag{9-11}$$

也就是说，Φ_e 与 $\sum q_{i内}$ 成正比，比例系数为 $\dfrac{1}{\varepsilon_0}$。在实际中，大部分情况下是反过来使用高斯定理，即已知电荷，求解未知电场强度。

例 9-2　一半径为 R 的均匀带电球壳，总的带电量为 q，求该球壳在空间产生的电场分布。

解：求解规则带电体的空间电场强度，首先要分析该带电体的对称性，因为带电体的对称性和电场的对称性始终是相同的，对均匀带电的球壳而言，显然带电体具有球对称性，因此电场在空间中也具有球对称分布，这样就可以把高斯面取为与带电体共圆心的球面。接下来讨论静电场的方向，如图 9-11 所示，如果带电球壳中的面电荷元 $\mathrm{d}q$ 在点 M 产生了电场 $\mathrm{d}\boldsymbol{E}$，那么必然有对称位置的面电荷元 $\mathrm{d}q'$ 在点 M 产生电场 $\mathrm{d}\boldsymbol{E}'$，那么 $\mathrm{d}\boldsymbol{E}$ 和 $\mathrm{d}\boldsymbol{E}'$ 的合电场强度为径向方向。因此，高斯面的电通量 $\Phi_e = \oint \boldsymbol{E} \cdot \mathrm{d}\boldsymbol{S} = 4\pi r^2 E$。

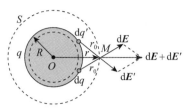

图 9-11　例 9-2 图（1）

下面利用高斯定理来求解电场，设该球面的半径为 r，下面分两种情况讨论。

当 $r < R$ 时，根据高斯定理可得

$$\Phi_1 = \oint \boldsymbol{E}_1 \cdot \mathrm{d}\boldsymbol{S} = \frac{1}{\varepsilon_0} \sum q_{i内} = 0, \quad E_1 = \frac{\Phi_1}{4\pi r^2} = 0$$

即带电球壳在内部不产生静电场。

当 $r > R$ 时，根据高斯定理可得

$$\Phi_2 = \oint \boldsymbol{E}_2 \cdot \mathrm{d}\boldsymbol{S} = \frac{1}{\varepsilon_0} \sum q_{i内} = \frac{q}{\varepsilon_0}, \quad E_2 = \frac{1}{4\pi r^2}\frac{q}{\varepsilon_0}$$

即带电球壳在外部产生静电场。

为了更直观地了解均匀带电球壳在全空间中产生电场强度的情况，作出 E 随 r 变化的曲线，如图 9-12 所示。用同样的方法，还可以求出均匀带电球体在空间中产生的电场分布。

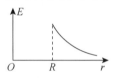

图 9-12　例 9-2 图（2）

例 9-3　一半径为 R 的均匀带电球体，其电荷体密度分布为 $\rho = \dfrac{q}{4\pi R^3/3}(r \leqslant R)$，$\rho = 0(r > R)$，其中 A 为一常量。试求球体内外的电场分布。

解：根据电荷分布具有球对称性，可以判断电场分布也具有球对称性，即距点 O 相同距离的地方电场强度相等，方向沿矢径方向（参考例 9-2）。因此，可以选取以点 O 为圆心的球面为高斯面，如图 9-13 所示。根据对称性分析，可以得到

$$\Phi_e = \oint \boldsymbol{E} \cdot \mathrm{d}\boldsymbol{S} = \oint E\mathrm{d}S = 4\pi E r^2$$

根据高斯定理可得

$$4\pi E r^2 = \frac{q_内}{\varepsilon_0}$$

当 $r \leqslant R$ 时，有

$$q_内 = \frac{q r^3}{R^3}$$

考虑到方向，整理可得

$$\boldsymbol{E} = \frac{q\boldsymbol{r}}{4\pi\varepsilon_0 R^3}$$

当 $r > R$ 时，有

$$q_内 = q$$

考虑到方向，整理可得

$$E = \frac{q\boldsymbol{r}}{4\pi\varepsilon_0 r^3}$$

故最终结果为

$$E = \begin{cases} \dfrac{q\boldsymbol{r}}{4\pi\varepsilon_0 R^3} & (r \leqslant R) \\[3mm] \dfrac{q\boldsymbol{r}}{4\pi\varepsilon_0 r^3} & (r > R) \end{cases}$$

同样，可以作出 E 随 r 变化的曲线，如图9-14所示。当 $r > R$ 时，带电球壳和带电球体情况类似。但是，当 $r < R$ 时，情况则不同了，这是电荷分布不同所导致的。不过，二者产生电场的对称性相同。

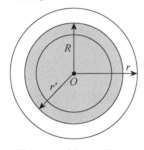

图9-13 例9-3图（1）

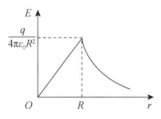

图9-14 例9-3图（2）

下面来看带电体产生电场对称性变化的例子。

例9-4 求无限长均匀带电直线（电荷线密度为 λ）的电场。

解： 无限长均匀带电直线具有多重对称性，分别为横截面的圆对称性及纵向的轴对称性，在选取高斯面时，要兼具两种对称性，因此可以选取高斯面为圆柱面。根据横截面的圆对称性可知，电场在横截面方向是径向的，由于纵向的轴对称性，电场在纵向上的分量为0，如图9-15所示。当取高斯面为圆柱面时（底面半径为 r，高度为 l），$\Phi_e = \Phi_侧 + \Phi_上 + \Phi_下$，根据电场的方向可知 $\Phi_上 = \Phi_下 = 0$，$\Phi_侧 = 2E\pi rl$，而圆柱面内的电量为 $q = \lambda l$，根据高斯定理可得 $2E\pi rl = \dfrac{\lambda l}{\varepsilon_0}$，化简可得 $E = \dfrac{\lambda}{2\pi r\varepsilon_0}$。

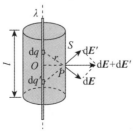

图9-15 例9-4图

由此可知，当带电体的对称性发生变化后，电场的对称性也将发生变化，并且二者的对称性通常保持对应关系。因此，在使用高斯定理时，需灵活选取高斯面。

例9-5　求无限大均匀带电平面(电荷面密度为 σ)的电场。

解：根据对称性可知，无限大均匀带电平面的电场是对称分布的，并且垂直于平面方向，同样取一个底面半径为 r ，高度为 l 的圆柱面，如图9-16所示，则 $\Phi_e = \Phi_{侧} + \Phi_{上} + \Phi_{下}$ ，但是根据电场方向可知 $\Phi_{侧} = 0$ ， $\Phi_{上} = \Phi_{下} = \pi r^2 E$ ，而圆柱面内的电量为 $q = \pi r^2 \sigma$ ，因此 $E = \dfrac{\sigma}{2\varepsilon_0}$ 。

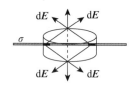

图9-16　例9-5图

综上所述，对于常见的均匀带电体在空间中产生的电场，可以通过选择合适的高斯面，再结合高斯定理求解。若带电体是上述例题中的规则带电体拼接而成的，则可以根据电场的叠加原理，分别求解每一个带电体产生的电场，然后叠加，从而得到最终的电场。

9.3　静电场的功

在牛顿运动学中，我们通过引入几种力做功的特点，得知了什么是保守力，以及保守力做功的特点为只与始末位置有关，而与路径无关，从而引出相应势能的概念。那么，静电力做功有什么特点？是否也具有保守力做功的特点？为什么要引入电势能的概念呢？

9.3.1　静电力的功

设静止的点电荷 q 位于原点 O 处，将试探电荷 q_0 引入点电荷 q 的电场中，并由点 A 沿任意路径 L 移至点 B ，如图9-17所示。路径上任意一点 C 到 q 的距离为 r ，此处的电场强度为

$$E = \frac{q}{4\pi\varepsilon_0 r^3}r$$

图9-17　静电力的功

如果将试探电荷 q_0 在点 C 附近沿 L 移动了位移元 $\mathrm{d}l$ ，那么静电力对 q_0 所做的元功为

$$\mathrm{d}W = q_0 \boldsymbol{E} \cdot \mathrm{d}\boldsymbol{l} = q_0 E \mathrm{d}l \cos\theta$$

$$= q_0 E \mathrm{d}r = q_0 \frac{q}{4\pi\varepsilon_0 r^2}\mathrm{d}r$$

式中，θ 是 $\boldsymbol{E}$ 与 d$\boldsymbol{l}$ 间的夹角；dr 是位移元 d$\boldsymbol{l}$ 沿电场强度 $\boldsymbol{E}$ 方向的分量。试探电荷由点 A 沿 L 移到点 B 时静电力做的功为

$$W = \int dW = \int_L q_0 \boldsymbol{E} \cdot d\boldsymbol{l} = \int_{r_A}^{r_B} q_0 \frac{q}{4\pi\varepsilon_0 r^2} dr = \frac{q_0 q}{4\pi\varepsilon_0}\left(\frac{1}{r_A} - \frac{1}{r_B}\right) \tag{9-12}$$

式中，r_A 和 r_B 分别表示点电荷 q 与路径的起点和终点的距离。式(9-12)表明，在点电荷的电场中移动试探电荷时，静电力所做的功只与试探电荷以及其始末位置有关，而与路径无关。

任何一个带电体都可以看成由许多很小的电荷元组成的集合体，每一个电荷元都可以认为是点电荷。利用电场的叠加原理可得在点电荷系的电场中，整个带电体在空间产生的电场强度 $\boldsymbol{E}$ 等于各个电荷元产生的电场强度的矢量和，即

$$\boldsymbol{E} = \sum_{i=1}^{n} \boldsymbol{E}_i$$

则试探电荷 q_0 在任意点电荷系的电场中沿着任意路径 L 电场力所做的总功为每个点电荷的电场力做功之和，即

$$W = q_0 \int_L \boldsymbol{E} \cdot d\boldsymbol{l} = q_0 \int_L \boldsymbol{E}_1 \cdot d\boldsymbol{l} + q_0 \int_L \boldsymbol{E}_2 \cdot d\boldsymbol{l} + \cdots = \sum_{i=1}^{n} \frac{q_0 q_i}{4\pi\varepsilon_0}\left(\frac{1}{r_{iA}} - \frac{1}{r_{iB}}\right) \tag{9-13}$$

式中，r_{iA} 和 r_{iB} 分别表示场源点电荷 q_i 到点 A 和 B 的距离。由此可见，点电荷系的静电力对试探电荷所做的功也只与试探电荷的电量以及它的始末位置有关，而与移动的路径无关。于是得到这样的结论：在任何静电场中，实验电荷运动时电场力所做的功只与始末位置有关，而与运动的路径无关，即静电场是保守场，而静电力是保守力。

9.3.2 静电场的环路定理

静电场是保守场还可以表述成另外一种形式：若使试探电荷在静电场中沿任意闭合路径 L 绕行一周，则静电力所做的功可表示为

$$W = \oint_L q_0 \boldsymbol{E} \cdot d\boldsymbol{l} = q_0 \oint_L \boldsymbol{E} \cdot d\boldsymbol{l}$$

设实验电荷在电场中由点 a 经过某一闭合路径 $abcda$ 再回到点 a，如图 9-18 所示，静电力所做的功为

$$W = q_0 \oint_L \boldsymbol{E} \cdot d\boldsymbol{l} = q_0 \int_{abc} \boldsymbol{E} \cdot d\boldsymbol{l} + q_0 \int_{cda} \boldsymbol{E} \cdot d\boldsymbol{l}$$

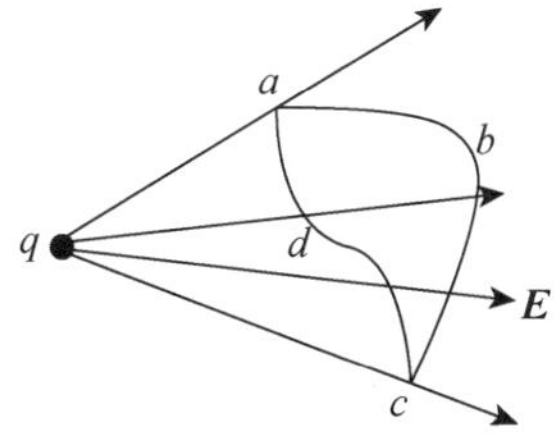

图 9-18 静电场的环路定理示意图

又因为静电场力做功只与始末位置有关，即

$$q_0 \int_{abc} \boldsymbol{E} \cdot d\boldsymbol{l} = q_0 \int_{adc} \boldsymbol{E} \cdot d\boldsymbol{l} = -q_0 \int_{cda} \boldsymbol{E} \cdot d\boldsymbol{l}$$

所以

$$q_0 \oint_L \boldsymbol{E} \cdot \mathrm{d}\boldsymbol{l} = q_0 \int_{abc} \boldsymbol{E} \cdot \mathrm{d}\boldsymbol{l} + q_0 \int_{cda} \boldsymbol{E} \cdot \mathrm{d}\boldsymbol{l} = 0$$

上式中 q_0 不为零，则

$$\oint_L \boldsymbol{E} \cdot \mathrm{d}\boldsymbol{l} = 0 \tag{9-14}$$

上式表明，在静电场中，电场强度沿任意闭合路径的积分为零，静电场的这一特性称为静电场的环路定理，它和高斯定理是描述静电场的两个基本定理。由此可见，静电力与万有引力一样都属于保守力，静电场是保守场。

9.4 电 势

9.4.1 电势能

在理论物理学中得到广泛应用的概念是势，它的起源可以归功于数学家拉格朗日和拉普拉斯，他们把它应用到引力问题中；而格林首先把势能函数引入电和磁的数学理论中。当能和功的概念开始居于物理学家心目中更加重要的位置以后，势这个概念就被解释为表示已做的功或已获得的能。例如，"在任意一点的电势是把点电荷从无限远处移到该点时必须消耗的功"这个说法被用在基础教育中，并且经常用它类比温度差或水平差来作解释。

在力学中已经知道，对于保守场，总可以引入一个与位置有关的势能函数，当物体从一个位置移到另一个位置时，保守力所做的功等于这个势能函数增量的负值。静电场是保守场，静电力为保守力，它对实验电荷所做的功只与始末位置有关，所以在静电场中也可以引入势能的概念，称为电势能。设 E_a、E_b 分别表示实验电荷 q_0 在 a、b 两点的电势能，当 q_0 由点 a 移至点 b 时，仿照重力场中引入重力势能那样，可得静电力所做的功与电势能之间的关系式为

$$W_{ab} = \int_a^b q_0 \boldsymbol{E} \cdot \mathrm{d}\boldsymbol{l} = -(E_b - E_a) \tag{9-15}$$

当静电力做正功时，电荷与静电场间的电势能减小；做负功时，电势能增加。由此可见，静电力的功是电势能改变的量度。

电势能与其他势能一样，是空间坐标的函数，其量值是一个相对的量，但电荷在静电场中两点的电势能差却有确定的值。为确定电荷在静电场中某点的电势能，与重力势能参考点的选取相似，应事先选择某一点作为电势能的零点。电势能的零点选择是任意的，一般以方便合理为前提。通常取无限远处的电势能为零，即 $E_\infty = 0$，则 q_0 在电场中任意一点 p 的电势能为

$$W_p = q_0 \int_p^\infty \boldsymbol{E} \cdot \mathrm{d}\boldsymbol{l} \tag{9-16}$$

式(9-16)可表述为点电荷 q_0 在电场中某点所具有的电势能，在数值上等于将 q_0 由该点移到电势能零点时静电力所做的功。

在国际单位制中，电势能的单位为焦耳，符号为 J。

9.4.2 电势与电势差

电势能是电场与电荷间的相互作用能，是这一系统共有的能量，电势能不仅与电场有关，还与实验电荷 q_0 的电量有关。因此，电势能不能用来

9.4.2 电势与电势差

描述电场的性质。但比值 W_p/q_0 却与 q_0 无关，仅由电场的性质及点 p 的位置确定，为此定义其比值为电场中该点的电势，用 U_p 表示，即

$$U_p = \frac{W_p}{q_0} = \int_p^\infty \boldsymbol{E} \cdot \mathrm{d}\boldsymbol{l} \tag{9-17}$$

这表明，电场中任意一点 p 的电势，在数值上等于单位正电荷在该点所具有的电势能；或等于单位正电荷从该点沿任意路径移至电势能零点处的过程中静电力所做的功。式(9-17)就是电势的定义式，它也是电势与电场强度的积分关系式。

静电场中任意两点 a、b 的电势之差，称为这两点间的电势差，也称为电压，用 ΔU 或 U_{ab} 表示，则有

$$\Delta U = U_a - U_b = \int_a^\infty \boldsymbol{E} \cdot \mathrm{d}\boldsymbol{l} - \int_b^\infty \boldsymbol{E} \cdot \mathrm{d}\boldsymbol{l} = \int_a^b \boldsymbol{E} \cdot \mathrm{d}\boldsymbol{l} \tag{9-18}$$

式(9-18)反映了电势差与电场强度的关系。它也表明，静电场中任意两点的电势差，其数值等于将单位正电荷由点 a 移到点 b 的过程中静电力所做的功。静电力做功用电势差可表示为

$$W_{ab} = \int_a^b q_0 \boldsymbol{E} \cdot \mathrm{d}\boldsymbol{l} = q_0(U_a - U_b) = q_0 U_{ab} \tag{9-19}$$

在国际单位制中，电势和电势差的单位都是伏特（V）。

在实际生活中，通常选择大地的电势为零，因此任何物体接地就认为它们的电势为零。例如，某装置与大地的电势差为 220 V，该装置的电势就为 220 V。在电子仪器中，通常选取公共地线或机壳的电势为零，只要测出对应的电势差，就很容易判断出仪器是否正常工作。

9.4.3　电势的计算

1. 点电荷的电势

在点电荷 q 产生的电场中，若选无限远处为电势零点，则由电势的定义式(9-17)可得，在与点电荷 q 相距为 r 的任意场点 p 处的电势为

$$U_p = \int_r^\infty \boldsymbol{E} \cdot \mathrm{d}\boldsymbol{l} = \frac{q}{4\pi\varepsilon_0 r} \tag{9-20}$$

9.4.3　电势的计算

式(9-20)是计算点电荷电势的公式，它表示在点电荷产生的电场中，任意一点的电势与点电荷的电量 q 成正比，与该点到点电荷的距离成反比。若场源点电荷为正电荷，则空间各点电势为正值，离点电荷越远，电势越低；若场源点电荷为负电荷，则空间各点电势为负值，离点电荷越远，电势越高。可见，不管是正电荷还是负电荷产生的电场，沿电场线的方向电势是逐渐降低的。

2. 多个点电荷的电势

在真空中有 N 个点电荷，由电场强度叠加原理及电势的定义式，设第 i 个点电荷到点 p 的距离为 r_i，可得电场中任一点 p 的电势为

$$\begin{aligned}
U_p &= \int_p^\infty \boldsymbol{E} \cdot \mathrm{d}\boldsymbol{l} = \int_r^\infty (\boldsymbol{E}_1 + \boldsymbol{E}_2 + \cdots + \boldsymbol{E}_n) \cdot \mathrm{d}\boldsymbol{l} \\
&= U_{p1} + U_{p2} + \cdots + U_{pn} \\
&= \sum_{i=1}^n U_{pi} = \frac{1}{4\pi\varepsilon_0} \sum_{i=1}^n \frac{q_i}{r_i}
\end{aligned} \tag{9-21}$$

式(9-21)表示，在多个点电荷产生的电场中，任意一点的电势等于各个点电荷在该点单独产生的电势的代数和。电势的这一性质，称为静电场中的电势叠加原理。

3. 任意带电体的电势

对于电荷连续分布的带电体，可将其看成由许多电荷元组成，而每一个电荷元都可按照点电荷进行计算。因此，整个带电体在空间某点产生的电势等于各个电荷元在同一点产生电势的代数和。用积分替代式(9-21)中的求和，就得到带电体产生的电势，即

$$U_p = \int \frac{\mathrm{d}q}{4\pi\varepsilon_0 r} = \begin{cases} \int_V \dfrac{\rho\,\mathrm{d}V}{4\pi\varepsilon_0 r} \text{（体分布）} \\[2mm] \int_S \dfrac{\sigma\,\mathrm{d}S}{4\pi\varepsilon_0 r} \text{（面分布）} \\[2mm] \int_L \dfrac{\lambda\,\mathrm{d}l}{4\pi\varepsilon_0 r} \text{（线分布）} \end{cases} \tag{9-22}$$

在上述所给的电势表达式中，都选无限远作为电势零点。

综上所述，在计算电势时，若已知电荷的分布而尚不知电场强度的分布，则可以利用式(9-21)直接计算电势；对于已知电场强度分布或是电荷分布具有一定对称性的问题，往往先利用高斯定理求出电场的分布，然后通过式(9-17)来计算电势。

例9-6 电量为 q 的电荷任意地分布在半径 R 的圆环上，求圆环轴线上任意一点 p 的电势。

解法一： 利用电势叠加原理。

取坐标轴如图9-19所示，x 轴沿着圆环的轴线，原点 O 位于圆环中心处。设点 p 距环心的距离为 x，它到环上任意一点的距离为 r；在环上任取一电荷元 $\mathrm{d}q$，它在点 p 的电势为

$$\mathrm{d}U = \frac{\mathrm{d}q}{4\pi\varepsilon_0 r}$$

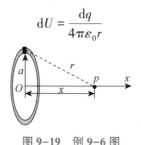

图9-19 例9-6图

于是，整个带电圆环在点 p 的电势为

$$U = \oint \frac{\mathrm{d}q}{4\pi\varepsilon_0 r} = \frac{q}{4\pi\varepsilon_0 \sqrt{R^2 + x^2}}$$

在 $x = 0$ 处，即圆环中心处的电势为

$$U = \frac{q}{4\pi\varepsilon_0 R}$$

解法二： 利用电场强度求电势。

细圆环轴线上任意一点的电场强度大小为

$$E = \frac{xq}{4\pi\varepsilon_0 \sqrt{(x^2 + R^2)^3}}$$

电场强度的方向沿 x 轴的正方向，则求解电势时对 x 轴积分，同时选择无限远处为电势零点，那么任意一点 p 的电势为

$$U_p = \int_p^\infty \boldsymbol{E} \cdot \mathrm{d}\boldsymbol{l} = \int_x^\infty \frac{xq}{4\pi\varepsilon_0\sqrt{(x^2+R^2)^3}}\mathrm{d}x = \frac{q}{4\pi\varepsilon_0\sqrt{x^2+R^2}}$$

例 9-7 半径为 R 的球面均匀带电，所带总电量为 q，求电势在空间的分布。

解：先由高斯定理求得电场强度在空间的分布

$$\boldsymbol{E} = \begin{cases} \dfrac{q\boldsymbol{r}}{4\pi\varepsilon_0 r^3} & (r > R) \\[2mm] \boldsymbol{0} & (r < R) \end{cases}$$

方向沿球的径向向外。

根据电势的定义式，点 p 所在位置分两种情况进行讨论。

对于球外任意一点，若距球心为 $r(r>R)$，则电势为

$$U_1 = \int_r^\infty \boldsymbol{E} \cdot \mathrm{d}\boldsymbol{l} = \int_r^\infty \frac{q}{4\pi\varepsilon_0 r^2} \cdot \mathrm{d}r = \frac{q}{4\pi\varepsilon_0 r}$$

对于球内任意一点，若距球心为 $r(r<R)$，则电势为

$$U_2 = \int_r^\infty \boldsymbol{E} \cdot \mathrm{d}\boldsymbol{l} = \int_r^R \boldsymbol{E} \cdot \mathrm{d}\boldsymbol{l} + \int_R^\infty \boldsymbol{E} \cdot \mathrm{d}\boldsymbol{l} = \int_R^\infty \frac{q}{4\pi\varepsilon_0 r^2} \cdot \mathrm{d}r = \frac{q}{4\pi\varepsilon_0 R}$$

对于球面上一点，由于带电球面为一等势体，故球面电势应与球内电势相等，也等于 $\dfrac{q}{4\pi\varepsilon_0 R}$。

综上可知

$$U_p = \begin{cases} \dfrac{q}{4\pi\varepsilon_0 r} & (r > R) \\[3mm] \dfrac{q}{4\pi\varepsilon_0 R} & (r \leqslant R) \end{cases}$$

结果表明，在球面外部的电势，如同把电荷集中在球心的点电荷的电势，在球内部电势处处相等，整个球为等势体。电势随离开球心的距离 r 的变化情形如图 9-20 所示。

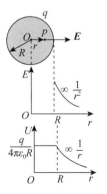

图 9-20 例 9-7 图

例 9-8 一长直导线横截面的半径为 a，导线同轴套一个半径为 b 的薄金属圆筒，两者

绝缘，外筒接地，如图 9-21 所示。设导线单位长度的电荷量为 $+\lambda$，地面的电势为零，则两导体之间任意一点 $p(Op=r)$ 的电场强度和电势大小分别为多少？

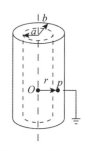

解：根据高斯定理可求出导线和圆筒之间点 p 的电场强度，即

$$\oint_S \boldsymbol{E} \cdot \mathrm{d}\boldsymbol{S} = E \cdot 2\pi r l = \frac{\lambda l}{\varepsilon_0}, \quad E = \frac{\lambda}{2\pi\varepsilon_0 r}$$

点 p 的电势根据其定义式得

$$U_p = \int_p^{外筒} \boldsymbol{E} \cdot \mathrm{d}\boldsymbol{l} = \int_r^b E \mathrm{d}r = \int_r^b \frac{\lambda}{2\pi\varepsilon_0 r} \mathrm{d}r = \frac{\lambda}{2\pi\varepsilon_0} \ln \frac{b}{r}$$

图 9-21　例 9-8 图

9.4.4　等势面

在描述电场时，我们曾借助电场线形象地描述电场强度的分布。对于电场中电势的分布，同样可以借助等势面对其形象化。电场强度和电势之间已建立起联系，那么对应的电场线和等势面之间是否也存在某种联系呢？

一般来说，静电场中各处的电势是逐渐变化的，但是，电场中也有很多点所构成的平面上电势处处相等。在电场中，电势相等的点所构成的面称为等势面。

电场强度的强弱除了可以用电场线的疏密程度进行表示，还可以用电势的疏密程度来表示。为此，对等势面的疏密进行规定：电场中任意两个相邻的等势面之间的电势差相等。根据这样的规定，图 9-22 展示了几种常见的电场线和等势面的图形。图中实线代表电场线，虚线代表等势面。从图中可得知，等势面密集处的电场强度数值大，等势面稀疏处的电场强度数值小。分析各种等势面，可以总结出等势面与电场线之间的联系如下。

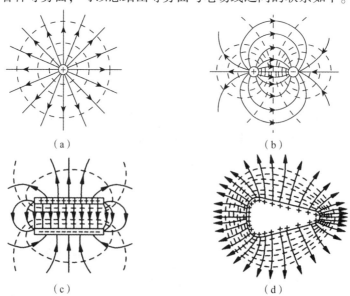

(a)　　　　　　　　　　　　(b)

(c)　　　　　　　　　　　　(d)

图 9-22　几种常见的电场线和等势面的图形

(a)正点电荷；(b)电偶极子；(c)正负带电平板；(d)不规则形状的带电体

(1)等势面和电场线处处正交。

当电荷 q 沿等势面从点 A 移动到点 B 时，静电力做功为零，即

$$W_{AB} = q(U_A - U_B) = \int_A^B q\boldsymbol{E} \cdot \mathrm{d}\boldsymbol{l} = 0$$

由于 q、$\boldsymbol{E}$ 和 $\mathrm{d}\boldsymbol{l}$ 均不为零，则上式成立的条件为 $\boldsymbol{E}$ 必须垂直于 $\mathrm{d}\boldsymbol{l}$，即

$$\boldsymbol{E} \perp \mathrm{d}\boldsymbol{l}$$

因此，某点的电场强度与通过该点的等势面垂直。

（2）等势面越密集的地方，电场强度越大，反之则越小。

（3）电势沿着电场线的方向降低。

在实际应用中，等势面概念的用处在于，在实际遇到的很多问题中，等势面的分布或是电势差容易通过实验条件描绘出来，并由此可以分析电场的分布。

9.5 静电场中的导体

前几节讨论了真空中的静电场。在实际中，电场中总有导体的存在。对于导体，本节主要讨论各向同性的均匀金属导体。金属导体的电结构特征是在它的内部有可以自由移动的电荷——自由电子。将金属导体放在静电场中，它内部的自由电子将受静电场的作用而产生定向运动。这就是导体容易导电的原因。下面以各向同性的均匀金属导体为例，讨论其与静电场的相互作用。

9.5.1 导体的静电平衡

在没有外加电场时，导体内的自由电子做热运动并均匀分布，所以整个导体对外不显电性。若将导体放入外电场 $\boldsymbol{E}_0$ 中，导体内部的自由电子将受静电场的作用而产生定向运动，使导体中的电荷重新分布并集结在导体侧面，使一侧面出现负电荷，与之相对的另一侧面出现正电荷，最终在 导体两侧出现等量的异号电荷，这就是静电感应现象。由静电感应现象所产生的电荷，称为感应电荷。感应电荷同样在空间激发场，将这部分电场称为附加电场 $\boldsymbol{E}'$，而空间任一点的电场强度是外加电场和附加电场的矢量和。在导体内部附加电场与外电场方向相反，随着感应电荷的增加，附加电场也随之增加，直至附加电场与外电场的大小相等，使导体内部的电场强度为零（图9-23），即

$$\boldsymbol{E} = \boldsymbol{E}_0 + \boldsymbol{E}' = 0 \tag{9-23}$$

这时自由电子不再发生定向移动。在金属导体中，自由电子没有定向移动的状态称为静电平衡。

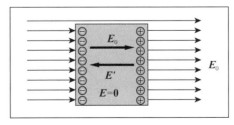

图 9-23 导体的静电平衡

因此，导体的静电平衡条件如下。

（1）导体内部的电场强度处处为零（否则自由电子的定向运动不会停止）。

（2）导体表面上的电场强度处处垂直于导体表面（否则自由电子将会在沿表面分量的电场力的作用下做定向运动）。

由导体的静电平衡条件，容易推出处于静电平衡状态的金属导体具有的性质：整个导体是等势体，导体表面是等势面。在导体内任选两点 a 和 b，因导体内电场强度处处为零，故其电势差为零，这说明导体处于静电平衡时，导体内部的电势处处相等。对于导体的表面，其表面的电场强度与之垂直，没有切向方向的分量，也就意味着导体表面任意两点之间的电势差也为零，因此导体的表面为等势面。

9.5.2　静电平衡时导体上电荷的分布

利用高斯定理及电荷守恒定律容易证明，静电平衡时，导体有以下特点。

1. 实心导体电荷分布

导体的电量为 Q，在其内作一高斯面 S，如图 9-24 所示，根据高斯定理可得

$$\oint_S \boldsymbol{E} \cdot \mathrm{d}\boldsymbol{S} = \frac{1}{\varepsilon_0} \sum_{i=1}^{n} q_i$$

由于导体静电平衡时，导体内部电场强度为零，则有

$$\oint_S \boldsymbol{E} \cdot \mathrm{d}\boldsymbol{S} = 0, \quad \frac{1}{\varepsilon_0} \sum_{i=1}^{n} q_i = 0$$

9.5.2　导体静电平衡的电荷分布

又因为 S 面是任意的，所以导体内无净电荷存在。

由此可以得出结论：静电平衡时，净电荷只分布在导体外表面。

2. 空腔导体

1）空腔内无电荷

在空腔导体内选取任意高斯面，如图 9-25 所示，$\oint \boldsymbol{E} \cdot \mathrm{d}\boldsymbol{S} = 0$，$\sum_{i=1}^{n} q_i = 0$。导体内净电荷为零，那这些净电荷是如何分布在表面的呢？分布在内表面还是外表面呢？

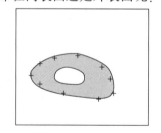

图 9-24　实心导体　　　　图 9-25　空腔内无电荷

下面用反证法进行说明：假设电荷分布在内表面，如果一端（A 端）聚集正电荷，另一端（B 端）聚集负电荷，那么从 A 端到 B 端有电场线，就会产生电势差，$U_A \neq U_B$，这就与静电平衡中的导体为等势体不符，就不会出现这种现象，因此假设不成立。

由此可以得出结论：空腔内无电荷时，电荷分布在外表面，内表面无电荷。

2）空腔内有电荷

根据 $\oint \boldsymbol{E} \cdot \mathrm{d}\boldsymbol{S} = 0$，$\sum_{i=1}^{n} q_i = 0$，因为空腔内有电荷 $+q$，还要依据选取的高斯面内电荷的

代数和为零，所以空腔内表面感应等量异号的电荷；电荷是守恒的，导体本身不带电，所以导体外表面带等量的正电荷(图9-26)。

由此可以得出结论：空腔内有 $+q$ 电荷时，空腔内表面有感应电荷 $-q$，空腔外表面有感应电荷 $+q$。

3. 静电平衡时导体的性质

1) 导体表面附近电场强度与电荷面密度的关系

利用高斯定理进行求解，选取合适的高斯面，为扁圆柱形高斯面，在紧邻导体上表面处的面积为 ΔS，另一底面 $\Delta S'$ 在导体的内部，如图9-27所示。根据导体内部电场强度为零且其方向与导体表面垂直，下表面和侧面的电通量都为零。因此，通过此扁圆柱形高斯面的电通量就是通过 ΔS 面的电通量，用 σ 表示导体表面附近的电荷面密度，根据高斯定理可得

$$\oint E \cdot dS = E \cdot \Delta S = \frac{\sigma \cdot \Delta S}{\varepsilon_0}$$

$$E = \frac{\sigma}{\varepsilon_0} \tag{9-24}$$

式(9-24)表明，带电导体表面附近的电场强度大小与该处电荷面密度成正比。

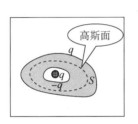
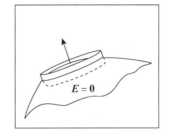

图9-26　空腔内有电荷　　　　图9-27　导体表面高斯面的选取

2) 导体上的电荷分布与曲率半径的关系

有两个带电量分别为 Q 和 q 的带电体，半径分别为 R_1 和 R_2，两个带电体相距很远并用一根导线连接，所以两个带电体视为等势体，如图9-28所示。

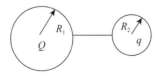

图9-28　两个连接的导体球

由电势相等可得

$$\frac{Q}{4\pi\varepsilon_0 R_1} = \frac{q}{4\pi\varepsilon_0 R_2}$$

$$\frac{Q}{q} = \frac{R_1}{R_2} \tag{9-25}$$

面密度为

$$\sigma_1 = \frac{Q}{4\pi R_1^2} \tag{9-26}$$

$$\sigma_2 = \frac{q}{4\pi R_2^2} \tag{9-27}$$

由式(9-26)、式(9-27)可得

$$\frac{\sigma_1}{\sigma_2} = \frac{R_2}{R_1} \tag{9-28}$$

由此可以得出结论：$R\downarrow \sigma\uparrow E\uparrow$。

由此可见，处于静电平衡的金属导体，电荷只分布在导体的表面上，在导体表面上电荷的分布与导体本身的形状以及附近带电体的状况等多种因素有关。由高斯定理可以求出导体表面附近的电场强度与该表面处电荷面密度的关系。对于孤立导体，实验也表明，导体曲率较大处(如尖端部分)，表面电荷面密度也较大；导体曲率较小处，表面电荷面密度也较小。

对于有尖端的导体，由于尖端处电荷密度很大，尖端处的电场也很强，当这里的电场强度达到一定值时，就可使空气中残留的离子在电场作用下发生激烈运动，使得空气电离而产生大量的带电粒子。与尖端上电荷异号的带电粒子受尖端电荷的吸引，飞向尖端，将尖端上的电荷中和掉，与尖端上电荷同号的带电粒子受到排斥而从尖端附近飞开。从外表上看，就好像尖端上的电荷被"喷射"出来放掉一样，此现象称为尖端放电，如图9-29所示。

在一根金属针尖附近放一支点燃的蜡烛，如图9-30所示，若使金属针带正电，针尖附近便产生强电场使周围的空气电离，负离子及电子被吸向金属针并被中和，而正离子在电场力作用下背离针尖反向激烈运动，由于这些离子的速度很大，可形成一股"电风"，从而吹灭左边的烛焰。在尖端放电过程中，还可使原子受激发光而出现电晕。

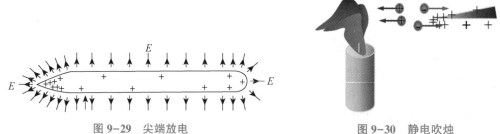

图9-29　尖端放电　　　　　　　　　　　图9-30　静电吹烛

避雷针就是根据尖端放电的原理制成的。富兰克林首先提出了以电的原理解释闪电的思想，用避雷针保护建筑物的建议在1754年被牧师迪维什第一次实现了，此后高层建筑就开始用避雷针预防闪电的袭击。带电体的尖端效应有广泛的应用。例如，近代科学家们利用尖端放电制造的范德格拉夫起电机可获得很高的电压，用它来加速带电粒子进行一系列科学研究。

9.5.3　静电屏蔽及其应用

1. 静电屏蔽

1)空腔内没有电荷

根据导体空腔的性质，在导体空腔内若不存在其他带电体，则无论导体外部电场如何分布，也不管导体空腔自身带电情况如何，只要处于静电平衡，空腔内必定不存在电场，因而从效果上来看，导体壳对其所包围的空腔起到了保护作用，使其免受外界打扰，如图9-31

所示。这种现象称为静电屏蔽。

2）空腔内有电荷

如果空腔内存在电量为 $+q$ 的带电体，则在空腔内、外表面必将分别产生 $-q$ 和 $+q$ 的电荷，外表面的电荷 $+q$ 将会在空腔外空间产生电场，如图 9-32 所示。若将导体接地，则由外表面电荷产生的电场随之消失，于是空腔外空间将不再受空腔内电荷的影响，如图 9-33 所示。这种将导体空腔接地，使空腔外空间免受空腔内电荷和电场影响的现象也称为静电屏蔽。

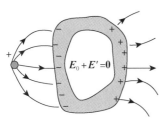

图 9-31　空腔导体

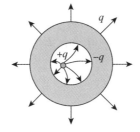

图 9-32　导体不接地

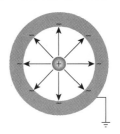

图 9-33　导体接地

2. 静电屏蔽的应用

法拉第曾经冒着被电击的危险，做了一个闻名于世的实验——法拉第笼实验。法拉第把自己关在金属笼内，当笼外发生强大的静电放电时，笼内什么事都没发生。这个实验利用的就是静电屏蔽的知识。静电屏蔽在电磁测量和无线电技术中有以下应用。

（1）静电屏蔽材料。静电屏蔽材料是一种能够吸收或散射电磁波的材料，可以有效屏蔽外部电磁辐射，保护电子设备的正常运行。

（2）静电屏蔽箱。静电屏蔽箱是一种用于存放和保护电子元器件的封闭金属箱体，内壁覆盖导电层，能够有效屏蔽外界静电场的干扰，防止电子元器件受到静电破坏。

（3）静电屏蔽服。在特殊环境下，如电子工厂、医院手术室等，为了防止静电对设备或人体的影响，使用静电屏蔽服可以有效地减少和消除静电的产生和积累。

（4）静电屏蔽地板。静电屏蔽地板是一种特殊的地板材料，表面覆盖导电材料，能够将人体或设备上的静电引导到地下，防止电荷的积累和放电。

如今，静电屏蔽效应在电子工程、通信、医疗等领域都有重要应用。通过合理设计和应用静电屏蔽手段，可以保护设备和人体健康，提高工作效率和产品质量。

静电屏蔽效应利用导体的特性，在外部电场的作用下形成等效电荷，从而实现对静电场的屏蔽。静电屏蔽机制的应用广泛，能够有效保护设备和人体免受静电影响。在实际应用中，常常根据具体情况选择合适的屏蔽材料和方法，以确保对静电的控制和管理。

例 9-9　有一外径为 R_1、内径为 R_2 的金属球壳，其中放一半径为 R_3 的金属球，球壳和球均带有电量为 q 的正电荷，如图 9-34 所示。求：

（1）两球的电荷分布；

（2）球心的电势；

（3）球壳的电势。

解：（1）根据静电平衡条件和电荷守恒定律，电荷分布在球面为 q，壳内表面为 $-q$，壳外表面为 $2q$。由高斯定理可得电场强度的分布为

$$E_3 = 0 (r < R_3)$$

$$E_2 = \frac{q}{4\pi\varepsilon_0 r^2} (R_3 < r < R_2)$$

$$E_1 = 0 (R_2 < r < R_1)$$

$$E_0 = \frac{2q}{2\pi\varepsilon_0 r^2} (r > R_1)$$

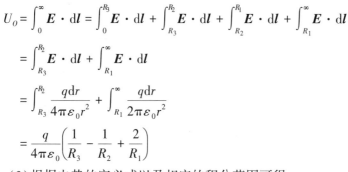

图 9-34　例 9-9 图

（2）根据电势的定义式可得

$$U_O = \int_0^\infty \boldsymbol{E} \cdot \mathrm{d}\boldsymbol{l} = \int_0^{R_3} \boldsymbol{E} \cdot \mathrm{d}\boldsymbol{l} + \int_{R_3}^{R_2} \boldsymbol{E} \cdot \mathrm{d}\boldsymbol{l} + \int_{R_2}^{R_1} \boldsymbol{E} \cdot \mathrm{d}\boldsymbol{l} + \int_{R_1}^\infty \boldsymbol{E} \cdot \mathrm{d}\boldsymbol{l}$$

$$= \int_{R_3}^{R_2} \boldsymbol{E} \cdot \mathrm{d}\boldsymbol{l} + \int_{R_1}^\infty \boldsymbol{E} \cdot \mathrm{d}\boldsymbol{l}$$

$$= \int_{R_3}^{R_2} \frac{q\mathrm{d}r}{4\pi\varepsilon_0 r^2} + \int_{R_1}^\infty \frac{q\mathrm{d}r}{2\pi\varepsilon_0 r^2}$$

$$= \frac{q}{4\pi\varepsilon_0} \left(\frac{1}{R_3} - \frac{1}{R_2} + \frac{2}{R_1} \right)$$

（3）根据电势的定义式以及相应的积分范围可得

$$U_1 = \int_{R_1}^\infty \frac{q}{2\pi\varepsilon_0 r^2} \mathrm{d}r = \frac{q}{2\pi\varepsilon_0 R_1}$$

9.6　电容　电容器

电容是电学中一个重要的物理量，它能反映储存电荷和电能的本领。本节首先讨论孤立导体的电容，然后讨论几种常见的电容器及其电容，最后讨论电容器的连接。

9.6.1　孤立导体的电容

理论和实践都证明，任何一种孤立导体，它所带的电量 q 都与其电势 U 成正比，则孤立导体所带的电量 q 与其电势 U 的比值为一常数。通常把这个常数称为孤立导体的电容，用 C 表示，即

9.6.1　孤立导体的电容

$$C = q/U \tag{9-29}$$

可见，孤立导体的电容 C 只取决于导体自身的几何因素，与导体所带的电量及电势无关，它反映了孤立导体储存电荷和电能的能力。

例如，一半径为 R、带电量为 Q 的孤立导体球，其电势为

$$U = \frac{Q}{4\pi\varepsilon_0 R}$$

则电容为

$$C = \frac{Q}{U} = 4\pi\varepsilon_0 R$$

在国际单位制中，电容的单位为法［拉］，符号为 F。常用的还有微法（μF）和皮法（pF），它们之间的换算关系为

$$1 \text{ F} = 10^6 \text{ μF} = 10^{12} \text{ pF}$$

9.6.2　几种常见的电容器及其电容

实际的导体往往不是孤立的，在其周围还存在着别的导体，且必然存在着静电感应现象，这时导体的电势 U 不仅与其所带的电量 Q 有关，而且与其他导体的位置、形状及所带电量有关。也就是说，其他导体的存在将会影响导体的电容。在实际中，根据静电屏蔽原理，常常设计一导体组，

9.6.2　几种常见电容器

使其电容不受外界的影响，这种导体的组合就称为电容器。常用的电容器由中间夹有电介质的两块金属板构成。

设有两个导体 A 和 B 组成一电容器(常称导体 A、B 为电容器的两个极板)。若 A、B 分别带电量 $+q$、$-q$，其电势分别为 U_1、U_2，则电容器的电容定义为：一个极板的电量 q 与两极板间的电势差之比，即

$$C = \frac{q}{U_1 - U_2} = \frac{q}{U_{AB}} \tag{9-30}$$

孤立导体实际上也是一种电容器，只不过另一导体在电势为零的无限远处。

1. 平行板电容器及其电容

平行板电容器由两块彼此靠得很近的平行金属板构成，如图 9-35 所示。设金属板的面积为 S，内侧表面间的距离为 d，在极板间距 d 远小于板面线度的情况下，平板可看成无限大平面，因而可忽略边缘效应。若极板带等量异号电荷，电量大小为 q，电荷面密度为 σ，则两极板间的电势差为

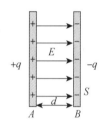

图 9-35　平行板电容器

$$U_{AB} = \int_A^B \boldsymbol{E} \cdot \mathrm{d}\boldsymbol{l} = Ed = \frac{\sigma}{\varepsilon_0}d = \frac{q}{\varepsilon_0 S}d$$

根据式(9-29)，可得平行板电容器的电容为

$$C = \frac{q}{U_{AB}} = \frac{\varepsilon_0 S}{d} \tag{9-31}$$

可见，平行板电容器的电容与极板面积 S 成正比，与两极板间的距离 d 成反比。

2. 同心球形电容器及其电容

同心球形电容器由两个同心放置的导体球壳构成，如图 9-36 所示。设内、外球壳的半径分别为 R_A 和 R_B，内球壳上带电量 $+Q$，外球壳上带电量 $-Q$。根据高斯定理，可求得两球壳之间的电场强度大小为

$$E = \frac{Q}{4\pi\varepsilon_0 r^2}$$

方向沿径向向外。

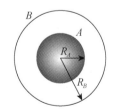

图 9-36　同心球形电容器

两球壳间的电势差为

$$U_{AB} = \int_A^B \boldsymbol{E} \cdot \mathrm{d}\boldsymbol{l} = \int_{R_A}^{R_B} \frac{Q}{4\pi\varepsilon_0 r^2}\mathrm{d}r = \frac{Q}{4\pi\varepsilon_0}\left(\frac{1}{R_A} - \frac{1}{R_B}\right)$$

根据式(9-30)，可得同心球形电容器的电容为

$$C = \frac{Q}{U_{AB}} = \frac{4\pi\varepsilon_0 R_A R_B}{R_B - R_A} \tag{9-32}$$

当 $R_B \to \infty$ 时，$C = 4\pi\varepsilon_0 R_A$，此即为孤立导体球的电容。

3. 同轴柱形电容器及其电容

同轴柱形电容器由两块彼此靠得很近的同轴导体圆柱面构成，如图 9-37 所示。设内、外柱面的半径分别为 R_A 和 R_B，圆柱的长为 l，且内柱面上带电量 $+Q$，外柱面上带电量 $-Q$。当 $l \gg R_B - R_A$ 时，可忽略柱面两端的边缘效应，认为圆柱是无限长的。根据高斯定理，可求得两柱面之间的电场强度大小为

$$E = \frac{\lambda}{2\pi\varepsilon_0 r}$$

式中，λ 是内柱面单位长度所带的电量。

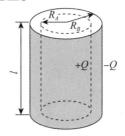

图 9-37　同轴柱形电容器

两柱面间的电势差为

$$U_{AB} = \int_{R_A}^{R_B} \boldsymbol{E} \cdot \mathrm{d}\boldsymbol{l} = \int_{R_A}^{R_B} \frac{\lambda}{2\pi\varepsilon_0 r} \mathrm{d}r = \frac{\lambda}{2\pi\varepsilon_0} \ln \frac{R_B}{R_A}$$

因为内柱面上的总电量为 $Q = l\lambda$，所以同轴柱形电容器的电容为

$$C = \frac{Q}{U_{AB}} = \frac{2\pi\varepsilon_0 l}{\ln(R_B/R_A)} \tag{9-33}$$

根据上面的例子，可以归纳出计算电容的一般方法：首先假设两个极板分别带有 $+Q$ 和 $-Q$ 的电量，计算两极板间的电场强度分布；然后根据电场强度求出两极板的电势差；最后根据电容的定义计算电容器的电容。

9.6.3　电容器的连接

1. 电容器的并联

将 n 个电容器 C_1，C_2，$\cdots$，C_n 的极板一一对应地连接起来，按照这样的方式连接称为电容器的并联，如图 9-38 所示。将它们接在电压为 U 的电路上，则 C_1，C_2，$\cdots$，C_n 上对应的电量分别为 Q_1，Q_2，$\cdots$，Q_n，有

$$Q_1 = C_1 U, \quad Q_2 = C_2 U, \quad \cdots, \quad Q_n = C_n U$$

图 9-38　电容器的并联

总电量 Q 为各电容器所带的电量之和，即

$$Q = Q_1 + Q_2 + \cdots + Q_n = (C_1 + C_2 + \cdots + C_n)U$$

若用一个等效电容来代替并联电容器的电容，则这个等效电容 C 为

$$C = \frac{Q}{U} = C_1 + C_2 + \cdots + C_n \tag{9-34}$$

这说明，并联电容器的等效电容等于每个电容器的电容之和。由此可见，并联电容器的等效电容比其中任意一个电容器的电容都要大，但各电容器的电压是相等的。

2. 电容器的串联

将 n 个电容器 C_1，C_2，$\cdots$，C_n 的极板首尾相连接，这种连接方式称为电容器的串联，如图 9-39 所示。设加在串联电容器组上的电压为 U，两端极板上的电量分别为 $+Q$、$-Q$。由静电感应可知，每个电容器所带的电量均相等，则每个电容器上的电压为

$$U_1 = \frac{Q}{C_1}, \quad U_2 = \frac{Q}{C_2}, \quad \cdots, \quad U_n = \frac{Q}{C_n}$$

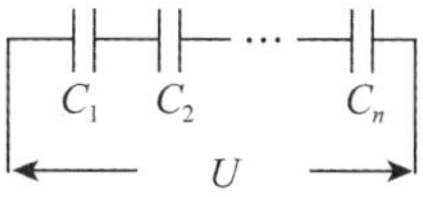

图 9-39 电容器的串联

总电压为各电容器上的电压之和，即

$$U = U_1 + U_2 + \cdots + U_n = \left(\frac{1}{C_1} + \frac{1}{C_2} + \cdots + \frac{1}{C_n}\right)Q$$

若用一个等效电容来代替串联电容器的电容，则这个等效电容 C 为

$$C = \frac{Q}{U} = \frac{1}{C_1} + \frac{1}{C_1} + \cdots + \frac{1}{C_n} \tag{9-35}$$

这说明，串联电容器的等效电容的倒数等于各个电容的倒数之和。也能看出，虽然串联电容器的等效电容比其中任何一个电容器的电容都小，但是每一个电容器上的电压却小于总电压。

在实际中可根据电路的要求采取并联或串联，对于有特殊要求的电路，还可采用混联。

例 9-10　C_1 和 C_2 两个电容器，分别标明了 200 pF、500 V 和 300 pF、900 V，把它们串联起来后，等效电容是多少？如果两端加 1 000 V 电压，是否会击穿？

解：C_1 和 C_2 串联起来的等效电容为

$$C = \frac{C_1 C_2}{C_1 + C_2} = \frac{2 \times 10^{-10} \times 3 \times 10^{-10}}{2 \times 10^{-10} + 3 \times 10^{-10}} \text{ F} = 1.2 \times 10^{-10} \text{ F}$$

若在它们两端加电压 $U = 1\,000$ V，则每块极板带电量为

$$Q = C \cdot U = 1\,000 \times 1.2 \times 10^{-10} \text{ C} = 1.2 \times 10^{-7} \text{ C}$$

此时，两电容器的端电压分别为

$$U_1 = \frac{Q}{C_1} = \frac{1.2 \times 10^{-7}}{2 \times 10^{-10}} \text{ V} = 600 \text{ V}, \quad U_2 = \frac{Q}{C_2} = \frac{1.2 \times 10^{-7}}{3 \times 10^{-10}} \text{ V} = 400 \text{ V}$$

由于 C_1 的耐压是 500 V，因此 C_1 将被击穿，击穿后，所有的电压都加在 C_2 上，故 C_2 也将被击穿。

9.6.4　电容器的类型和应用

在日常的生产和生活中，电容器是一种非常重要的电气元件。它能够储存电荷和电场能

量，并在各种电子设备和电路中发挥关键作用。

1. 电容器的类型

（1）电解电容器。电解电容器利用电解质溶液和导体板之间的化学反应来储存能量，它具有大的电容和较低的工作电压，常用于电源滤波和存储能量。

（2）电介质电容器。电介质电容器通过电介质储存电荷和电场能量，不同的介质可以影响电容器的性能和适用范围，常见的电介质有聚乙烯、聚丙烯、陶瓷等。

（3）变容器。变容器可以调节电容，通常由可调电容器或压敏电容器构成，它们在电子调谐电路和传感器中广泛应用。

2. 电容器的应用

（1）储能与平滑电流。电容器可以储存电场能量，并在需要时释放。它们被广泛应用于电源电路中，用于平滑电流和提供瞬态功率。

（2）信号耦合和阻断。电容器可以传输和隔离电信号。在音频设备和通信系统中，电容器用于耦合不同环节的信号，确保信号的传输和匹配。

（3）时钟电路和振荡器。电容器与电感器结合可以形成振荡回路，用于产生稳定的时钟信号和频率，它们在时钟电路、振荡器和计时器中发挥重要作用。

（4）传感器和检测器。电容器可以通过测量电容变化来检测物体的位置、湿度、压力等参数，它们在传感器和检测器中被广泛应用。

（5）滤波和去除噪声。电容器可以过滤电源中的高频噪声，并提供稳定的直流电压，它们在电源滤波器和去噪电路中起到关键作用。

电容器作为一种能够储存电荷和电场能量的神奇装置，在电子领域发挥着重要作用。通过了解电容器的原理、结构和应用，可以更好地理解电路中的能量转换和信号处理过程。电容器在各个行业和领域都有着广泛的应用，从电源电路到通信系统，从传感器到滤波器，都离不开电容器的支持。

知识扩展

一、触摸屏的工作原理

我们在生活中几乎每天都要接触手机、计算机等电子设备，那么这些电子设备的触摸屏是如何准确接收外界触摸指令的？其中蕴含着怎样的物理原理呢？

手机、计算机等电子设备的触摸屏按其工作原理不同，可以分为电阻式触摸屏和电容式触摸屏两种。电阻式触摸屏下面有两个间隔一定距离的导电层，当手指触碰屏幕时，对屏幕产生一定压力，使得两个导电层之间的距离发生改变，从而该点的电阻值发生变化，由此产生的电信号通过传感器传递给控制器，从而识别并准确判定手指点击屏幕的位置。目前，市场上的电阻式触摸屏主要应用在自动售票机、自动取款机等设备上。在生活中，我们都有这样的经验：使用自动提款机提款时，点击自动取款机屏幕时要稍微用力，机器才有反应。这是因为，如果用力太小，不足以改变两个导电层之间距离，就不会产生电阻改变的信号了。

电容式触摸屏分成两类，一类是表面电容式触摸屏，一类是投射电容式触摸屏。

对于表面电容式触摸屏，当用手指触碰触摸屏时，由于人体是导体，手指和屏幕之间就形成了耦合电容器，而高频电流是可以顺利通过电容器的，因此就会有微小电流从屏幕流过手指。该电流是从屏幕的 4 个电极流出的，电流大小与到 4 个电极的距离成正比，因此通过距离的计算，就能准确定位手指点击屏幕的位置。

对于投射电容式触摸屏，在两块导电玻璃上分别刻有水平和竖直方向的电极，将两块导电玻璃重叠放置，就会形成类似国际象棋棋盘状的格栅，格栅上每个交叉点都相当于一个小电容器。当手指触碰屏幕时，会改变该点电容器的电容，这种电信号的变化会通过传感器传递给控制器，从而完成相应指令操作。

以上就是电阻式触摸屏和电容式触摸屏的工作原理，从中不难看出，不论哪种触摸屏，究其本质而言，都是通过点击触碰屏幕，通过一定方式(电阻变化、电容变化)产生电信号，产生的电信号传递给控制器，从而完成如"点赞"之类的操作。整个过程好比是在手机屏幕上建立了一个 x-y 坐标系，只需要采取合适的技术，把点击的坐标值"告诉"控制器就可以了。

二、电容式麦克风

电容式麦克风的核心部件是一个电容器，当声音进入麦克风后，在声压的作用下，电容器两个极板之间的距离会发生变化，电容器的电容就会随之变化，这个过程其实就是利用物理原理，巧妙地将声音信号转化为电信号。市场上流行的还有另外一种动圈式麦克风，由振膜、线圈、磁铁组成。当声音进入麦克风后，振膜在声压作用下发生振动，与振膜相连的线圈也随之在磁铁产生的磁场中振动，根据电磁感应原理，就会产生感应电流，由此将声音信号转化为电信号。这两种麦克风相比，电容式麦克风灵敏度更高，通常用于专业录音录影；而动圈式麦克风成本低廉、性能稳定，不易受温度、湿度影响，通常用于现场演出、KTV等环境。

三、电容式液位传感器(液位仪)

以航空航天为例，飞行器飞行过程中对油箱中油量的实时监测至关重要。将电容式液位传感器置于油箱中，传感器作为电容器的一极，油箱壁作为电容器的另一极，这就形成了一个电容器。油箱中的油分布在两个极板中间(相当于电容器极板间充满电介质)，油量直接决定电容器的电容，这样就将油量转化为了电信号，实现了对油箱油量的实时监测，这就是液位仪的工作原理。在我们的生活中，这种液位仪的应用也比比皆是：洗衣机里安装液位仪，防止水量过多发生外溢；热水器中安装液位仪，当水量过少时会自动补水，以保证热水器正常使用。

思 考 题

9-1 点电荷是物理学中的一个理想模型，一般在满足什么条件下可以使用该模型？

9-2 电荷之间具有力的相互作用，这种相互作用是通过什么形式产生的？

9-3 根据电场强度公式 $E = \dfrac{F}{q_0}$，有人提出："电场强度的大小与实验电荷成反比。"这种说法正确吗？为什么？

9-4 电场强度满足叠加原理的物理本质是什么？

9-5 若一个带电体具有某一种对称性，如轴对称、中心对称、平移对称或圆对称等，则该带电体所产生的电场是否具有同样的对称性？

9-6 有人提出："若高斯面上 E 处处为 0，则面内没有电荷；反之，若高斯面内无电荷，则高斯面上 E 处处为 0。"这两种说法是否正确？为什么？

9-7 静电场与万有引力场都属于保守场，通过静电场的高斯定理的推理，怎样得出万有引力场的高斯定理呢？

9-8 当我们认为地球上的某处电势为零时，该处是否有净电荷？

9-9 在雷雨天气时，两个带正、负电的云团间的电势差为 1 010 V，在它们之间产生闪电，可通过 30 C 的电荷。问：(1)若释放的能量都用来使 0 ℃ 的冰融化成 0 ℃ 的水，则可融化多少冰(冰的熔化热 $L=3.34×10^5$ J·kg^{-1})？(2)若每个家庭每年消耗的电能为 2 000 kW·h，则能为多少个家庭提供一年的电能消耗？

9-10 在玻尔的氢原子模型中，电子围绕原子核做半径为 $0.53×10^{-10}$ m 的圆周运动。问：(1)需要静电力做多少功才能把电子从原子中拉出来？(2)电子的电离能为多少？

9-11 关于电场强度与电势的关系，分析下列说法是否正确，并说明理由？(1)在电场中，电场强度为零的点，电势必为零。(2)在电场中，电势为零时，电场强度必为零。(3)在电势不变的空间，电场强度为零。(4)在电场强度不变的空间，电势处处相等。

9-12 将一负电荷从无限远处缓慢地移动到一个不带电的导体附近，则导体内的电场强度和导体的电势变化情况是什么样的？

9-13 高压电气设备上金属部件的表面为什么应尽量避免有棱角？

9-14 在现实生活中，经常在高压电气设备周围围上一接地的金属栅网，来保证栅网外的人身安全，请尝试说明其中的道理。

习 题

9-1 两个点电荷所带电量之和为 Q，它们各带电量为多少时相互间的作用力最大？

9-2 用 30 cm 的细线将质量为 0.004 kg 的带电小球 P 悬挂在点 O 下，当空中有方向为水平向右、大小为 10 000 N·C^{-1} 的均匀电场时，小球偏转 37° 后处在静止状态，如习题 9-2 图所示。求：(1)小球的带电性质；(2)小球的带电量；(3)细线的拉力。

9-3 在真空中点 O 处放一个点电荷 $Q=+1.0×10^{-9}$ C，直线 MN 通过点 O，O、M 的距离 $r=30$ cm，点 M 处放一个点电荷 $q=-1.0×10^{-10}$ C，如习题 9-3 图所示，求：(1) q 在点 M 处受到的作用力；(2)点 M 处的电场强度；(3)拿走 q 后点 M 处的电场强度；(4) M、N 两点的电场强度哪点大？

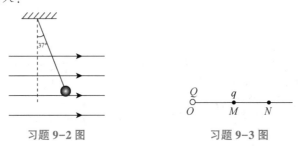

习题 9-2 图　　　　　　　　习题 9-3 图

9-4 一半径为 R 的无限长半圆柱形薄桶，均匀带电，单位长度上带电量为 λ，如习题 9-4 图所示，试求圆柱面轴线上一点的电场强度。

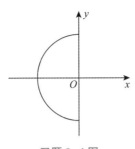

习题 9-4 图

9-5 边长为 b 的立方盒子的 6 个面分别平行于 xOy、yOz 和 xOz 平面。盒子的一角在坐标原点处。在此区域有一静电场，电场强度为 $E = 200i + 300j$，试求穿过各面的电通量。

9-6 两个同心球面，半径分别为 10 cm 和 30 cm，小球面带电 10^{-8} C，大球面带电 1.5×10^{-8} C，问：(1)离球心为 5、10、50 cm 处的电场强度是多少？(2)这两个带电球面产生的电场强度是否为离球心距离的连续函数？

9-7 一厚为 b 的"无限大"带电平板，其电荷体密度为 $\rho = kx (0 \leqslant x \leqslant b)$，$k$ 为一正的常量，如题 9-7 图所示，求：(1)平板外两侧任意一点 P_1 和 P_2 处的电场强度大小；(2)平板内任意一点 P 处的电场强度；(3)电场强度为零的点的位置。

9-8 一对无限长共轴直圆筒，半径分别为 R_1 和 R_2，圆筒面上均匀带电，沿轴线上单位长度的电量分别为 λ_1 和 λ_2，如习题 9-8 图所示，求电场在空间的分布。

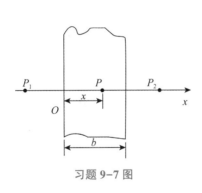

习题 9-7 图

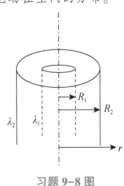

习题 9-8 图

9-9 点 A 与点 B 间相距为 $2l$，OCD 是以点 B 为中心，以 l 为半径的半圆路径，如习题 9-9 图所示。在点 A、B 两处各放一点电荷，带电量分别为 $+q$、$-q$，则把另一个带电量为 Q（$Q < 0$）的点电荷从点 D 沿路径 DCO 移动，静电力所做的功为多少？

9-10 真空中一均匀带电导线，形状如习题 9-10 图所示，$AB = DE = R$，电荷线密度为 λ，求圆心 O 的电势。

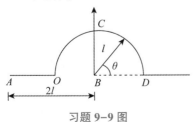

习题 9-9 图

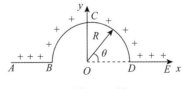

习题 9-10 图

9-11 球形金属腔带电量为 $Q > 0$，内径为 a，外径为 b，腔内距球心 O 为 r 处有一点电荷 q，如习题9-11图所示，求球心的电势。

9-12 如习题9-12图所示，金属球壳 B 内套有金属球 A，已知金属球 A 的半径为 $R_1 = 6.0$ cm，金属球壳 B 的内、外半径分别为 $R_2 = 8.0$ cm、$R_3 = 10.0$ cm。设金属球 A 带有总电量 $Q_A = 3.0 \times 10^{-8}$ C，金属球壳 B 带有总电量 $Q_B = 2.0 \times 10^{-8}$ C，求：(1) 金属球壳 B 内、外表面上所带电荷，以及金属球 A、金属球壳 B 的电势；(2) 将金属球壳 B 接地后断开，再把金属球 A 接地，求金属球 A 和金属球壳 B 内、外表面上所带电荷，以及金属球 A、金属球壳 B 的电势。

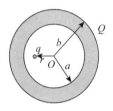

习题 9-11 图

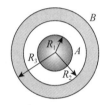

习题 9-12 图

9-13 同轴传输线由两个很长并彼此绝缘的同轴金属直圆柱构成，设内圆柱体的电势为 U_1、半径为 R_1，外圆柱体的电势为 U_2、内半径为 R_2，求离轴为 r 处($R_1 < r < R_2$)的电势。

9-14 一个半径为 R、电量为 q 的导电球与一个内径为 R_1、外径为 R_2 的球形导电壳同心，壳层的净电量是 Q，如习题9-14图所示，求：(1)壳层内、外表面的电量；(2)球和壳的电势。

9-15 两块相同面积的平行导电板 A、$B(S \gg d^2)$，电量分别为 Q_A 和 Q_B，如习题9-15图所示。求在静电平衡下各板表面的电荷面密度。

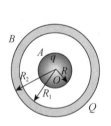

习题 9-14 图

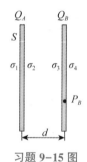

习题 9-15 图

第十章 | 稳恒磁场

我国古代很早就有对磁现象的记载。春秋战国时期，多部著作中出现了关于磁石的描述，如《管子·地数》《鬼谷子》《吕氏春秋·精通》。我国古代将"磁石"写作"慈石"，意思是石铁之母。河北省的磁县(古代称慈州和磁州)就是因盛产天然磁石而得名。西汉时期，《春秋纬·考异邮》记载"慈石引铁，玳瑁吸衣若"；东汉哲学家王充在《论衡·乱龙》中也有"顿牟掇芥，磁石引针"的描述。这些内容都将电与磁的基本现象联系了起来。另外，王充在《论衡》中描述的司南已被公认是世界上最早的指南器具。

第十章 稳恒磁场
思维导图

提起古人对磁现象的研究，必须说说北宋科学家沈括的贡献，他所著的《梦溪笔谈》科学性强，见解精辟，被世人广为称颂，在物理方面涉及的内容主要有声学、光学、电磁学及力学等，都是记前人之所未记，发前人之所未发。就磁现象而言，沈括在《梦溪笔谈》中第一次明确记载了指南针，还介绍了通过人工磁化制作指南针的方法。指南针是我国古代四大发明之一，对世界文明的发展具有重大意义。此外，沈括在世界上最早发现地磁偏角，比欧洲早四百年。

本章将讨论稳恒磁场(也称为恒定磁场)的一些基本性质。主要内容包括：描述磁场的物理量——磁感应强度，电流激发磁场的规律——毕奥-萨伐尔定律，描述磁场基本性质的定理——磁场的高斯定理和安培环路定理，磁场对运动电荷和载流导线的作用——洛伦兹力、安培力等。

10.1 磁场 磁感应强度

10.1.1 磁现象的本质

人们发现磁现象要比发现电现象早得多，但一直停留在定性阶段，如磁铁能吸引铁、钴、镍等物质，磁铁具有 N、S 两极，磁极之间有相互作用力，同种磁极相斥，异种磁极相吸。磁铁无论怎样分割，N、S 两极均同时存在。

最初，人们发现磁极与电荷之间有某些类似之处，并提出"磁荷"的概念，认为作用力来源于磁荷，并一直沿用静电学的方法去研究磁力，直到 19 世纪初，才发现磁性起源于电荷的运动。

1819 年，科学家奥斯特第一次发现电流的磁效应：小磁针能在通电导线周围受到磁力作用而发生偏转，如图 10-1(a)所示。之后，法国科学家安培做了一系列实验，分别如

图 10-1(b)、(c)、(d)所示。这些实验都证实了磁现象与电荷的运动之间的联系。基于此，1822 年，安培提出了著名的分子电流假说：一切磁现象的根源是电荷的运动。物质磁性的本质是在磁性物质分子中，由于电子绕原子核的旋转和电子本身的自旋，存在着分子电流。分子电流相当于一个基元磁铁，而物质的磁性则取决于内部分子电流对外界磁效应的总和。

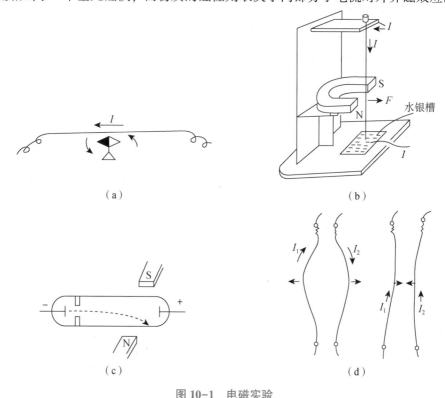

（a）

（b）

水银槽

（c）

（d）

图 10-1　电磁实验

（a）电流的磁效应；（b）磁场对载流导线的作用；（c）磁场对运动电荷的作用；
（d）两根载流导线间的相互作用

分子电流假说轻易地说明了两种磁极不能单独存在的原因。因此，可以说一切磁现象都起源于电荷的运动。磁体之间、载流导线之间，以及磁体与载流导线之间的相互作用力，实际上都可归结为运动电荷之间的作用力。

10.1.2　磁场　磁感应强度

通过前面的学习，我们知道了电场力是通过电场来传递的，而运动电荷之间相互作用的磁力也是通过场来传递的，这个场叫作磁场。一个运动电荷，在它的周围除产生电场外，还产生磁场，而另一个在它附近运动的电荷受到的磁力就是该磁场对它的作用。因此，磁力作用的方式可表示为

运动电荷—磁场—运动电荷

磁场的存在需要有一个定量地描述磁场强弱与方向的物理量来证明，人们参照电场强度 E 的定义方式定义这个物理量，称其为磁感应强度，用 B 表示。一实验电荷 q_0 以速度 v 进入磁场，其所受的磁场力不仅与电量有关，而且与运动速度的大小和方向有关。结论如下。

（1）实验电荷 q_0 在磁场中的受力情况如图 10-2 所示，当 $v \parallel B$ 时，q_0 所受的磁场力 F

为零；当 $v \perp B$ 时，q_0 所受的磁场力 F 达最大值 F_m；当 v 与 B 的夹角大于 0 且小于 90° 时，F 介于零和 F_m 之间。

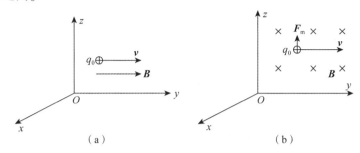

图 10-2　实验电荷 q_0 在磁场中的受力情况

(a) $v /\!/ B$ 时，$F = 0$；(b) $v \perp B$ 时，$F = F_m$

(2) 实验电荷 q_0 在场中某点所受最大磁场力的大小 F_m 与 q_0 及 v 的乘积成正比，比值 $\dfrac{F_m}{q_0 v}$ 在场中某点具有确定的值，与运动电荷 q_0 和 v 的乘积无关。可见，比值 $\dfrac{F_m}{q_0 v}$ 反映场中该点磁场强弱的性质。

(3) q_0 所受的磁场力 F 始终垂直 v 和 B 所组成的平面。

由此，定义场中某点的磁感应强度 B 的大小为

$$B = \frac{F_m}{q_0 v} \tag{10-1}$$

磁感应强度 B 的方向可用小磁针在该点时 N 极的指向表示。在国际单位制中，磁感应强度 B 的单位为特斯拉(T)，由式(10-1)可知

$$1\ \mathrm{T} = \frac{1\ \mathrm{N}}{1\ \mathrm{C} \cdot 1\ \mathrm{m} \cdot \mathrm{s}^{-1}}$$

$$= 1\ \mathrm{N} \cdot \mathrm{A}^{-1} \cdot \mathrm{m}^{-1}$$

在工程实践中，还常用高斯(符号为 Gs 或 G)作为磁感应强度的单位，它与特斯拉的换算关系为

$$1\ \mathrm{T} = 10^4\ \mathrm{Gs} \tag{10-2}$$

需要说明的是，同电场强度 E 一样，磁感应强度 B 也是一个与空间位置矢量和时间 t 有关的函数。稳恒磁场中，B 只是空间坐标的函数，与时间 t 无关。还需注意，磁感应强度 B 的定义式 $B = \dfrac{F_m}{q_0 v}$ 只反映了磁感应强度的大小，并未反映磁感应强度的方向。

10.2　毕奥-萨伐尔定律

在静电场中，我们已经学会把带电体分割成许多点电荷，然后以点电荷电场强度公式为基础，根据叠加原理，计算该带电体周围的电场强度分布。当计算恒定电流产生的磁场时，也可以用类似的方法：把恒定电流看

10.2　比奥-萨伐尔定律

成由许多电流元连接而成，以电流元产生的磁场的磁感应强度公式为基础，应用叠加原理，来计算某电流周围产生的磁场分布。

在真空中某一载流导线上任取一电流元 $I dl$，如图 10-3 所示，在空间某点 P 处产生的磁场的磁感应强度 dB 的大小与 $I dl$ 的大小成正比，与 $I dl$ 和矢径 r 的夹角 θ 的正弦值成正比，与矢径 r 的大小的平方成反比，其标量表达式为

$$dB = \frac{\mu_0}{4\pi} \frac{I dl \sin\theta}{r^2} \tag{10-3}$$

式中，$\dfrac{\mu_0}{4\pi}$ 为比例系数，其中 $\mu_0 = 4\pi \cdot 10^{-7}\,T \cdot m \cdot A^{-1} = 4\pi \cdot 10^{-7}\,H \cdot m^{-1}$，称为真空磁导率。$H$ 为亨利，是电感的单位，将在后面另外介绍。

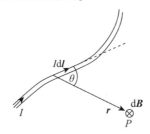

图 10-3　电流元在点 P 处产生的磁场

电流元 $I dl$ 为一矢量，方向为该处电流流向，其在点 P 产生的磁感应强度 dB 的方向总是垂直于 $I dl$ 和矢径 r 所组成的平面，并指向由 $I dl$ 经小于 180° 的 θ 角转向 r 时右螺旋前进方向。于是，式(10-3)可写成矢量形式

$$dB = \frac{\mu_0}{4\pi} \frac{I dl \times e_r}{r^2} \tag{10-4}$$

式中，e_r 表示电流元 $I dl$ 引向点 P 的矢径方向的单位矢量。

毕奥-萨伐尔定律是在大量实验基础上，后经拉普拉斯用数学推导证明得到的，但它不是直接实验结论。在计算电流的磁场分布时，可根据叠加原理，将此电流上所有电流元在该点所产生的磁感应强度 dB 进行矢量叠加而求得，即对式(10-4)进行矢量积分，得

$$B = \int dB = \int \frac{\mu_0}{4\pi} \frac{I dl \times e_r}{r^2} \tag{10-5}$$

利用毕奥-萨伐尔定律和叠加法，可求解简单的磁场分布问题。

例 10-1　设有一段载有电流 I 的直导线，试计算距导线距离为 a 处点 P 的磁感应强度 B，如图 10-4 所示。

解：先将直导线分割成无限多电流元，它们均在点 P 产生磁场，而且磁场的方向也相同，均为垂直纸面向里，于是矢量积分可化为标量积分，然后根据式(10-5)求得点 P 的磁感应强度 B。

在图 10-4 所示的载流直导线上任取一电流元 $I dz$，作 $I dz$ 到点 P 的矢径 r。根据式(10-4)写出 $I dz$ 在点 P 产生的磁感应强度的大小为 $dB = \dfrac{\mu_0}{4\pi} \dfrac{I dz \sin\theta}{r^2}$。

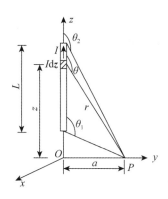

图 10-4　例 10-1 图

直导线上所有的电流元在点 P 产生磁场的合磁感应强度的大小为

$$B = \int dB = \int \frac{\mu_0}{4\pi} \frac{I dz \sin\theta}{r^2} \qquad (10-6)$$

在式(10-6)中，z、r、θ 均为变量，它们之间是有联系的，要得出积分结果，首先得统一变量。由图 10-4 可知，z 和 θ 的关系为

$$\tan(\pi - \theta) = \frac{a}{z}$$

整理得

$$z = -a\cot\theta$$

两边同时微分得

$$dz = a\csc^2\theta d\theta$$

再由图 10-4 可知，r 和 θ 关系为 $r = \dfrac{a}{\sin\theta}$，代入式(10-6)整理可得

$$B = \int \frac{\mu_0 I}{4\pi a} \sin\theta d\theta$$

注意，积分上、下限由电流起点、终点决定，如图 10-4 所示，本例下限为 θ_1，上限为 θ_2，最终积分结果为

$$B = \frac{\mu_0 I}{4\pi a}(\cos\theta_1 - \cos\theta_2) \qquad (10-7)$$

下面讨论两个特殊情况。

(1)无限长直导线周围产生的磁场：$\theta_1 = 0$，$\theta_2 = \pi$，则合磁感应强度的大小为

$$B = \frac{\mu_0 I}{2\pi a} \qquad (10-8)$$

(2)半无限长直导线在图 10-4 所示点 P 处产生的磁场：$\theta_1 = 0$，$\theta_2 = \dfrac{\pi}{2}$，合磁感应强度的大小为

$$B = \frac{\mu_0 I}{4\pi a} \qquad (10-9)$$

例 **10-2** 有一半径为 R、通电流为 I 的细导线圆环，如图 10-5(a)所示，求其轴线上距圆心 O 为 x 处的点 P 的磁感应强度的大小。

解：设在圆电流顶部处取一电流元 Idl，并由 Idl 向点 P 引矢径 r，根据毕奥-萨伐尔定律写出 Idl 在点 P 产生的磁感应强度的大小为

$$dB = \frac{\mu_0}{4\pi} \frac{Idl\sin 90°}{r^2} = \frac{\mu_0}{4\pi} \frac{Idl}{r^2}$$

显然，圆电流上所有电流元在点 P 产生的磁感应强度虽然大小相等，但方向各不相同，并且以点 P 为顶点按锥面分布。若要计算圆电流在点 P 的合磁场，必须用矢量积分形式。通常，积分时先将电流元产生的 dB 沿各正交坐标轴方向投影，化矢量积分为标量积分，考虑到圆形电流上各电流元相对轴线对称分布，如图 10-5(b)所示，所有电流元在点 P 产生的磁感应强度 dB 垂直于轴线的分量 $dB_\perp$ 逐对相互抵消，而平行于轴线的分量 $dB_{/\!/}$ 相互加强。因此，点 P 处的合磁场仅是所有 $dB_{/\!/}$ 的分量之和，且沿轴线方向，即

$$B = \int dB_{/\!/} = \int dB\sin\theta$$

代入 dB 和 $\sin\theta = \dfrac{R}{r}$ 得

$$B = \int_0^{2\pi R} \frac{\mu_0}{4\pi} \frac{Idl}{r^2} \frac{R}{r}$$

对于点 P，r 为常量，积分得

$$B = \frac{\mu_0 I R^2}{2r^3}$$

代入 $r^2 = x^2 + R^2$ 得

$$B = \frac{\mu_0 I R^2}{2(x^2 + R^2)^{3/2}} \tag{10-10}$$

点 P 的磁感应强度方向沿 x 轴正方向。

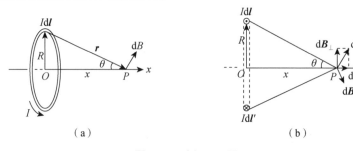

（a） （b）

图 10-5 例 10-2 图

下面讨论两个特殊情况。

(1)在 $x = 0$ 处，即圆心处磁感应强度的大小为

$$B = \frac{\mu_0 I}{2R} \tag{10-11}$$

(2)圆心角为 θ 的一段弧在圆心 O 处的磁感应强度的大小为

$$B = \frac{\theta}{2\pi} \frac{\mu_0 I}{2R} \tag{10-12}$$

10.3　磁场中的高斯定理

10.3.1　磁力线

为了形象地描绘磁场的空间分布，可以像静电场那样引入一系列假想曲线，这里称为磁力线。通常，规定磁场中任意磁力线上某点的切线方向代表该点磁感应强度 **B** 的方向；而通过垂直于磁感应强度 **B** 的单位面积上的磁力线条数等于该处 **B** 的量值，即磁力线的疏密程度反映了磁场的强弱。

磁力线可用铁屑或者小磁针显示出来。图 10-6 描绘了 3 种典型电流分布所产生磁场的磁力线的分布。电流方向与磁力线的回转方向遵从右手螺旋定则（图 10-7），从图10-6中还可以看出，磁力线具有如下特征：

（1）磁力线永不相交，这一特性与电场线是一样的；

（2）载流导线周围磁力线是与电流套合的闭合曲线，这一特性与静电场不同，静电场中电场线是有头有尾不闭合的曲线。

由此可以得出结论：静电场是有源场，而磁场是无源场。

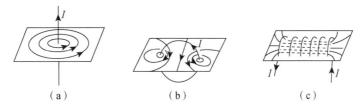

图 10-6　3 种磁力线的分布
（a）长直电流；（b）圆电流；（c）螺线管

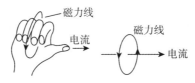

图 10-7　右手螺旋定则

10.3.2　磁通量

与静电场中电通量的概念类似，通过任意曲面 S 上的磁力线条数称为通过该曲面的磁通量，用 Φ_m 表示。

在不均匀磁场中，若要计算通过某一曲面 S 的磁通量，可在图 10-8 所示曲面 S 上任取一面元 dS，dS 的法线方向 n 即为 dS 方向，dS 与该处磁感应强度 **B** 之间的夹角为 θ。根据描绘磁力线时的规定，有 $B = \dfrac{d\Phi_m}{dS_\perp}$。

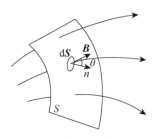

图 10-8　曲面 S 的磁通量

因此，通过面元 $\mathrm{d}S$ 的磁通量为

$$\mathrm{d}\Phi_{\mathrm{m}} = B\mathrm{d}S_{\perp} = B\mathrm{d}S\cos\theta = \boldsymbol{B} \cdot \mathrm{d}\boldsymbol{S} \tag{10-13}$$

通过有限曲面 S 的磁通量为

$$\Phi_{\mathrm{m}} = \int\mathrm{d}\Phi_{\mathrm{m}} = \int\boldsymbol{B} \cdot \mathrm{d}\boldsymbol{S} \tag{10-14}$$

在国际单位制中，磁通量的单位为韦［伯］（Wb），且 $1\ \mathrm{Wb} = 1\ \mathrm{T} \cdot \mathrm{m}$。

10.3.3　真空中的高斯定理

对于闭合曲面 S，通常规定从内向外为法线正方向。当要计算其磁通量时，显然磁力线穿出该闭合曲面的磁通量为正，而穿入闭合曲面的磁通量为负。由于磁力线是无头无尾的闭合曲线，穿过闭合曲面的通量必然正负相抵，总量为零，即

$$\oint_{S}\boldsymbol{B} \cdot \mathrm{d}\boldsymbol{S} = 0 \tag{10-15}$$

式（10-15）是真空中稳恒磁场的高斯定理的数学表达式，形式上与静电场真空中的高斯定理 $\oint_{S}\boldsymbol{E} \cdot \mathrm{d}\boldsymbol{S} = \dfrac{\sum q}{\varepsilon_{0}}$ 相似，但二者有本质上的区别：静电场真空中高斯定理表示式等号右边可以不为零，说明自然界有单独存在的正电荷或负电荷，电场线可以在闭合曲面内发出或终止；而自然界中没有单独存在的磁单极，因而磁力线必然闭合，导致高斯定理表示式等号右边必然为零。因此，这是一条反映稳恒磁场是无源场这一重要性质的公式。

关于磁单极，不少物理学家从理论上预言其存在，还有人计算出它的磁荷与质量的值，但目前在实验上尚未令人信服地证实磁单极的存在。

10.4　安培环路定理及其应用

10.4.1　安培环路定理

在静电场中，电场强度沿闭合路径的线积分（即环流）为零。这说明静电场是保守场、无旋场，那么磁感应强度沿闭合路径的线积分等于什么呢？下面以长直电流产生的磁场为例来讨论。

设在真空中有一电流为 I 的无限长直导线，电流方向如图 10-9 所示，现以点 O 为圆心、R 为半径构成一圆形环路，求磁感应强度对该环路的线积分。

10.4.1　安培环路定理

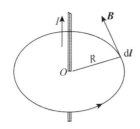

图 10-9 对圆形环路的积分

由前面的知识可知，环路上任意一点的磁感应强度的大小均为 $\dfrac{\mu_0 I}{2\pi R}$，若规定环路为逆时针方向，则环路上各点磁感应强度的方向与该点线元 $\mathrm{d}\boldsymbol{l}$ 的方向相同，即 $\boldsymbol{B}$ 与 $\mathrm{d}\boldsymbol{l}$ 夹角为零，于是有

$$\oint_L \boldsymbol{B} \cdot \mathrm{d}\boldsymbol{l} = \oint_L B\cos\theta\,\mathrm{d}l = \oint_L \frac{\mu_0 I}{2\pi R}\mathrm{d}l = \frac{\mu_0 I}{2\pi R}\oint_L \mathrm{d}l = \frac{\mu_0 I}{2\pi R}\cdot 2\pi R = \mu_0 I$$

在上述问题中将回路方向取为顺时针方向，则环路上各点磁感应强度的方向与该点线元 $\mathrm{d}\boldsymbol{l}$ 的方向相反，积分结果将为负，即

$$\oint_L \boldsymbol{B} \cdot \mathrm{d}\boldsymbol{l} = -\mu_0 I$$

上面结果表明，在稳恒磁场中，磁感应强度对闭合路径的线积分等于真空磁导率乘以环路内包围的电流。并且，此电流有正负两种情况，当环路绕行方向与电流方向构成右手螺旋定则时，电流取正值，反之取负值。

将这个特例推广一下，如果环路是任意闭合路径，空间电流分布也不止一个，那么可以得到在真空中的稳恒磁场中，磁感应强度沿任一闭合路径 L 的线积分（即 $\boldsymbol{B}$ 的环流）等于真空磁导率乘以闭合路径内所包围并穿过的电流的代数和，即

$$\oint_L \boldsymbol{B} \cdot \mathrm{d}\boldsymbol{l} = \mu_0 \sum_{(L内)} I_i \tag{10-16}$$

式（10-16）称为真空中稳恒磁场的安培环路定理。它说明磁场是有旋场、非保守场，这是反映稳恒磁场性质的另一条重要定理。

关于环路定理的理解，有以下几点需要注意。

（1）包围的电流有正负。当环路绕行方向与电流方向构成右手螺旋定则时，电流取正值，反之取负值。

（2）"包围"的真正含义是指电流能穿过以 L 为周界的任意曲面。电流与环路套连到一起，每套连一圈就叫包围一个电流，套链 N 圈则包围总电流是 NI，即 $\oint_L \boldsymbol{B}\cdot\mathrm{d}\boldsymbol{l} = \mu_0 NI$，如图 10-10（a）所示，而图 10-10（b）所示的情况不叫"包围"，则有 $\oint_L \boldsymbol{B}\cdot\mathrm{d}\boldsymbol{l} = 0$。

图 10-10 包围电流的判断和计算举例

10.4.2 安培环路定理的应用

当电流分布具有某种对称性时，可以应用安培环路定理求出电流周围的磁场分布，解题思路可模仿静电场高斯定理。

(1)分析磁场分布的对称性。根据电流分布的对称性来分析磁场分布的对称性。

(2)选择适当的积分回路。根据磁场分布的对称性和特点，选择适当的积分回路 L(也称安培环路)，使此回路 L 上的磁感应强度处处相等，可直接从 $\oint_L \boldsymbol{B} \cdot \mathrm{d}\boldsymbol{l}$ 中以标量形式将 B 从积分号中提出；或沿回路 L 的某几段的积分为零，剩余的路径上磁感应强度处处相等，从而将 B 的标量形式提至积分号外。

(3)根据环路定理列公式，求解磁感应强度。

例 10-3 设真空中有一无限长载流圆柱体，圆柱半径为 R，圆柱体上均匀地通有电流 I，沿轴线流动，如图 10-11(a)所示，求磁场分布。

解： 对于无限长载流圆柱体，由于电流分布具有轴对称性，可以利用叠加原理判断在圆柱体内外空间中的磁场分布，应是一系列同轴圆周线，判断如下。

在图 10-11(b)中的圆柱横截面上以 OP 为轴，任取一对对称的电流 $\mathrm{d}I_1$ 和 $\mathrm{d}I_2$，可看成两根无限长载流直导线，它们单独产生磁场的磁力线为同心圆环，则在柱外任一点 P 处产生的磁感应强度 $\mathrm{d}\boldsymbol{B}_1$ 和 $\mathrm{d}\boldsymbol{B}_2$ 的合矢量 $\mathrm{d}\boldsymbol{B}$ 的方向一定沿过点 P 的圆周线的切线方向，从而可以判断，离圆柱轴线距离相同处各点的磁感应强度的大小相同，方向垂直于轴和轴到该点径矢组成的平面。

先讨论圆柱导体外的磁场分布。设圆柱外一点 P 距轴线为 r。选择过点 P 的同轴圆周线为积分回路 L(回路 L 方向与电流方向成右手螺旋关系)，根据上述分析，可求得磁感应强度沿回路 L 的环流为

$$\oint_L \boldsymbol{B} \cdot \mathrm{d}\boldsymbol{l} = 2\pi r B$$

根据安培环路定理可得

$$2\pi r B = \mu_0 I$$

即

$$B = \frac{\mu_0 I}{2\pi r} \quad (r > R)$$

可见，在无限长载流圆柱体外的磁场分布与载有相同电流的无限长直导线周围磁场一样。

再讨论无限长载流圆柱体内的磁场分布。选 $r < R$ 处的任意一点 P'，并选通过点 P'、半径为 r 的同轴圆周线为积分回路 L'(仍与电流成右手螺旋关系)，如图 $10-11$(c)所示。根据同样的分析，由于回路上各点磁感应强度的大小相同，方向沿 L' 的切线，则磁感应强度沿 L' 的环流为

$$\oint_L \boldsymbol{B} \cdot \mathrm{d}\boldsymbol{l} = 2\pi r B$$

由于回路 L' 包围并穿过的电流为 $\dfrac{\pi r^2}{\pi R^2} I$，因此由安培环路定理得

$$2\pi r B = \mu_0 \frac{\pi r^2}{\pi R^2} I$$

$$B = \mu_0 \frac{r}{2\pi R^2} I (r < R)$$

无限长载流圆柱体内外磁场随半径分布的曲线如图 10-11（c）所示，综合表达式为

$$B = \begin{cases} \mu_0 \dfrac{r}{2\pi R^2} I (r < R) \\ \dfrac{\mu_0 I}{2\pi r} (r > R) \end{cases} \quad (10\text{-}17)$$

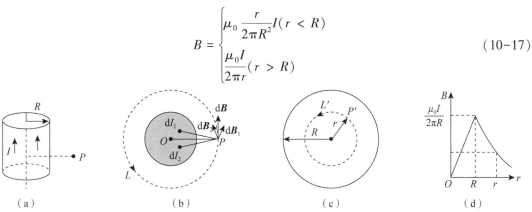

图 10-11 例 10-3 图

若是无限长载流圆柱面，则外部跟上例结论一样，而内部因为没有电流，根据上面分析很容易得出面内无包围电流，因此内部无磁场，即

$$B = \begin{cases} 0 (r < R) \\ \dfrac{\mu_0 I}{2\pi r} (r > R) \end{cases} \quad (10\text{-}18)$$

10.5 磁场对运动电荷和载流导线的作用

10.5.1 洛伦兹力

在定义磁感应强度 B 时，已经知道运动电荷在外磁场中将受到磁场力 F 的作用。F 的大小跟速度 v 与磁感应强度 B 之间的夹角有关。当运动电荷沿磁场方向进入磁场时，磁力 F 为零，当运动电荷垂直磁场方向进入时，所受磁场力 F 最大，为 $F_m = Bqv$。在一般情况下，如图 10-12 所示，当运动电荷的运动方向与磁场方向成 θ 角时，则所受磁场力 F 的大小为

10.5 洛伦兹力

$$F = Bqv_x = Bqv\sin\theta$$

方向垂直于 v 和 B 组成的平面（即 xOy 平面），指向由右手螺旋定则决定。其矢量式为

$$F = qv \times B \quad (10\text{-}19)$$

图 10-12 洛伦兹力

式(10-19)称为洛伦兹力公式。应注意洛伦兹力 $\boldsymbol{F}$ 的方向：当 $q > 0$ 时，$\boldsymbol{F}$ 与 $\boldsymbol{v} \times \boldsymbol{B}$ 同向；当 $q < 0$ 时，$\boldsymbol{F}$ 与 $\boldsymbol{v} \times \boldsymbol{B}$ 反向。

10.5.2 带电粒子在磁场中的运动

设有一质量为 m、电量为 q 的带电粒子以初速度 $\boldsymbol{v}_0$ 进入均匀磁场，在忽略重力的情况下，其运动规律可分为以下 3 种情况。

1. 初速度 $\boldsymbol{v}_0$ 的方向和磁感应强度 $\boldsymbol{B}$ 方向平行

此时，由式(10-19)可知，带电粒子受到的洛伦兹力为零，因而粒子在磁场中将做匀速直线运动。

2. 初速度 $\boldsymbol{v}_0$ 的方向和磁感应强度 $\boldsymbol{B}$ 方向垂直

此时，带电粒子所受洛伦兹力 $\boldsymbol{F}$ 垂直于 $\boldsymbol{v}_0$ 和 $\boldsymbol{B}$，如图 10-13 所示，大小为 $F = qv_0 B$。带电粒子速度只改变方向而不改变大小，故做匀速率圆周运动，洛伦兹力不做功。由牛顿运动定律可知

$$qv_0 B = m\frac{v_0^2}{R}$$

从而求得带电粒子做圆周运动的轨道半径 R 为

$$R = \frac{mv_0}{Bq} \tag{10-20}$$

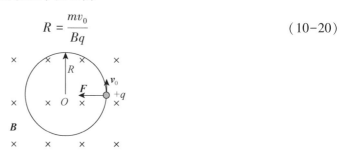

图 10-13　$v \perp B$ 时，带电粒子的运动

带电粒子运动一周所需时间(即运动周期)为

$$T = \frac{2\pi R}{v_0} = \frac{2\pi m}{qB} \tag{10-21}$$

可见，粒子运动周期 T 与粒子本身运动速度无关。

3. 初速度 $\boldsymbol{v}_0$ 的方向和磁感应强度 $\boldsymbol{B}$ 方向成 θ 角

将带电粒子初速度 $\boldsymbol{v}_0$ 分解为平行于 $\boldsymbol{B}$ 的分量 $\boldsymbol{v}_{/\!/}$ 与垂直于 $\boldsymbol{B}$ 的分量 $\boldsymbol{v}_\perp$，则

$$v_{/\!/} = v_0 \cos\theta$$
$$v_\perp = v_0 \sin\theta$$

显然，带电粒子参与两个分运动，即平行磁场方向的匀速直线运动和垂直磁场方向的圆周运动。这两种分运动合成的结果为图 10-14 所示的以磁场方向为轴的等螺距螺旋运动，螺旋线半径 R 为

$$R = \frac{mv_\perp}{Bq} = \frac{mv_0 \sin\theta}{Bq} \tag{10-22}$$

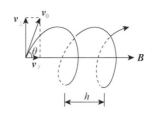

图 10-14　带电粒子的螺旋运动

螺旋周期 T 为

$$T = \frac{2\pi R}{v_\perp} = \frac{2\pi m}{Bq} \tag{10-23}$$

螺旋线的螺距 h 为

$$h = Tv_{/\!/} = \frac{2\pi m v_0 \cos\theta}{Bq} \tag{10-24}$$

10.5.3　带电粒子在电磁场中运动实例

1. 速度选择器

当空间同时存在电场和磁场时，质量为 m 的带电运动粒子将同时受到电场力和磁场力的作用，其运动方程为

$$q\boldsymbol{E} + q\boldsymbol{v} \times \boldsymbol{B} = \frac{\mathrm{d}(m\boldsymbol{v})}{\mathrm{d}t} \tag{10-25}$$

一般情况下，这一方程的求解是比较困难和复杂的。下面仅讨论空间存在互相垂直的均匀电场和均匀磁场时，带电粒子的运动。

如电量为 q 的带电粒子沿图 10-15 所示方向以速度 v 进入均匀电场和均匀磁场区域中，由于既存在 $v \perp E$，又存在 $v \perp B$，则在如图所示的电磁场中，带电粒子所受电场力 $\boldsymbol{F}_\mathrm{e} = q\boldsymbol{E}$ 与磁场力 $\boldsymbol{F}_\mathrm{m} = q\boldsymbol{v} \times \boldsymbol{B}$ 正好反向。当粒子速度满足

$$|q\boldsymbol{E}| = |q\boldsymbol{v} \times \boldsymbol{B}|$$

即 $v = E/B$ 时，带电粒子所受合力为零，粒子将沿缝隙做匀速直线运动通过这一区域。具有其他速度的带电粒子，由于 $|\boldsymbol{F}_\mathrm{e}| \neq |\boldsymbol{F}_\mathrm{m}|$ 而将发生偏离，进而落到电极板上，无法通过这一区域，因而可利用此装置在一束带电粒子中筛选出 $v = E/B$ 的带电粒子。这一装置通常称为速度选择器。人们常通过改变电场或磁场的大小，选择出不同速度的带电粒子，如在测定电子的荷质比时就用到了速度选择器。

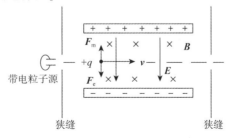

图 10-15　速度选择器

2. 磁透镜

利用磁透镜可实现磁聚焦。电子射线磁聚焦装置(磁透镜)的工作示意图如图 10-16 所

示，阴极 K、控制极 G 与阳极 A 组成电子枪，CC' 为产生均匀磁场的螺线管。

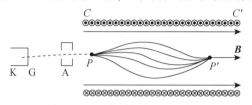

图 10-16　磁透镜的工作示意图

由阴极射出的电子束在控制极及阳极电压作用下会聚于点 P，点 P 相当于光学成像系统中的物点。由于速度近似相等的电子束在运动过程中受库仑斥力的作用，运动过程中将出现电子束的发散。此时，若沿电子束原运动方向加一个均匀磁场，由于各个电子偏离原运动方向（B 方向）的角度 θ 很小，故平行于 B 的分量 $v_{/\!/}$ 和垂直于 B 的分量 $v_{\perp}$ 分别为

$$v_{/\!/} = v_0 \cos\theta \approx v_0$$

$$v_{\perp} = v_0 \sin\theta \approx v_0\theta$$

可见，不同 θ 角的电子，其 $v_{/\!/}$ 相同，而 $v_{\perp}$ 不同，故各电子在均匀磁场中做半径不同、螺距相同的螺旋运动。当绕一周后，这些散开的电子又将重新会聚于同一点 P'，这恰似透镜将从物点发出的光束聚焦成像。由于这里是磁场将电子束聚焦，因此又称为磁聚焦，而该装置称为磁透镜。

以上介绍的是长磁透镜，其放大率为 1。电子显微镜中用的是短焦距强磁透镜，可得到很大的放大率。

3. 磁镜和磁瓶

带电粒子在均匀磁场中可以磁场方向为轴做螺旋运动，根据式(10-20)可知螺旋线的半径 R 将与磁感应强度成反比。如果带电粒子在非均匀磁场中向磁场较强的方向运动，显然，螺旋线的半径将随磁感应强度的增加而逐渐变小，当带电粒子带负电荷时(图 10-17)，它们在非均匀磁场中所受洛伦兹力 F 恒有一指向磁场较弱方向的分量阻碍带负电的粒子继续前进，并继而掉头向磁场较弱方向运动，就像带电粒子遇到了反射镜被反射一样，这种强度逐渐增强的会聚磁场称为磁镜。

如果在一个圆柱形真空室的两端采用两个电流方向相同的圆线圈，使在真空室中产生两端强中间弱的磁场分布，如图 10-18 所示，这好似在这一磁场区的两端形成两个磁镜，常称为磁瓶。此时，带负电的粒子将被约束在两个磁镜之间往返运动而无法逃脱。在可控热核反应装置中，由于等离子体温度高达 $10^7 \sim 10^8$ K，没有一种有形容器可耐如此高温，故常采用磁瓶将处于高温等离子状态的带电粒子约束在某一空间区域来回振荡，增大高温等离子状态下粒子间互相碰撞的频率，以提高反应概率。

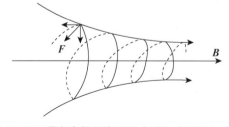

图 10-17　带负电粒子在磁场中受阻力而反向运动

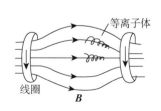

图 10-18　磁瓶

4. 霍尔效应

1879 年，霍尔发现，在均匀磁场中放置的矩形截面的载流导体（图 10-19）中，若电流方向与磁场方向垂直，则在垂直于电流又垂直于磁场的方向上，导体的上、下两表面将出现电势差。这种现象称为霍尔效应，所产生的横向电势差称为霍尔电势差。

实验发现，霍尔电势差 $U_1 - U_2 = \Delta U$ 与电流 I 和磁感应强度有以下关系

$$\Delta U = U_1 - U_2 = R_H \frac{IB}{h} \tag{10-26}$$

式中，h 为导体板厚度；R_H 为霍尔系数，是仅与导体材料有关的常数。

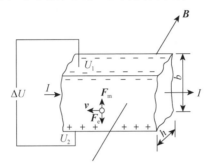

图 10-19 金属导体的霍尔效应

霍尔电势差产生的原因可用经典电子理论来解释。以金属导体为例，其载流子为自由电子，设载流子数密度为 n，自由电子漂移速率为 v，则有

$$I = envhb$$

$$v = \frac{I}{enhb} \tag{10-27}$$

在图 10-19 中，向左漂移的自由电子在磁场中受洛伦兹力，方向向上，大小为

$$F_e = eE = e\frac{-\Delta U}{b}$$

当自由电子所受洛伦兹力和电场力平衡时，达稳定态，自由电子只沿导体定向漂移而不再偏转，由 $F_e = F_m$ 可得 $evB = e\frac{-\Delta U}{b}$。

这时，导体上、下表面有稳定的电势差，即霍尔电势差为 $\Delta U = U_1 - U_2 = -Bbv$。
将式（10-27）代入上式得

$$\Delta U = -Bb\frac{I}{enhb} = -\frac{1}{en}\frac{IB}{h} \tag{10-28}$$

若导体中的载流子带正电量 q，则洛伦兹力方向向上，使正的载流子向上漂移，这时霍尔电势差为

$$\Delta U = U_1 - U_2 = \frac{IB}{nqh} \tag{10-29}$$

比较式（10-26）和式（10-28），由式（10-29）可以得到霍尔系数为

$$R_{\rm H} = -\frac{1}{ne} \ \text{或} \ R_{\rm H} = \frac{1}{nq} \tag{10-30}$$

可见，霍尔系数 $R_{\rm H}$ 的正负取决于载流子的正负性质。

霍尔效应在实际中应用广泛。通过实验测定霍尔系数和霍尔电势差，就可以判断载流子的正负，对于半导体，就是用这个方法判定它是 N 型(电子型)还是 P 型(空穴型)。通过对霍尔系数大小的测定，还可以计算出载流子的浓度。

半导体内载流子浓度小，霍尔系数大，霍尔效应比金属明显，用半导体制成的霍尔元件，通以电流并置于待测磁场中，测出霍尔电势差后就可求得磁感应强度。用这一原理制成的测量磁场大小和方向的仪器称为磁强计(或高斯计)。

除了在固体中的霍尔效应，在导电流体中同样会产生霍尔效应。处于高温高速运动的等离子态气体通过耐高温材料制成的导电管时，在垂直于气流的方向上加上磁场，气体中正、负离子在洛伦兹力的作用下，分别向垂直于磁感应强度与流速的两个互相相反的方向运动，于是在导电管的两侧电极上产生电势差，并输出电能，这就是磁流体发电的基本原理。磁流体发电具有热效率高、污染少和启动迅速等优点，许多国家正积极开展研究，目前已经从实验室向实用阶段发展。

应该指出，前面对霍尔电势差及霍尔系数的计算均以经典电子理论为依据，对有些材料，如一些二价金属和半导体，实验结果与之并不相符。这种现象用经典电子论无法解释，只能用量子理论加以说明。

10.5.4　安培力

载流导线在磁场中要受磁场力的作用，这个力的相关规律最早是由安培从实验中得出的，因此该力通常称为安培力。下面简单阐述该力的微观机制。

导线中的电流，从本质上看是自由电子的定向运动。自由电子在外磁场中受洛伦兹力的作用，因此安培力本质是导线中做定向运动的电子在洛伦兹力作用下，通过导线内部的自由电子与晶格之间的作用，使导线在宏观上看起来受到了磁场力的作用。

因此，安培力本质是内部电子所受洛伦兹力的合力。下面给出导线上一段电流元 $I\mathrm{d}\boldsymbol{l}$ 在外磁场作用下的力 $\mathrm{d}\boldsymbol{F}$ 的表达式，即

$$\mathrm{d}\boldsymbol{F} = I\mathrm{d}\boldsymbol{l} \times \boldsymbol{B} \tag{10-31}$$

式(10-31)称为安培定律，是电流元在外磁场中所受的作用力。对于任意形状的载流导线，其在外磁场中受到的安培力应等于它的各个电流元所受的安培力的矢量和，通常可用积分式表示为

$$\boldsymbol{F} = \int I\mathrm{d}\boldsymbol{l} \times \boldsymbol{B} \tag{10-32}$$

应该指出，式(10-32)为矢量积分，对任意形状的载流导线或载流导线处于不均匀磁场中，每一电流元所受的安培力 $\mathrm{d}\boldsymbol{F}$ 的大小和方向均有所不同，求它们的合力时较复杂，原则上要化矢量积分为标量积分。在直角坐标系中，把 $\boldsymbol{F}$ 分解为 F_x、F_y、F_z 这 3 个分量，然后通过积分求得分量 F_x、F_y、F_z，最后合成 $\boldsymbol{F}$。

知识扩展

磁悬浮列车

磁悬浮列车是一种靠磁悬浮力推动的列车，通过电磁力实现列车与轨道之间的无接触悬浮和导向，利用直线电机产生的电磁力牵引列车运行。1842年，英国物理学家恩休就提出了磁悬浮的概念。1934年，德国的赫尔曼·肯佩尔申请了磁悬浮列车这一专利。

1. 常导磁悬浮列车

常导磁悬浮列车也称为常导磁吸型磁悬浮列车，它是利用普通直流电磁铁电磁吸力的原理将列车悬起。轨道与悬浮列车间隙相对较小，一般为10 mm左右。常导磁悬浮列车的速度可达400~500 km/h，适合城市间的长短距离快速运输。按照异性相吸、同性相斥的原理，利用磁力克服重力使物体悬浮，车体与轨道保持不接触的状态。

列车驱动原理与同步直线电机原理基本相同。轨道两侧线圈中的流动交流电，可以将线圈变为电磁体性质，与列车上电磁体产生相互作用，完成列车驱动任务。

2. 超导磁悬浮列车

超导磁悬浮列车也称为超导磁斥型磁悬浮列车，它是利用超导磁体产生的强磁场，在列车运行时与布置在地面上的线圈相互作用，产生电磁斥力将列车悬起，轨道与悬浮列车间隙相对较大，一般为100 mm左右，速度可达500 km/h以上，适合城市间的长距离快速运输。

在电磁体相互作用的助力下，超导磁悬浮列车运用了超导体的完全抗磁性特点，在轨道上放置线圈，确保线圈能够与车身之间产生强大的排斥作用，实现悬浮运行。如果列车运行速度为零，是无法达到静止悬浮状态的。由于车辆上的磁体(超导磁体、永磁铁或常导线圈)在运动时切割线路上导体(短路环)产生感应电流，该电流产生的磁力线，必然与产生它的磁力线相反，形成斥力。按照此原理，这类磁悬浮列车的垂直悬浮力和过曲线时的横向导向力都是利用这个原理实现的，因此在静止时没有悬浮力和导向力。

高温超导磁悬浮需要保证部件在某一温度下能够达到电阻率为零，以及完全抗磁的无消耗运输状态。超导线圈构成的超导磁铁是列车运行的关键，其是保证电阻处于零状态的关键，能够达到有效控制损耗的目的，可实现对大电流以及强电流的高质量传输，整体传输效率相对较高，可实现对运行成本的有效控制。

超导电性指在很低的温度下，某些金属会突然失去电阻的状态，此温度称为临界温度。导体没有电阻后，电流再次经过导体时不会发生热损耗问题，可在导线中形成强大电流，生成超强磁场。一个物质被确定为超导体需要两个基本条件：一个是电阻为零，另一个是完全抗磁性。

超导电性被发现至今已经有一百多年了，目前仍不断有新的超导体被发现，而且最高临界温度已经达到280 K，当然这是在极端高压下的结果，这个结果已经接近室温。这种探索不会停止，也许还要持续几十甚至几百年时间，直到发现真正的室温超导体为止。如果能够实现室温超导，将会产生巨大的科技和应用价值。

室温超导可用于电力输送，大大提高电网效率，并减少能源损耗，同时也可以使输电线路更加安全，减少事故发生率；可用于航空航天交通运输，制造更加轻量化、高效能的电力系统和电力驱动系统，使得飞机、火箭等航空航天器的性能得到大幅提升；可用于磁悬浮列车、磁力飞行器等交通工具的制造，使其速度更快、更加高效。另外，室温超导在信息技术、磁能存储、医疗、新材料制造等领域都有重要应用。

思考题

10-1 说说电流元激发磁场和电荷元激发电场有什么异同。

10-2 通过理解磁场的高斯定理，说说磁场有怎样的性质。

10-3 "由安培环路定理可知，环路上各点磁场仅与环路内包围电流有关"，这种说法对吗？为什么？

10-4 电子以速度 v 射入均匀磁场中，电子沿什么方向入射受到磁场力最大？沿什么方向入射受到磁场力最小？

习　题

10-1 平面闭合回路由半径为 R_1、$R_2(R_1>R_2)$ 的两个同心半圆弧和两个直导线段组成，如习题 10-1 图所示。已知两个直导线段在两半圆弧中心 O 处的磁感应强度为零，且闭合载流回路在点 O 处产生的总的磁感应强度 B 与半径为 R_2 的半圆弧在点 O 产生的磁感应强度 B_2 的关系为 $B = 2B_2/3$，求 R_1 与 R_2 的关系。

10-2 几种载流导线在平面内分布，电流均为 I，如习题 10-2 图所示，求它们在各自点 O 处产生的磁感应强度。

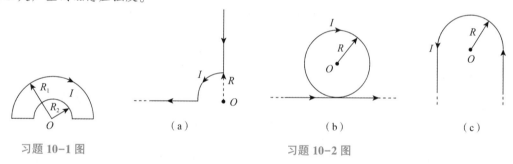

习题 10-1 图

（a）　　　　　　　　（b）　　　　　　　　（c）

习题 10-2 图

10-3 有两根导线沿半径方向接到铁环的 a、b 两点，并与很远处的电源相接，如习题 10-3 图所示，求环心的磁感应强度。

10-4 载流长直导线的电流为 I，如习题 10-4 图所示，试求通过矩形面积的磁通量。

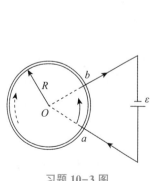

习题 10-3 图

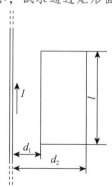

习题 10-4 图

10-5　在磁感应强度为 **B** 的均匀磁场中，有一半径为 R 的半球面，**B** 与半球面的轴线夹角为 α，如习题 10-5 图所示，求通过该半球面的磁通量。

10-6　有一同轴电缆，其尺寸如习题 10-6 图所示，它的内外两导体中的电流均为 I，且在横截面上均匀分布，但二者电流的流向相反，求：（1）$r < R_1$ 处磁感应强度大小；（2）$R_2 < r < R_3$ 处磁感应强度大小；（3）$r > R_3$ 处磁感应强度大小。

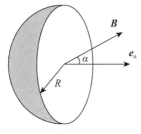

习题 10-5 图

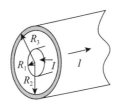

习题 10-6 图

第十一章

电磁感应

激发电场和磁场的源——电荷和电流是相互关联的，这就启发我们：电场和磁场之间也必然存在着相互联系、相互制约的关系。电磁感应定律的发现以及位移电流概念的提出，阐明了变化磁场能够激发电场，变化电场能够激发磁场，充分揭示了电场和磁场的内在联系及依存关系。在此基础上，麦克斯韦以麦克斯韦方程组的形式总结出普遍而完整的电磁场理论。电磁场理论不仅成功地预言了电磁波的存在，揭示了光的电磁本质，其辉煌的成就还极大地推动了现代电工技术和无线电技术的发展，为人类广泛利用电能开辟了道路。

第十一章　电磁感应
思维导图

本章将介绍电磁感应现象及定律，感生电动势、动生电动势及其应用。

11.1　电磁感应定律

11.1.1　电磁感应现象的发现

1820 年，奥斯特发现电流的磁效应后，在欧洲掀起了研究电磁效应的热潮，人们开始思考这样的问题：既然电流能产生磁场，磁场是否能产生电流呢？英国的实验物理学家法拉第根据对称性这个普遍的自然法则，判断必然存在逆奥斯特效应，即磁感生电流的效应。经过近 10 年的探索研究，终于在 1831 年宣布了他的发现——电磁感应现象。

下面介绍电磁感应现象的几个典型实验，如图 11-1 所示，线圈 2 和电流计 3 构成闭合回路，将条形磁铁 1 插入或拔出线圈 2 的过程中，电流计的指针会发生偏转，偏转程度与插入或拔出的速度大小成正比，磁铁不动则电流消失。

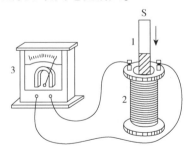

图 11-1　电磁感应实验装置示意图 1

又如图 11-2 所示，线圈 4 载有恒定电流，用来代替磁铁重复上面的实验动作，得到相同的实验现象。

在上面两组实验中，闭合线圈与磁铁之间有相对运动则会感应出电流，下面这组实验中线圈与磁铁之间无相对运动，还能否感应出电流呢？

将线圈 4 放入线圈 2 中，通过调节滑动变阻器来改变线圈 4 中电流大小，如图 11-3 所示，结果发现当电流变化时也能够感应出电流。

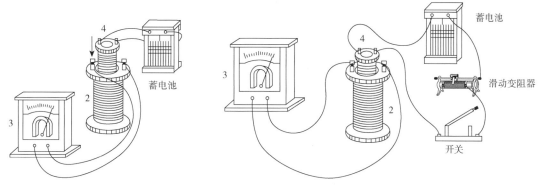

图 11-2 电磁感应实验装置示意图 2   图 11-3 电磁感应实验装置示意图 3

以上各实验中，无论是闭合线圈与磁铁间有相对运动，还是闭合线圈间相对静止而电流发生变化，在闭合回路中都会感应出电流。法拉第将这种现象与静电感应现象进行类比，形象地称其为感应电流。出现感应电流，说明回路中有电动势存在，将这种电动势称为感应电动势。

产生感应电流的本质原因是什么呢？通过上面实验分析，其原因既不是相对运动，也不是线圈内电流变化。再仔细分析，可以发现它们具有一个共同特征，就是闭合回路中的磁场强弱都发生了变化，那么磁场强弱不变化，能否产生感应电流呢？

在一均匀磁场中放一矩形线框 abcd，线框的一边 cd 可以在 ad、bc 两条边上滑动，以改变线框平面的面积，如图 11-4 所示。线框的另一边 ab 中接一灵敏电流计 G。使线框平面与磁场垂直，则当 cd 边滑动时，也会引起感应电流，滑动速度 v 的值越大，感应电流也越大。感应电流的流向与磁场感应强度 **B** 的方向及 cd 滑动的方向彼此有关，但如果线框平面平行于磁感应强度方向，则无论怎样滑动。cd 边都没有感应电流产生。在这个实验中，磁场强弱没有发生变化，但当 cd 边的滑动使得通过线框的磁通量发生变化时，也会产生感应电流。

法拉第从大量的实验现象中抓住了问题的关键，终于找到了产生感应电流的本质原因，即只要穿过闭合回路的磁通量发生了变化，就会在回路中产生感应电动势，进而产生感应电流。

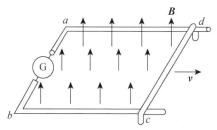

图 11-4 线框平面面积改变引起感应电流

11.1.2 法拉第电磁感应定律

电磁感应定律由法拉第提出，其内容可表述为：当穿过闭合回路所围面积的磁通量发生变化时，不论这种变化是什么原因引起的，回路中都会建立起感应电动势 ε_i，且感应电动势 ε_i 正比于磁通量 Φ_m 对时间的变化率。其表达式如下

$$\varepsilon_i = -\frac{\mathrm{d}\Phi_m}{\mathrm{d}t} \tag{11-1}$$

在国际单位制中，ε_i 的单位为伏特（V），t 的单位为秒（s），Φ_m 的单位为韦伯（Wb）。若闭合回路不是由一圈线圈组成，而是由 N 匝密绕线圈绕制成的，则这时电磁感应定律为

$$\varepsilon_i = -\frac{\mathrm{d}\Psi}{\mathrm{d}t} \tag{11-2}$$

式中，$\Psi = N\Phi_m$，称为磁通链；负号反映了感应电动势的方向和与磁通量变化的关系。

取导体回路中的磁力线的方向为正方向，按右手螺旋定则确定导体回路 L 的绕行正方向。若穿过回路的磁通量增大，即 $\frac{\mathrm{d}\Phi_m}{\mathrm{d}t} > 0$，则 $\varepsilon_i < 0$，这表明感应电动势的方向和 L 的绕行方向相反；如果穿过回路的磁通量减小，即 $\frac{\mathrm{d}\Phi_m}{\mathrm{d}t} < 0$，则 $\varepsilon_i > 0$，这表明感应电动势的方向和 L 的绕行方向相同。

1833 年，楞次提出了另一种直接判断感应电流方向的方法，从而根据感应电流的方向说明了感应电动势的方向。下面以磁铁插入和拔出线圈的情况为例来讨论感应电动势的方向，回路的绕行方向如图 11-5 所示，根据右手螺旋定则，向左为法线正方向，当磁铁插入线圈时，磁力线的方向向左，$\Phi_m > 0$，穿过线圈的磁通量增加，$\mathrm{d}\Phi_m > 0$，$\frac{\mathrm{d}\Phi_m}{\mathrm{d}t} > 0$，则 $\varepsilon_i < 0$，说明感应电动势与标定的回路的正方向相反。此时，感应电流所激发的磁场向右，与磁铁的磁力线方向相反，起到了阻碍磁通量增加的作用。同理，当拔出磁铁时，通过线圈的磁通量减少，而此时感应电流所激发的磁场方向向左，其作用相当于阻碍磁通量的减少。通过其他电磁感应现象也可以发现相同的规律：闭合回路中感应电流的方向，总是使得它所激发的磁场阻碍引起电磁感应的磁通量的变化。这个规律叫作楞次定律。

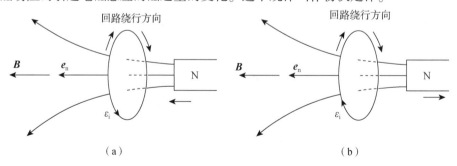

图 11-5 感应电动势的方向判断

（a）$\Phi_m > 0$, $\mathrm{d}\Phi_m > 0$, $\varepsilon_i < 0$；（b）$\Phi_m > 0$, $\mathrm{d}\Phi_m < 0$, $\varepsilon_i > 0$

感应电流遵循楞次定律的方向，是能量守恒的必然规律。例如，磁铁插入线圈的过程中，必须克服斥力做功；当磁铁拔出时，则克服引力做功，这部分机械功转化为感应电流释放出焦耳热。假设感应电流的效果不是阻碍作用，而是加速磁铁运动，那么在磁铁插入或拔出的过程中既对外做功，又释放焦耳热，即只要把磁铁稍微推动一下，线圈中出现的感应电流将使它越来越快。显然，这是违背能量守恒定律的。因此，楞次定律的实质是能量守恒定律在电磁感应现象中的具体体现。

11.2 动生电动势

11.2 动生电动势

法拉第电磁感应定律指出，只要通过闭合回路的磁通量发生变化，回路中就会产生感应电动势。根据磁通量变化原因的不同，可以分以下两种情况讨论：一种是磁场保持不变，导体回路或导体在磁场中运动；另一种是导体不动，磁场发生改变。前者产生的电动势叫作动生电动势，后者叫作感生电动势。

在均匀磁场中，有一长为 l 的导体棒 PQ 以速度 v 向右运动，如图 11-6 所示，设 PQ、B、v 三者相互垂直，则直导体棒 PQ 在运动时切割磁力线。导体棒中每个自由电子都受到洛伦兹力 F_m 的作用，即

$$F_m = (-e)v \times B \tag{11-3}$$

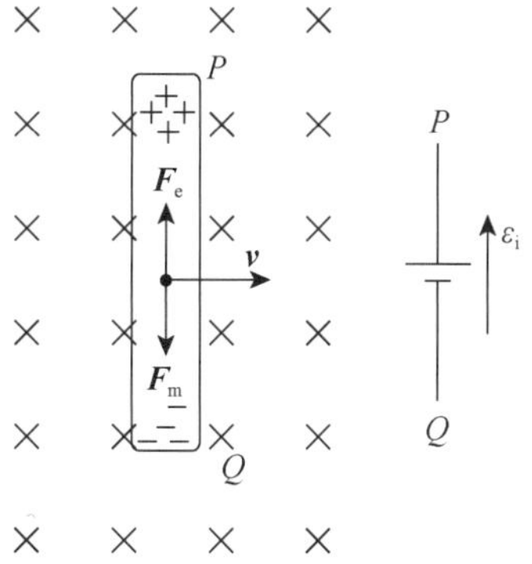

图 11-6 动生电动势

式中，F_m 的方向是由 P 端指向 Q 端。这个力驱使电子由 P 端向 Q 端移动，致使 Q 端积累了负电，而 P 端则积累了正电，这两种电荷在导体中产生了自 P 指向 Q 的静电场，其静电场强度为 E，因此电子还要受一个与洛伦兹力相反的静电力 $F_e = -eE$ 的作用。此静电力随电荷的累积而增大，当静电力的大小增大到洛伦兹力的大小时，PQ 两端保持稳定的电势差。洛伦兹力是使在磁场中运动的导体棒维持恒定电势差的根本原因，即洛伦兹力是非静电力。若以 E_k 表示非静电场强度，则有

$$E_k = -\frac{F_m}{e} = v \times B \tag{11-4}$$

由电动势的定义，可得在磁场中运动的导体棒 PQ 上产生的动生电动势为

$$\varepsilon_i = \int_Q^P E_k \cdot dl = \int_l (v \times B) \cdot dl \tag{11-5}$$

如图 11-6 所示，由于 v、B 和 dl 三者互相垂直，将式(11-5)积分可得

$$\varepsilon_i = \int_l (\boldsymbol{v} \times \boldsymbol{B}) \cdot d\boldsymbol{l} = Bvl$$

计算动生电动势的基本方法通常有以下两种：

（1）根据定义用积分法求解；

（2）用法拉第电磁感应定律求解。

一般来说，对于一段任意形状导线在磁场中平动或直导线在磁场中转动，常用定义式去解；对于闭合线圈在磁场中定轴转动，则直接使用电磁感应定律较为方便。

例 11-1 如图 11-7(a)所示，长为 l 的导线 ab 与一截通有电流 I 的长直导线 AB 共面且相互垂直，当 ab 以速度 $\boldsymbol{v}$ 平行于电流方向运动时，求其上的动生电动势。

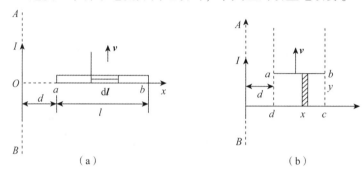

图 11-7 例 11-1 图

解法一： 如图 11-7(a)所示，在导线 ab 上任取 $d\boldsymbol{l}$，$(\boldsymbol{v} \times \boldsymbol{B})$ 的方向沿 b 到 a，$\alpha = \dfrac{\pi}{2}$，

$\theta = \pi$，则有

$$d\varepsilon_i = (\boldsymbol{v} \times \boldsymbol{B}) \cdot d\boldsymbol{l} = vB\sin\alpha\cos\theta dl = -vBdl = -\frac{\mu_0 Iv}{2\pi r}dr$$

导线 ab 上的电动势为

$$\varepsilon_{ab} = \int d\varepsilon_i = -\frac{\mu_0 Iv}{2\pi}\int_d^{d+l}\frac{dr}{r} = -\frac{\mu_0 Iv}{2\pi}\ln\frac{d+l}{d}$$

a 为高电势端，电动势方向由 b 到 a。

解法二： 如图 11-7(b)所示，设想 ab 与另一部分假想的固定轨道 $bcda$ 构成回路 L，L 的绕行方向为 $abcda$，则某时刻通过回路的磁通量为

$$d\Phi_m = \boldsymbol{B} \cdot d\boldsymbol{S} = \frac{\mu_0 I}{2\pi x}ydx$$

$$\Phi_m = \int d\Phi_m = \frac{\mu_0 Iy}{2\pi}\int_d^{d+l}\frac{dx}{x} = \frac{\mu_0 Iy}{2\pi}\ln\frac{d+l}{d}$$

$$\varepsilon_i = -\frac{d\Phi_m}{dt} = -\frac{\mu_0 Iv}{2\pi}\ln\frac{d+l}{d}$$

式中，负号表示电动势与回路绕行方向相反。

例 11-2 一根长度为 L 的导体棒，在磁感应强度为 $\boldsymbol{B}$ 的均匀磁场中，以角速度 ω 在与磁场方向垂直的平面上绕棒的一端 O 做匀速转动，如图 11-8 所示，试求在导体棒两端的感应电动势。

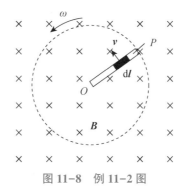

图 11-8　例 11-2 图

解：取 OP 方向为导线的正方向，在导体棒上取极小的一段线元 $\mathrm{d}l$，方向为 OP 方向。线元的运动速度大小为 $v=k\omega$，方向如图 11-8 所示。由于 v、B、$\mathrm{d}l$ 互相垂直，因此 $\mathrm{d}l$ 两端的动生电动势为

$$\mathrm{d}\varepsilon_i = (v \times B) \cdot \mathrm{d}l = -vB\mathrm{d}l = -B\omega l\mathrm{d}l$$

把导体棒看成由许多长度为 $\mathrm{d}l$ 的线元组成，于是导体棒两端之间的动生电动势为各线元的动生电动势之和，即

$$\varepsilon_i = \int_0^L \mathrm{d}\varepsilon_i = \int_0^L -\omega B l \mathrm{d}l = -\frac{1}{2}B\omega L^2$$

式中，负号表示电动势方向与选定方向相反，即方向由 P 指向 O，也可以由 $v \times B$ 确定。此时，O 端积累正电荷而带正电，P 端带负电。

11.3　感生电动势

前面讨论了导体在磁场中的运动，切割磁力线时，导体内会产生动生电动势，其非静电力是洛伦兹力，而当导体回路在磁场中不动时，磁场随时间变化时回路中也将产生感应电动势，称为感生电动势。

现在讨论产生感生电动势的非静电力是什么。显然，它不是洛伦兹力。因为导体没动，导体内载流子没有定向移动。然而，回路中产生了感应电流，说明电荷发生了定向移动。那电荷一定受一种力的作用，这种力不是磁场力，只能是电场力。麦克斯韦针对这个问题给出一个新的观点，他认为变化的磁场在其周围激发了一种电场，这种电场称为感生电场。当闭合导线处在变化的磁场中时，感生电场作用于导体中的自由电荷，从而在导线中引起感生电动势和感应电流。如用 E_i 表示感生电场的电场强度，则当回路固定不动，回路中磁通量的变化全是由磁场的变化所引起时，法拉第电磁感应定律可表示为

$$\oint_L E_i \cdot \mathrm{d}l = -\int_S \frac{\partial B}{\partial t} \cdot \mathrm{d}S \tag{11-6}$$

式(11-6)明确反映出变化的磁场能激发电场。从场的观点来看，无论空间是否有导体回路存在，变化的磁场总是在空间激发电场。麦克斯韦的这个"感生电场"的假说和另一个关于位移电流(即变化的电场激发感生磁场)的假说，都是奠定电磁场理论、预言电磁波存在的重要基础理论。

通过前面的学习可知，自然界中存在着两种以不同方式激发的电场，所激发电场的性质

也截然不同。在静电场中，我们曾讲过由静止电荷所激发的电场是保守场（无旋场），在该场中电场强度沿任意闭合回路的线积分恒等于零，即

$$\oint_L \boldsymbol{E} \cdot d\boldsymbol{l} = 0$$

但是，变化磁场所激发的感生电场沿任意闭合回路的线积分一般不等于零，而是满足式（11-6），说明感生电场不是保守场，其电场线既无起点也无终点，永远是闭合的，像旋涡一样。因此，感生电场又称为涡旋电场。若涡旋电场中存在导体板，导体板上将产生涡旋状电流，常称其为涡电流。由于导体的电阻很小，涡电流会产生很多焦耳热，在生产和生活中有着重要应用，如交流发电机、电子感应加速器、冶炼金属用的高频电磁炉、家用电磁炉等。

11.4　电磁波

11.4.1　位移电流　麦克斯韦方程组

自从 1820 年奥斯特发现电现象与磁现象之间的联系以后，许多科学家对电磁相关理论做了进一步研究，并应用于实践。到了 19 世纪 50 年代，电磁技术有了明显的进步，出现了电流计、电压计、发电机、电动机和弧光灯等电磁设备用于生活和生产领域。这时，在电磁学范围已建立了许多定理、定律和公式。然而，人们迫切地企盼能像经典力学归纳出牛顿运动定律和万有引力定律那样，科学家们也能对众多的电磁学定律进行归纳总结，找出电磁学的基本方程。正是在这种情况下，麦克斯韦总结了从库仑到安培、法拉第以来电磁学的全部成就，提出了有旋电场和位移电流的概念，从而于 1864 年年底归纳出电磁场的基本方程，即麦克斯韦方程组。

1. 位移电流

前面学习的安培环路定理在恒定电流电路中是成立的，而对于非恒定电流电路，这个定理是否仍然适用呢？下面先从电流连续性的问题谈起。在一个不含有电容器的闭合电路中，传导电流是连续的，但在含有电容器的电路中，情况就不同了。无论电容器充电还是放电，传导电流都不能在电容器的两极板之间流过，这时传导电流不连续了。如果取一环路 L，并以此环路为周界作曲面，如图 11-9 所示，会发现 S_1、S_2 两个曲面包围电流不同，S_1 曲面包围传导电流，S_2 曲面不包围电流，使得对同一环路的环流出现了两个不同结果，即在非恒定电流的磁场中，磁感应强度沿回路 L 的环流与如何选取以闭合回路 L 为边界的曲面有关。选取不同的曲面，环流有不同的值。这说明，在非恒定电流的情况下，安培环路定理是不适用的，必须寻求新的规律。在科学史上，解决这类问题一般有两个途径：一是在大量实验事实的基础上提出新概念，建立与实验事实相符合的新理论；二是在原有理论的基础上提出合理的假设，对原有的理论作必要的修正，使矛盾得到解决，并用实验检验假设的合理性。

为了解决对于像电容器这样一类电路中电流不连续的问题，麦克斯韦采用了第二条途径，假设电容器两极板之间仍然有电流流动，这就是位移电流，它是一种假想电流，不同于传导电流。

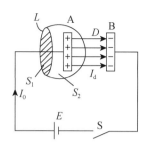

图 11-9 含有电容器的电路中传导电流不连续

麦克斯韦把两板间变化的电场看成电流,并称之为位移电流。非恒定电流通过电容器时,电流以传导电流的形式流入电容器的一个极板 A,然后以位移电流的形式通过两极板之间的空间,再以传导电流的形式从另一极板流出。传导电流与位移电流的总和称为全电流。那么在整个电路中,各个截面的全电流是相同的,因此全电流是连续的。

有了位移电流的概念后,安培环路定理,即式(10-16)可推广为

$$\oint_L \boldsymbol{H} \cdot \mathrm{d}\boldsymbol{l} = \oint_S \left(\boldsymbol{j}_0 + \frac{\partial \boldsymbol{D}}{\partial t} \right) \cdot \mathrm{d}\boldsymbol{S} \tag{11-7}$$

由此式可知,传导电流激发磁场,变化的电场也激发磁场。麦克斯韦位移电流假说的中心思想是:变化着的电场将激发感应磁场。

2. 麦克斯韦方程组

麦克斯韦在静电场和稳恒磁场基础上提出了有旋电场和位移电流这两个假设,前者指出变化磁场要激发有旋电场,后者则指出变化电场要激发有旋磁场。这两个假设揭示了电场和磁场之间的内在联系:存在变化电场的空间必存在变化磁场;同样,存在变化磁场的空间也必存在变化电场。这就是说,变化电场和变化磁场是密切地联系在一起的,它们构成一个统一的电磁场整体。这就是麦克斯韦关于电磁场的基本概念。

麦克斯韦在引入有旋电场和位移电流这两个重要概念后,将静电场的环路定理和磁场的安培环路定理加以修改,得到了适用于一般电磁场的 4 个基本方程,即麦克斯韦方程组

$$\oint_S \boldsymbol{D} \cdot \mathrm{d}\boldsymbol{S} = \int_V \rho \mathrm{d}V \tag{11-8}$$

$$\oint_L \boldsymbol{E} \cdot \mathrm{d}\boldsymbol{l} = -\int_S \frac{\partial \boldsymbol{B}}{\partial t} \cdot \mathrm{d}\boldsymbol{S} \tag{11-9}$$

$$\oint_S \boldsymbol{B} \cdot \mathrm{d}\boldsymbol{S} = 0 \tag{11-10}$$

$$\oint_L \boldsymbol{H} \cdot \mathrm{d}\boldsymbol{l} = \oint_S \left(\boldsymbol{j}_0 + \frac{\partial \boldsymbol{D}}{\partial t} \right) \cdot \mathrm{d}\boldsymbol{S} \tag{11-11}$$

麦克斯韦方程组概括了电磁场的基本性质和规律,构成完整的电磁场理论体系,它不仅是整个宏观电磁理论的基础,而且是许多现代电磁技术的理论基础。

麦克斯韦方程组告诉我们,只要存在变化的磁场,就会激发涡旋电场,而所激发的涡旋电场也是随时间变化的,又反过来激发变化的磁场。换句话说,只要空间有变化的磁场存在,就一定有变化的电场存在;反之亦然。那么,如果设空间某处有一电磁振荡,即有交变的电流或电场存在,由于变化的电场和变化的磁场相互激发,闭合的电场线和磁力线像链条的环节一个个地套下去,在空间传播开来,形成电磁波。

麦克斯韦从方程组推出电磁波的传播速度，与实测的光速完全相同。由此他不仅预见到电磁波的存在，而且大胆地预言"光也是一种电磁波"，从而确立了光的电磁理论。1888 年，赫兹用实验证实了电磁波在空间的传播。很快，电磁波在无线电通信中得到应用，成为现代生活的重要部分。图 11-10 所示为平面电磁波传播示意图。

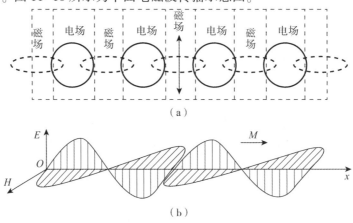

图 11-10　平面电磁波传播示意图

11.4.2　电磁波谱

1. 电磁波的产生

作为电磁波的波源，能够向空间发射电磁波，需要具备以下两个条件：首先，由理论可知，电磁波在单位时间内辐射的能量与频率的 4 次方成正比，频率公式为 $\nu = \dfrac{1}{2\pi\sqrt{LC}}$，那么要想辐射能量强，振荡电路的固有频率就越高越好；其次，需要开放电路，这样才能使电磁场能量脱离电容器和线圈，从而辐射到空间中去。

常用 LC 电路如图 11-11(a) 所示，其固有频率较小，且不是开放结构，可对其进行适当改进，来获得合适的电磁波发射装置。根据平行板电容器电容的计算公式可知，如果要减小电容器的电容，应该减小电容器极板的面积，拉大电容器极板间的距离。同时，为了减小电感，应该减少线圈的匝数。最终 LC 振荡电路就简化成了一根直线，如图 11-11(b)～(d) 所示。这样的电路就是一个振荡电偶极子，以它为波源，能够发出电磁波，向四周的空间传播。实际上，广播电台的天线就相当于一个振荡电偶极子。

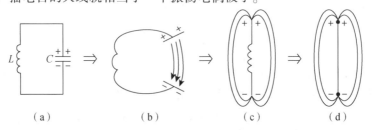

图 11-11　*LC* 电路

2. 电磁波谱

电磁波的范围很广，波长没有上、下限制，从无线电波、红外线、可见光、紫外线到 X

射线和 γ 射线等都是电磁波。它们的本质完全相同，传播速度相同，都是光速，只是波长（或频率）有所不同。由于波长不同，它们有不同的特性，而且产生的方式也各不相同。表 11-1 给出了各种电磁波的波长范围和主要产生方式。

表 11-1 各种电磁波的波长范围和主要产生方式

电磁波谱		真空中的波长	主要产生方式
无线电波	长波	$1\,000 \sim 10\,000$ m	由电子线路中电磁振荡所激发的电磁辐射
	中波	$100 \sim 1\,000$ m	
	短波	$10 \sim 100$ m	
	超短波	$1 \sim 10$ m	
	微波	$6 \times 10^{-4} \sim 1$ m	
红外线		$7.6 \times 10^{-7} \sim 6 \times 10^{-4}$ m	由炽热物体、气体放电或其他光源激发分子或原子等微观客体所产生的电磁辐射
可见光	红	$620 \sim 760$ nm	
	橙	$592 \sim 620$ nm	
	黄	$578 \sim 592$ nm	
	绿	$500 \sim 578$ nm	
	青	$464 \sim 500$ nm	
	蓝	$446 \sim 464$ nm	
	紫	$400 \sim 446$ nm	
紫外线		$10 \sim 400$ nm	
X 射线		$0.01 \sim 10$ nm	用高速电子流轰击原子中的内层电子而产生的电磁辐射
γ 射线		<0.01 nm	由放射性原子衰变时发出的电磁辐射，或高能粒子与原子核碰撞时所产生的电磁辐射

在电磁波谱中，波长最长的是无线电波，它主要应用于通信、导航、无线电广播、电视、雷达以及其他专门用途等。例如，微波炉就是利用无线电波的微波段加热的。由于微波能穿透到介质表面下一定的深度，可使其表、里同时被加热，因此比常规加热方法有效得多。

红外线处于红光的外侧，最常见的用途是取暖和加热；可见光能够被人的眼睛感知，主要用于照明、植物光合作用等；紫外线位于紫光外侧波段，它的主要用途是消毒、杀菌；X 射线又叫伦琴射线，它是德国物理学家伦琴发现的，在医学、晶体结构研究以及金属探伤等方面有广泛的应用；γ 射线波长最短，它能够触发核反应及进行核结构分析，是天体研究以及认识宇宙等的有力工具。

知识扩展

一、细推物理须行乐 力电融合谈守恒

前面介绍了动生电动势的概念、原理和计算方法，实际上，在电磁学当中，电源的电动势定义为：在电源内部，将单位正电荷从电源负极移到正极，在这个过程中非静电力所做的

功，即为该电源的电动势。从这个定义可以看到，电动势在本质上其实是一种功。对动生电动势而言，这种非静电力就是洛伦兹力，洛伦兹力在这里发挥了一个能量转换者的作用，一方面接收外力做功，另一方面驱动电荷运动做功，因此总体上洛伦兹力做功为零。整个过程相当于洛伦兹力将外力所做的功转化为电能，这在本质上是能量的转换与守恒。

说起守恒，我们并不陌生，曾经学习过动量守恒定律、角动量守恒定律、能量守恒定律和电荷守恒定律等，除此之外，还有描述微观粒子状态的宇称守恒等。实际上，这些守恒定律都是关于变化过程的规律，只要某一过程满足一定的条件，就可以不必考虑过程细节，而对系统的始末状态的某些物理量下结论，这是守恒定律的特点和优点。在很多物理过程中，有时我们并不知道过程细节，即使知道也因为太过复杂而难以处理，这时候应用守恒定律就可以使问题大大简化。只有当用守恒定律之后还未能得到想要的结果时，才需要对过程细节进行分析。这就是守恒定律在方法论上的意义。

正是因为守恒定律具有这样的重要意义，科学家们总是千方百计去寻找哪些物理量是守恒的。一旦发现了新的守恒量，人们就去对其进行验证，以确定这个守恒定律的正确性。如果发现这个守恒定律不对，就会对其进行修正和补救，如扩大守恒量的概念、延伸守恒量的意义等，直到这条守恒定律完美为止。实际上，在科学史上每一条守恒定律的提出、完善和推广，都对人类进步产生了巨大的推动作用。

对动生电动势而言，本质上就是将机械能转化为电能的过程，如风力发电、水力发电等。对于水力发电，大家自然会想起我国的三峡工程。三峡水电站是世界上规模最大的水电站，也是中国有史以来建设的最大型的工程项目，始建于1994年，2009年全线竣工，集防洪、发电、航运、水资源利用等功能于一身。实际上，在1919年，伟大的革命先行者孙中山先生就曾提出"自宜昌而上、修建水闸"的想法。1949年以后，毛主席在畅游长江的时候，曾以诗人的浪漫情怀描绘了"截断巫山云雨、高峡出平湖"的壮美景象。此后，经过多番研究论证，三峡水电站于1992年获得批准，1994年正式动工兴建。三峡建设者们以对国家、对历史、对人民高度负责的精神，谱写了世界水利史上的伟大诗篇。

金沙江白鹤滩水电站是我国水力发电工程中的又一杰作，是当今世界在建规模最大、技术难度最高的水电工程。白鹤滩水电站安装16台我国自主研制、全球单机容量最大功率百万千瓦的水轮发电机组，总装机容量1 600万kW，是仅次于三峡水电站的世界第二大水电站，年发电量能够满足约7 500万人一年的生活用电需求，可替代标准煤约2 000万t，相当于向大气中减排二氧化碳约5 200万t。截至2023年10月，白鹤滩水电站已累计发电超1 000亿kW·h，为"西电东送"提供强大支撑。

"西电东送"同"西气东输"、青藏铁路一起被称为我国西部大开发的三大工程项目。我国地大物博、物产丰富，但资源分布不均，煤炭资源、水能资源主要分布在西部和西南部，而经济发达的东部和东南沿海地区则资源相对匮乏。出于整体考虑，我国提出了"西电东送"工程，就是把煤炭、水能资源丰富的西部地区的能源转化成电力资源，输送到电力紧缺的东部沿海地区。这充分体现了我们中华民族的伟大智慧，也体现了社会主义制度集中力量办大事的优越性。

二、雷达、微波通信和光纤通信

1. 雷达通信

雷达是 Radio Detection and Ranging 的缩写 Radar 的音译，即"无线电探测与测距"，是第二次世界大战期间同盟国开发的新技术，利用目标对电磁波的反射或散射现象对目标进行检测、定位、跟踪、成像与识别。雷达是集中了现代电子科学技术各种成就的高科技系统，已成功地应用于地面(含车载)、舰载、机载、星载等方面。

传统雷达的工作波长是 1 m，跟传统雷达相比，毫米波雷达显示出高分辨率、高精度、小天线口径等优越性，为此，它在通信、雷达、制导、遥感技术、射电天文学和波谱学方面都有重大的意义。利用大气窗口的毫米波频率可实现大容量的卫星-地面通信或地面中继通信。利用毫米波天线的窄波束和低旁瓣性能可实现低仰角精密跟踪雷达和成像雷达。在远程导弹或航天器重返大气层时，需采用能顺利穿透等离子体的毫米波实现通信和制导。高分辨率的毫米波辐射计适用于气象参数的遥感。用毫米波和亚毫米波的射电天文望远镜探测宇宙空间的辐射波谱可以推断星际物质的成分。

当然，毫米波也有劣势，雷达应用的主要限制包括：雨、雾和湿雪等高潮湿环境的衰减，以及大功率器件和插损的影响降低了毫米波雷达的探测距离；树丛穿透能力差，相比微波，对密树丛穿透力低；元器件成本高，加工精度相对要求高，单片收发集成电路的开发相对迟缓。

2. 微波通信

微波通信(Microwave Communication)是使用波长在 0.1 mm ~ 1 m 之间的微波进行的通信。微波通信不需要固体介质，当两点间直线距离内无障碍时就可以使用微波通信。我国微波通信广泛应用 L、S、C、X 等频段，K 频段的应用尚在开发之中。一般来说，由于地球表面的影响以及空间传输的损耗，每隔 50 km 左右就需要设置中继站，将电波放大转发而延伸。长距离微波通信干线可以经过几十次中继而传送数千千米仍保持很高的通信质量。对于水灾、风灾以及地震等自然灾害，微波通信一般不会受影响。但微波经空中传送易受干扰，在同一微波电路上不能使用相同频率于同一方向。因此，微波电路必须在无线电管理部门的严格管理之下进行建设。此外，由于微波直线传播的特性，在电波波束方向上不能有高楼阻挡，因此城市规划部门要考虑城市空间微波通道的规划，使之不受高楼的阻隔而影响通信。

微波通信由于其频带宽、容量大，可以用于各种电信业务的传送，如电话、电报、数据、传真以及彩色电视等均可通过微波电路传送。随着人们对其认识的深入，其在医学和商业等领域也开始大展拳脚。

在医学中可应用微波消融术。在微波消融术中，主要依靠偶极分子的旋转来产生热量。水分子是偶极分子并且有不平衡的电荷分布，在微波振荡电场中通过水分子的剧烈运动摩擦生热而导致细胞凝固坏死。当前微波消融术的频率为 2 450 MHz。例如，用于微波聚能凝固灭活肿瘤。

在商业方面应用较多的是无线射频识别(Radio Frequency Identification，RFID)技术，它是一种非接触的自动识别技术，其基本原理是利用射频信号和空间耦合(电感或电磁耦合)或雷达反射的传输特性，实现对被识别物体的自动识别，可以在如下场景中应用。

(1)物流。物流过程中的货物追踪、信息自动采集、仓储应用、港口应用、邮政、快递。

（2）零售。商品的销售数据实时统计、补货、防盗。

（3）制造业。生产数据的实时监控、质量追踪、自动化生产。

（4）服装业。自动化生产、仓储管理、品牌管理、单品管理、渠道管理。

（5）医疗。医疗器械管理、病人身份识别、婴儿防盗。

（6）身份识别。电子护照、身份证、学生证等各种电子证件。

（7）防伪。贵重物品（烟，酒，药品）的防伪、票证的防伪等。

（8）资产管理。各类资产（贵重的或数量大相似性高的或危险品等）的管理。

（9）交通。高速不停车、出租车管理、公交车枢纽管理、铁路机车识别等。

（10）食品。水果、蔬菜、生鲜、食品等的保鲜度管理。

（11）动物识别。驯养动物、畜牧牲口、宠物等识别管理。

（12）图书。书店、图书馆、出版社等应用。

（13）汽车。制造、防盗、定位、车钥匙等应用。

（14）航空。制造、旅客机票、行李包裹追踪等应用。

（15）军事。弹药、枪支、物资、人员、卡车等识别与追踪。

（16）电力。智能电力巡检、智能抄表和电力资产管理。

3. 光纤通信

光纤通信是利用光波在光导纤维中传输信息的通信方式，将光波中携带的信息通过光导纤维的全反射传出去，而微波通信是通过微波的直线发射利用中继站相继地接收并传出去。

光纤通信的原理是：在发送端，首先要把传送的信息（如话音）变成电信号，然后调制到激光器发出的激光束上，使光的强度随电信号的幅度（频率）变化而变化，并通过光纤发送出去；在接收端，检测器收到光信号后把它变换成电信号，经解调后恢复原信息。由于激光具有高方向性、高相干性、高单色性等显著优点，光纤通信中的光波主要是激光，因此又叫作激光光纤通信。

光纤通信是现代通信网的主要传输手段，与以往的电通信相比，光纤通信的优点在于：传输频带宽、通信容量大，比电通信容量大千万倍，在两根光纤上可以传递万路电话，或上千路电视；传输损耗低、中继距离长；线径细、质量小，原料为石英，节省金属材料，有利于资源合理使用；绝缘、抗电磁干扰性能强；抗腐蚀能力强、抗辐射能力强、可绕性好、无电火花、泄露小、保密性强等，可在特殊环境或军事上使用。因此，光纤通信在现代电信网中起着举足轻重的作用。

光纤通信的应用领域很广：主要用于市话中继线，正逐步取代电缆；用于过去主要靠电缆、微波、卫星通信的长途干线通信；用于全球通信网、各国的公共电信网（如中国的国家一级干线、各省二级干线和县以下的支线）；用于高质量彩色的电视传输、工业生产现场监视和调度、交通监视控制指挥、城镇有线电视网、共用天线系统；用于光纤局域网和其他如在飞机内、飞船内、舰艇内、矿井下、电力部门、军事及有腐蚀和有辐射等场所。

我国光纤的发展历史上有两个不能忘记的人，那就是"世界光纤之父"高锟和"中国光纤之父"赵梓森。

高锟出生于上海市金山区。1963 年，在英国攻读伦敦大学博士学位期间，高锟开始了关于玻璃纤维的理论和实用研究。1966 年，高锟在国际电话电报公司任职期间，在《英国电子工程师学会学报》上发表了题为《光频率介质纤维表面波导》的论文，首度提出光导纤维在通信上应用的基本原理，并且描述了长程及高信息量光通信所需绝缘性纤维的结构和材料特性。这篇论文惹来不少争议。玻璃丝能用来通信？当高锟提出用光纤传输代替电的想法时，受到了很多人的质疑，几乎没有人相信世界上存在无杂质的玻璃，更别说用玻璃来代替电了。面对质疑，高锟投入后续的研发工作中，用智慧和努力证实了自己的判断。最终，高锟让论文里的字符公式变成了现实——光纤通信系统问世，他也因此获得"世界光纤之父"美誉。当今互联网发展的道路由此被铺平。然而，2003年，高锟被确诊为脑退化症，行动和认知能力受到很大影响。2009年，76岁高龄的高锟在首次提出光纤通信的40多年后，终于等到了迟来的诺贝尔物理学奖。这一奖项表彰了他"在纤维中传送光以达成光学通信的开拓成就"。1966年7月上述论文被刊出的那一天，也被视为光纤通信的诞生日。

如果回到1966年，当时被质疑声淹没的高锟一定没有想到，就在他发表论文后的第六年，湖北省图书馆里，一位名叫赵梓森的中国科学家从该论文的字里行间找到了对光纤通信技术的信心，并决心投身光纤通信事业。赵梓森在武汉邮电学院(武汉邮电科学研究院前身)提出发展光纤通信，但当时一无资金，二无资料和设备，三无实验室，他就在武汉邮电学院洗手间里做实验。凭着敢于创新、敢拼敢干的精神，经过一次又一次的失败和挫折，赵梓森攻克了一个又一个的技术难关。1976年，赵梓森院士研制出我国第一根实用型石英光纤，他还创立了我国自主光纤通信技术方案，被誉为"中国光纤之父"。他奠定了我国光纤通信技术和产业的基础，首次确定了我国通信发展的正确方向——光纤通信，率先提出了我国光纤通信正确的技术路线，并一直沿用至今。同时，他还创立了从改革开放以来的光通信系统、器件和光纤设计理论体系；首创我国实用化光纤的制作方法和制造装备，成功制造第一批实用化光纤，首创8项光纤通信工程，推动了我国光纤通信实现跨越性的发展，准确把握了我国光纤通信技术发展的方向。如今，中国已经成为世界通信技术顶尖强国，这背后离不开赵梓森院士的辛勤付出，让我们向忘我付出的科技前辈致敬！

思考题

11-1 将一根磁铁插入一个由导线组成的闭合电路线圈中，第一次迅速插入，第二次缓慢地插入。问：(1)两次插入时在线圈中产生的感应电动势是否相同？感生电荷量是否相同？(2)两次手推磁铁的力所做的功是否相同？(3)若将磁铁插入一不闭合的金属环中，在环中将发生什么变化？

11-2 让一块很小的磁铁在一根很长的竖直铜管内下落，若不计空气阻力，试定性说明磁铁进入铜管上部、中部和下部的运动情况，并说明理由。

11-3 一导体圆线圈在均匀磁场中运动，在下列几种情况下哪些会产生感应电流？为什么？

(1)线圈沿磁场方向平移。

(2)线圈沿垂直磁场方向平移。

(3)线圈以自身的直径为轴转动，轴与磁场方向平行。

(4)线圈以自身的直径为轴转动，轴与磁场方向垂直。

11-4 什么叫涡电流？试阐述涡电流在工业生产上的利弊有哪些。

习 题

11-1 有一根长直导线，载有直流电流 I，近旁有一个两条对边与它平行并与它共面的矩形线圈，以匀速 v 沿垂直于导线的方向离开导线，如习题 11-1 图所示。设 $t=0$ 时，线圈位于图示位置，求：(1)在任意时刻 t 通过矩形线圈的磁通量 Φ_m；(2)在图示位置时矩形线圈中的感应电动势 ε_i。

11-2 一根长为 L 的金属细杆 AB 绕竖直轴 O_1O_2 以角速度 ω 在水平面内逆时针旋转，O_1O_2 在离细杆 A 端 $L/5$ 处，如习题 11-2 图所示。若已知均匀磁场平行于 O_1O_2 轴，求 AB 两端间的电势差 $U_A - U_B$。

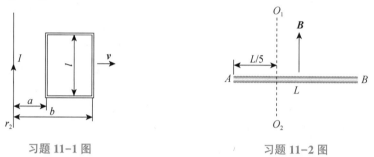

习题 11-1 图　　　　　　　　习题 11-2 图

11-3 两相互平行无限长的直导线载有大小相等、方向相反的电流，长度为 b 的金属杆 CD 与两导线共面且垂直，相对位置如习题 11-3 图所示。CD 杆以速度 v 平行于长直导线运动，求 CD 杆中的感应电动势大小，并判断 C、D 两端哪端电势较高。

11-4 均匀磁场被限制在半径 $R=10$ cm 的无限长圆柱形空间内，方向垂直纸面向里。取一固定的等腰梯形回路 $ABCD$，梯形所在平面的法向与圆柱空间的轴平行，位置如习题 11-4 图所示。设磁感应强度以 $\dfrac{dB}{dt}=1$ T·s^{-1} 的速率匀速增加，已知 $OA=OB=6$ cm，$\theta=\dfrac{\pi}{3}$，求等腰梯形回路 $ABCD$ 感生电动势的大小和方向。

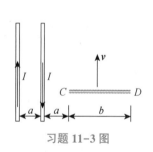　　　　　　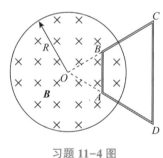

习题 11-3 图　　　　　　　　习题 11-4 图

第十二章
量子力学基础

正如第六章中所提及的，光是同时具有波动性和粒子性的物质。爱因斯坦认为，光是由具有一定能量和动量的粒子所组成的粒子流，这种粒子称为光子或光量子，在真空中以光速 c 传播。光的波粒二象性是人类对于光本质认识的突破性飞跃，亦是量子理论的基础。本章将介绍量子力学的一些基础知识。

第十二章　量子力学基础　思维导图

12.1　普朗克热辐射的能量子理论

固体和液体在任何温度下都在向外发射各种频率的电磁波，同时也在向外发射能量，发射的能量叫辐射能，这种辐射能的大小以及辐射能按波长的分布主要取决于物体的温度，因此称这种辐射为电磁波。此外，物体在任何温度下都会接收外来的电磁波，除一部分反射回外界外，其他部分都被物体所吸收，这就是说，物体在任何时候都同时存在着发射和吸收电磁波的过程。当给铁加热时，随着温度的升高，铁块颜色变得暗红，逐渐转为赤红变黄，最后温度很高时，颜色变为白色。在给铁加热的过程中观察到不同颜色，是因为铁块在不同温度下向外发射了不同波长的电磁波。此外，不同物体在某一频率范围内发射和吸收电磁辐射的能力是不同的。例如，深色物体吸收和发射电磁辐射的能力比浅色物体要强一些。可以证明，对同一个物体来说，若它的某频率范围内发射电磁辐射的能力越强，则它吸收该频率范围内电磁辐射的能力也越强，反之亦然。热辐射作为电磁辐射的一种，是自然界中普遍存在的现象。在一般温度下，物体的热辐射主要处在红外区。人们能看到物体是靠它们反射光，而不是它本身的辐射，只有在非常高的温度下物体才发射可见光。关于热辐射，可总结以下几点内容：

（1）由经典理论，带电粒子的加速运动将向外辐射电磁波；

（2）一切物体都以电磁波的形式向外辐射能量；

（3）物体辐射总能量及能量按波长分布都取决于温度，这种辐射称为热辐射；

（4）这种电磁波形式的辐射能量按波长分布，是不均匀的。

为了定量地描述热辐射能量按波长 λ 的分布，在物理学中引入单色辐射度的概念，其定义是：在单位时间内，从物体表面单位面积发射的波长在 λ 到 $\lambda + \mathrm{d}\lambda$ 范围内的辐射能（辐射功率）$\mathrm{d}E(T)$ 与波长间隔 $\mathrm{d}\lambda$ 的比值，即

$$M(\lambda,\ T) = \frac{\mathrm{d}E(T)}{\mathrm{d}\lambda} \tag{12-1}$$

实验表明，单色辐射度是黑体的热力学温度 T 和波长 λ 的函数，它反映不同温度下物体的辐射能按波长分布的情况，单位为 $W \cdot m^{-2}$。

对各种不同的物体，特别是具有不同颜色和不同粗糙程度表面的物体所辐射的全部波长进行积分，得

$$M(T) = \int_0^\infty M(\lambda, T)\,\mathrm{d}\lambda \tag{12-2}$$

式中，$M(T)$ 为在单位时间内，从温度为 T 的黑体单位面积上所辐射出的各种波长的电磁波能量的总和，称为辐射出射度，简称辐出度。它只是黑体的热力学温度 T 的函数，反映了不同温度下，物体单位面积发射的辐射功率的大小，不仅与温度有关，还与物体本身的性质有关，单位是 $W \cdot m^{-2}$。

当物体向周围辐射能量的同时，也吸收周围物体发射的辐射能。物体吸收电磁辐射的能力随物体而异。将能吸收任何波长的辐射能的物体称为绝对黑体，这是一个完全的吸收体，也是一个理想模型。自然界中真正的黑体是不存在的，即使最黑的烟煤也只能吸收 99% 的入射电磁波的能量。值得注意的是，黑体并不是指黑色的物体。黑体的热辐射只与热力学温度有关。

物理学家提出了一个黑体模型，用不透明的物质围成一个封闭的空腔，在壁上开一小孔，如图 12-1 所示。从外界进入小孔的电磁辐射在腔内壁上被多次反射和吸收，极少有机会再从小孔射出，因此可以将这样一个能完全吸收各种波长的入射电磁波带小孔的空腔视作黑体。

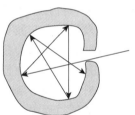

图 12-1　黑体辐射示意图

在一定温度下，黑体空腔壁与其他物体一样，腔壁原子向腔内发射电磁波，也吸收其他原子射来的电磁波，并达到发射和吸收的平衡，这时在腔内由于电磁波的传播和反射，形成一组稳定的电磁驻波，而电磁驻波能量经由小孔逸出，就视为这个黑体模型的热辐射。用分光技术测出它的单色辐射度 $M(\lambda, T)$ 随波长 λ 分布的曲线，如图 12-2 所示，根据这些实验曲线，可得到关于黑体辐射的两个规律。

（1）每条曲线反映了在一定温度下，黑体的单色辐射度随波长的分布情况，每条能谱曲线下的面积应等于黑体的辐出度，且黑体的辐出度随温度的升高而增大。

（2）随温度的升高，曲线的峰值所对应的波长减小，即峰值所对应的波长 λ_m 与温度 T 成反比，其比例关系为

$$\lambda_m T = b \tag{12-3}$$

式（12-3）为维恩位移定律，式中 $b = 2.898 \times 10^{-3}\ m \cdot K$，称为维恩常量。

为了探讨黑体辐射的微观机理，必须从理论上导出图 12-2 所示黑体辐射实验曲线的解析表达式。在 19 世纪末，许多物理学家从经典电磁理论出发，对黑体辐射的波长分布做了大量工作，但他们都未能如愿，反而得到与图 12-2 完全不符的结果。其中，最有代表性的

是维恩、瑞利以及金斯得出的黑体辐射能量分布公式。1894 年，维恩分析实验数据推出了黑体辐射能量分布的经验公式，维恩公式在高频(短波)范围与实验曲线符合得比较好，但在低频(长波)范围则与实验结果不一致；1900 年，瑞利和金斯也导出一个黑体辐射能量公式，即瑞利-金斯公式。该公式在低频(长波)范围与实验结果符合得比较好，但是在高频(短波)范围则完全不符，甚至当 $\lambda \to 0$ 时，$M(\lambda, T)$ 是发散的。当时的物理学家把这种偏离叫作"紫外灾难"。维恩曲线和瑞利-金斯曲线与黑体辐射曲线的比较如图 12-3 所示。

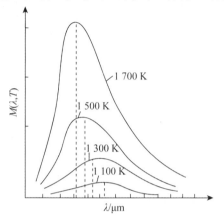

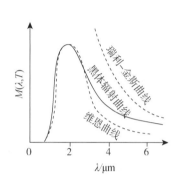

图 12-2　单色辐射度与波长的关系　　图 12-3　维恩曲线和瑞利-金斯曲线与黑体辐射曲线的比较

　　热辐射的经典理论与实验之间的分歧使许多物理学家感到困惑不解。为了对黑体辐射的实验曲线做出合理的解释，解决经典理论所遇到的困难，德国理论物理学家普朗克提出了能量量子化的假设。量子概念的提出，不仅奠定了量子理论的基础，为打开微观世界的大门提供了钥匙，而且打破了经典物理学的"一切过程都是连续的"观点，并把概率的概念引入了物理事件因果关系的描述之中。于是，学界把这一天称为量子理论的诞生日，普朗克也被人尊为"量子理论之父"。

　　1900 年 12 月 14 日，普朗克在德国物理学会的一次会议上宣布了一个令人吃惊的结果，他认为在黑体辐射中所放出的能量不是连续的，而是以一个与辐射频率有关的、称为"能量子"的最小能量单位一份一份发出的。这一概念的提出成功解释了不久前他给出的黑体辐射公式(普朗克公式)，即

$$e_0(\lambda, T) = \frac{2\pi hc^2 \lambda^{-5}}{e^{\frac{hc}{\lambda kT}} - 1}(h = 6.63 \times 10^{-34}\ \text{J} \cdot \text{s}) \tag{12-4}$$

　　普朗克提出了能量量子化的假设，这是与经典物理概念完全不同的新假设：绝对黑体空腔壁中电子的振动可看作一维简谐振子，它不是连续地吸收或发射能量，而是以与振子的频率成正比的能量子($h\nu$)的整数倍来吸收或者发射能量，即

$$E = nh\nu(n = 1, 2, 3\cdots) \tag{12-5}$$

式中，n 为正整数；h 为普朗克常量。在普朗克能量子假设中，h 对所有谐振子都是相同的。普朗克公式圆满地解释了黑体辐射的所有现象和规律，其正确性是任何人都无法否认的。基于能量子假设，普朗克获得了 1918 年诺贝尔物理学奖。这个假设既为解决黑体辐射提供帮助，本质上也脱离了经典物理学的束缚，开创了量子物理学的先河，为接踵而至的新物理现象提供了理论依托。正是在此概念的启发下，爱因斯坦解释了光电效应。

12.2　光电效应　爱因斯坦光子说

　　所谓光电效应，就是指在光的照射下金属表面发射电子的现象。最早观察到光电效应现象的是德国物理学家赫兹。1887 年，赫兹为了证明麦克斯韦电磁场理论，用两套放电电极做电磁波实验，其中一套放电电极用于产生振荡，发出电磁波，另一套充当接收器。为了便于观察，赫兹把接收器用暗箱罩上，结果发现接收器电极间的火花变短了，这一结果说明电极之间的放电会受到光辐射的影响。经过极其细致的观察和分析，赫兹发表了《论紫外光对放电的影响》一文，这是发现光电效应的最早记录。1888年，德国人霍耳瓦克斯用弧光照射带负电的锌板时，发现锌板上的电荷迅速消失，带负电的粒子流离开金属板形成光电流；若锌板带上正电，则不产生光电流。这一研究表明，光电效应是光照射在负电极上放出负电粒子所致。1899 年，J. J. 汤姆孙测定了负电粒子的荷质比，发现这种负电粒子就是电子，由此揭示出光电效应的本质就是由于光照射到金属表面，使金属内部的自由电子获得较大动能，从而挣脱金属束缚从金属表面逃逸的一种现象。

12.2.1　光电效应的
实验规律

12.2.2　光电效应方程

　　德国物理学家勒纳德最早对光电效应进行系统研究。1900 年，勒纳德巧妙地设计了如图 12-4所示的一种仪器，其中，紫外线可透过 B 处的封层照到 U 处，U 为真空中被照射的金属板，从 U 处发出的阴极射线被极板 E 上的小孔分出一束很细的射线，随后，射线撞击在小极板 α 上，α 收集射线所带的负电并由静电计指示辐射的存在。勒纳德使用了不同的金属材料作阴极，在电极间加反向电压，使光电流截止为 0，这时的电压为截止电压 U_α。由反向截止电压可以算出电子逸出金属表面的最大速率 v_m，其关系为

$$eU_\alpha = \frac{1}{2}mv_m^2 \tag{12-6}$$

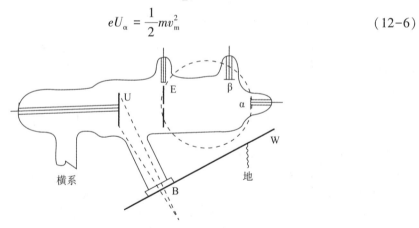

图 12-4　勒纳德光电实验装置

　　实验结果表明，电子逸出金属表面的最大速度与光强无关，当入射光的频率低于某一临界值时，无论光强大小，光照时间长短，都不会产生光电效应；但当光的频率高于这一临界值时，只要光照在金属表面，光电子就立即产生，无须积累时间。归纳起来，光电效应的实验规律如下。

(1)入射光频率一定时，饱和光电流与入射光光强成正比，但反向截止电压与入射光光强无关。

(2)光电子最大初动能与光强无关，仅与入射光的频率有关。这与经典理论相悖，经典理论认为光电子的初动能应取决于入射光的光强，而不取决于光的频率。

(3)存在最低频率(称为截止频率或红限频率)。对于确定的金属材料，当入射光的频率小于红限频率时，无论光强多大，也不会产生光电效应。经典理论认为，电子从光波中吸收能量，达到一定时间就能成为光电子，与红限频率矛盾。

为了解释实验规律，勒纳德在1902年还提出了所谓的触发假设：在光电发射过程中，光的作用只是触发，使原子内部原来就存在的电子运动释放出来。只要光的频率与电子本身旋转的频率一致，电子就可以从原子内部逸走。勒纳德的这一假设，在经典物理理论和他的实验结果之间能找到一个很好的调和方案，这一结论在当时获得好评。实际上，他并没有抓住光电效应的实质，只是解释了部分现象。对此，爱因斯坦大胆地接受了普朗克能量子假设，提出了光量子的概念，对光电效应现象做出了解释：电磁辐射是由以光速 c 运动的局域于空间小范围内的光量子所组成，这种光量子又称为光子。光子的能量和动量为

$$E = h\nu, \quad p = \frac{h}{\lambda} \tag{12-7}$$

光子的能量与光电子最大初动能的关系由爱因斯坦光电效应方程描述

$$h\nu = A + \frac{1}{2}mv_{\mathrm{m}}^2 \tag{12-8}$$

式中，A 为逸出功；$\frac{1}{2}mv_{\mathrm{m}}^2$ 为最大初动能。

具体解释如下：
(1)电子只要吸收一个光子就可以从金属表面逸出，因此无须时间上的累积过程；
(2)光强大，光子数多，释放的光电子也多，因此饱和光电流也大；
(3)入射光子能量=逸出功+光电子最大初动能；
(4)红限频率(对应光电子初动能为0)为 $\nu_0 = A/h$。

爱因斯坦的光子说完美地解释了光电效应现象，此实验表明光不仅具有干涉、衍射等波动性质，而且具有能量等粒子性。另外，康普顿散射实验通过光子和电子的碰撞有力地证明了光子具有一定的动量，适用于碰撞中的动量守恒。

12.3 粒子的波粒二象性 德布罗意物质波

在光的波粒二象性的启示下，根据自然界具有对称性的考虑，德布罗意于1924年大胆提出了物质波假说。他认为，波粒二象性并不是光和电磁辐射所独有的，实物粒子同样具有波粒二象性。正如电磁辐射的一个电子有一个波伴随着它的运动那样，一个实物粒子同样有相应的物质波伴随着它的运动。具有波动性的电磁辐射在某些情况下，会表现出粒子性，而习惯上被当作经典微粒处理的实物粒子在某些情况下也会表现出波动性。在一列单色平面波中，当质量为 m 的自由粒子以速率 v 运动时，从粒子性方面来看，具有能

12.3 德布罗意波

量 E 和动量 p；从波动性方面来看，具有波长 λ 和频率 ν。这些物理量之间的关系与光的光子的能量、动量公式类似，即

$$E = mc^2 = h\nu$$

$$p = mv = \frac{h}{\lambda}$$

式中，h 为普朗克常量。这种波称为德布罗意波，又称为物质波，它反映了体现实物粒子波动性的波长与体现实物粒子粒子性的动量之间的关系。

较早前，玻尔在研究氢原子的分立光谱时，提出了以下关于氢原子的 3 条假设。

(1)电子在原子中，可以在一些特定的圆轨道上运动而不辐射电磁波，这时原子处于稳定状态(简称定态)，并具有一定的能量 E。

(2)当电子从高能量 E_n 的定态轨道跃迁到低能量 E_m 的定态轨道时，便会发射一份电磁辐射，即发射频率为 ν 的光子，其光子的能量为 $h\nu$，它取决于两轨道的能量差，即

$$h\nu = E_n - E_m \tag{12-9}$$

这是玻尔提出的频率条件，又称为辐射条件。若原子从低能态 E_m 跃迁到高能态 E_n，则要吸收一个光子能量 $h\nu$。

(3)电子以速率 v 在半径为 r 的圆周上绕核运动时，只有电子的角动量 L 等于 $\hbar\left(\hbar = \dfrac{h}{2\pi}，\text{约化普朗克常量}\right)$ 的整数倍时，那些轨道才是稳定的，或者说电子轨道的周长等于电子的德布罗意波长的整数倍时，才能形成稳定驻波(图 12-5)，即

$$mvr = n\hbar \, (n = 1，2，3\cdots) \tag{12-10}$$

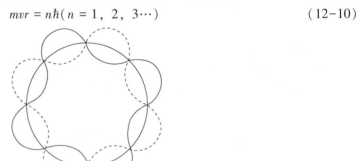

图 12-5　氢原子中形成电子驻波

这是玻尔的角动量量子化条件。式中，$n = 1$，2，3⋯ 称为主量子数。由此式得到的角动量只能取分立值，即角动量是量子化的。德布罗意提出这个假设，一方面是试图把实物粒子与光的理论统一起来；另一方面是为了更自然地去理解微观粒子能量的不连续性，以克服玻尔角动量量子化条件带有人为性质的缺陷。德布罗意指出，可以把原子定态与驻波联系起来，即把粒子能量量子化的问题与有限空间中驻波的波长或频率的离散性联系起来。例如，氢原子中电子绕原子核做稳定的圆周运动，可看成是德布罗意波形成了驻波，其电子所相应的驻波的形状如图 12-5 所示。根据驻波条件，波传播一周后应光滑衔接起来，即要求轨道圆周长是波长的整数倍。于是

$$2\pi r = n\lambda \, (n = 1，2，3\cdots)$$

利用德布罗意关系式，可得角动量为

$$mvr = pr = \frac{h}{\lambda} \frac{n\lambda}{2\pi} = n\hbar \, (n = 1, \ 2, \ 3 \cdots)$$

这正是玻尔角动量量子化条件，而这样从驻波的概念得到就比较自然。因为驻波是不传递能量的，所以是稳定态。虽然从量子力学的观点来看，这种联系还有不确切之处，能处理的问题也很有限，但它的物理图像很有启发性。尽管德布罗意的理论看起来很有道理，而且也能对已有的事实做出合理的解释，但理论是否正确仍然需要实验来判决，最早证明德布罗意物质波假说的是 1927 年戴维森和革末完成的在镍单晶上的电子衍射实验。在戴维森–革末实验里，一个电子枪连续地射出一束电子，以直角角度入射在一个镍晶体（垂直于晶体的表面），如图 12-6 所示。电子枪内部的金属丝，在经过加热后，释放出热受激态电子。这些电子经过位势差的加速，给予了它们动能。在与镍晶体碰撞后，电子会朝各个方向散射出去。使用电子侦测器，可以测量出来电子的散射强度与散射角度的数据关系。在散射角度为 50°的方向，戴维森与革末发现了散射强度极大值，如图 12-7 所示。

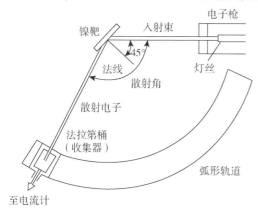

图 12-6　戴维森–革末实验装置示意图

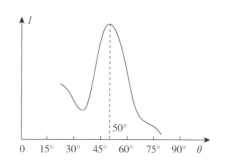

图 12-7　反射电子束强度与反射角之间的关系

这个实验结果不能依据粒子运动来解释，但能用波的干涉来解释。如果认为电子具有波动性，那么按照衍射理论，当电子束以一定角度投射到晶体上时，只有在入射波的波长满足布拉格关系公式时，才能在反射方向上出现强度的极大值，即

$$2d\sin\theta = k\lambda$$

1927 年，G. P. 汤姆孙指出电子束在穿过薄膜时会产生衍射，并独立地详细验证了德布罗意关系。戴维森–革末实验类似于 X 射线实验中的劳厄实验（连续谱中的特殊波长从一大块单晶中的晶面族反射），而 G. P. 汤姆孙实验则类似于德拜的 X 射线粉末衍射法（固定的波长透过大量无规则排列的极小晶体）。G. P. 汤姆孙在实验中用气体放电管产生的阴极射线照射极薄的金属箔，在屏上得到了衍射图样，如图 12-8 所示。有趣的是，G. P. 汤姆孙正是电子的发现者 J. J. 汤姆孙的儿子，父亲因为证实电子是粒子而获诺贝尔

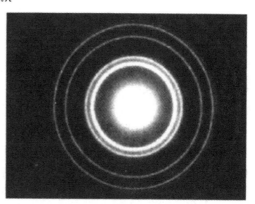

图 12-8　电子晶面衍射图样

奖，而儿子则因为证实电子是波而获诺贝尔奖。此后，人们陆续于干涉和衍射实验中证实，不仅电子，而且质子、中子、原子、分子等实物粒子都具有波动性。这表明，物质波是普遍存在的，微观粒子不论其静止质量是否为零，都具有波粒二象性。

在量子力学的概念中，实物粒子波与经典波是有明显区别的。实物粒子波不代表描述粒子的某一物理量在时空中周期性地变化。它是一种概率波，是粒子在空间各处出现的概率分布呈现的波动表现。概率波只是保留了波具有叠加性这一特征，因此它不是经典波，它是量子波。实物粒子也不是经典粒子，经典粒子在运动过程中有确定的轨道，而实物粒子具有波动性，在同一时刻，它出现在空间不同的位置具有不同的概率——不可能确切地知道它到底出现在哪里，只知道它出现在那里的概率，那么怎么把这种概率描述出来呢？

12.4　波函数的统计解释

经典力学中，粒子的状态由坐标、速度等描述，粒子的运动规律由牛顿第二定律确定，即 $F = ma$，或满足微分方程 $\dfrac{\mathrm{d}^2 v}{\mathrm{d}t^2} - \dfrac{F}{m} = 0$。当已知外力 F，初始条件 $t = 0$，$v = v_0$，$r = r_0$ 时，原则上，由初始条件就可根据上述方程给出质量为 m 的粒子在任意时刻的运动状态。那么，在微观领域，粒子要满足什么方程（规律）才能够确定任意时刻的状态呢？因为微观粒子既有粒子特性又有波动特性，所以不可能再由上述方程决定其运动状态。微观粒子的运动规律应该有新的形式。

12.4　波函数及其
微观解释

量子力学理论指出，沿 x 方向做一维运动的微观粒子，其状态可由波函数 $\varPsi(x, t)$ 来描述。对于自由运动的粒子，波函数形式可以参照机械波波函数的形式改写成复数，即

$$\varPsi(x, t) = A\mathrm{e}^{\mathrm{i}2\pi(vt - x/\lambda)} \tag{12-11}$$

式中，A 是波函数的振幅。一个自由粒子有能量 E 和动量 p，对应的德布罗意波具有的频率和波长为

$$\nu = E/h, \quad \lambda = h/p$$

所以，沿一维方向运动的自由粒子波函数可以写为

$$\varPsi(x, t) = A\mathrm{e}^{\frac{\mathrm{i}}{h}(px - Et)}$$

推广到三维方向，自由粒子的情况为

$$\varPsi(r, t) = A\mathrm{e}^{\frac{\mathrm{i}}{h}(p \cdot r - Et)} \tag{12-12}$$

而物质波的强度为

$$|\varPsi|^2 = \varPsi \cdot \varPsi^* \tag{12-13}$$

为了理解实物粒子的德布罗意波的统计意义，可以从对光的认识入手。对于光的衍射图样，根据光是一种电磁波的观点，在衍射图样的亮处，波的强度大；在衍射图样的暗处，波的强度小。而波的强度与振幅的二次方成正比，因此图样亮处的振幅的二次方比图样暗处的振幅的二次方要大。从统计的观点看，这就相当于说光子到达亮处的概率大于光子到达暗处的概率。因此，微观粒子的物质波是一种概率波。如此说来，由于微观粒子具有波动性，无法准确描述粒子在各时刻的位置，只能说粒子出现在某处有一定的概率。粒子在某处附近出

现的概率密度是与该处物质波的强度成正比的。这是大量粒子形成总分布的一种统计规律。波函数是一种概率波，波函数模的平方 $|\Psi|^2$ 代表时刻 t，在 $r(x, y, z)$ 处单位体积内粒子出现的概率，也称 $|\Psi|^2$ 为概率密度。光子衍射和电子衍射的比较如图 12-9 所示。光子衍射与电子衍射的情况类比如表 12-1 所示。

时刻 t 粒子出现在 r 附近 $\mathrm{d}V$ 体积内的概率为 $|\Psi(r, t)|^2\mathrm{d}V$。

波函数必须满足以下条件：

（1）单值性、连续性、有限性。

（2）归一化条件 $\int_V |\Psi|^2\mathrm{d}V = 1$，即粒子在全空间出现的概率为 1。

（3）适用态叠加原理 $\Psi = a_1\Psi_1 + a_2\Psi_2 + \cdots + a_n\Psi_n$。

波函数不仅把粒子与波统一起来，而且以概率波的形式描述了粒子的运动状态。

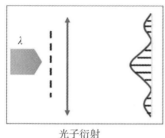
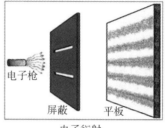

光子衍射　　　　　　　　　电子衍射

图 12-9　光子衍射和电子衍射的比较

表 12-1　光子衍射与电子衍射的情况类比

光子衍射		电子衍射	
$I \propto E_0^2$	$I = Nh\nu \propto N$	$I \propto \|\Psi\|^2$	$I \propto N$
I 取值较大	到达光子数多	I 取值较大	电子到达概率大
I 取值较小	到达光子数少	I 取值较小	电子到达概率小
I 取值为 0	无光子到达	I 取值为 0	电子到达概率为 0

12.5　薛定谔方程

下面建立粒子状态（波函数）随时间、地点变化的方程。需要注意的是，这里只是建立薛定谔方程的思路，而不是其理论推导过程，因为该方程并不是由基本原理推导出的。它的正确性是通过解决实际问题验证出来的。因此，薛定谔方程也是量子力学中的一个基本假设，它是由奥地利物理学家、诺贝尔物理学奖获得者埃尔温·薛定谔提出的。薛定谔在德布罗意物质波的启发下提出薛定谔方程，用以描述微观粒子的运动规律，并建立了微扰的量子理论——量子力学的近似方法，为科学发展做出了杰出贡献，他是量子力学的奠基人之一。

12.5　薛定谔方程

12.5.1 自由粒子的薛定谔方程

我们知道，自由粒子的波函数可以写为 $\Psi(\boldsymbol{r},\ t) = A\mathrm{e}^{\frac{\mathrm{i}}{\hbar}(\boldsymbol{p}\cdot\boldsymbol{r}-Et)}$，对时间和位置求偏导数再结合 $E = \dfrac{p^2}{2m}$ 可得

$$\mathrm{i}\hbar\frac{\partial}{\partial t}\Psi(\boldsymbol{r},\ t) = -\frac{\hbar^2}{2m}\nabla^2\Psi(\boldsymbol{r},\ t) \tag{12-14}$$

式中，$\nabla^2 = \nabla\cdot\nabla = \left(\dfrac{\partial^2}{\partial x^2} + \dfrac{\partial^2}{\partial y^2} + \dfrac{\partial^2}{\partial z^2}\right)$ 称为拉普拉斯算符。式(12-14)是自由粒子满足的薛定谔方程，它的解即 $\Psi(\boldsymbol{r},\ t) = A\mathrm{e}^{\frac{\mathrm{i}}{\hbar}(\boldsymbol{p}\cdot\boldsymbol{r}-Et)}$。

一维情况下，式(12-14)可简化为

$$\mathrm{i}\hbar\frac{\partial}{\partial t}\Psi(x,\ t) = -\frac{\hbar^2}{2m}\frac{\partial^2 x}{\partial x^2}\Psi(x,\ t) \tag{12-15}$$

12.5.2 非自由粒子的薛定谔方程

自由粒子是一种理想状况，实际情况中，微观粒子总是受到力的作用，若力的势能用 $U = U(r,\ t)$ 表示，则此时粒子的能量关系为 $E = \dfrac{p^2}{2m} + U(r,\ t)$，因此自由粒子的薛定谔方程变为

$$\mathrm{i}\hbar\frac{\partial}{\partial t}\Psi(\boldsymbol{r},\ t) = \left[-\frac{\hbar^2}{2m}\nabla^2 + U(r,\ t)\right]\Psi(\boldsymbol{r},\ t) \tag{12-16}$$

式中，$\mathrm{i}\hbar\dfrac{\partial}{\partial t}\rightarrow\hat{E}$ 代表总能量项，称为能量算符；$-\mathrm{i}\hbar\nabla\rightarrow p$ 代表动量项，称为动量算符。同时，有 $(-\mathrm{i}\hbar\nabla)\cdot(-\mathrm{i}\hbar\nabla) = -\hbar^2\nabla^2$。

12.5.3 定态薛定谔方程

所谓定态，就是势场不随时间变化的情况，即 $U(r,\ t) = U(r)$，此时式(12-16)变为定态薛定谔方程

$$\mathrm{i}\hbar\frac{\partial}{\partial t}\Psi(\boldsymbol{r},\ t) = \left[-\frac{\hbar^2}{2m}\nabla^2 + U(r)\right]\Psi(\boldsymbol{r},\ t) \tag{12-17}$$

这种情况下，波函数随位置和时间的变化是独立的，$\Psi(\boldsymbol{r},\ t) = \psi(\boldsymbol{r})f(t)$，代入式(12-17)可得

$$\mathrm{i}\hbar\frac{\partial}{\partial t}[\psi(\boldsymbol{r})f(t)] = \left[-\frac{\hbar^2}{2m}\nabla^2 + U(r)\right][\psi(\boldsymbol{r})f(t)]$$

$$\frac{\mathrm{i}\hbar}{f(t)}\frac{\partial f(t)}{\partial t} = \frac{1}{\psi(\boldsymbol{r})}\left[-\frac{\hbar^2}{2m}\nabla^2 + U(r)\right]\psi(\boldsymbol{r}) \tag{12-18}$$

因此，$\dfrac{\mathrm{i}\hbar}{f}\dfrac{\mathrm{d}f}{\mathrm{d}t} = E$，其解为 $f(t) = C\mathrm{e}^{-\frac{\mathrm{i}E}{\hbar}t}$，那么 $\Psi(\boldsymbol{r},\ t) = \psi(\boldsymbol{r})\mathrm{e}^{-\frac{\mathrm{i}E}{\hbar}t}$ 为定态薛定谔方程的解。

由此可知，薛定谔方程具有以下特点：

（1）薛定谔方程是描述微观粒子运动的基本方程，若 $\psi(\boldsymbol{r})$ 是方程的一个解，则 $\psi(\boldsymbol{r})$ 就对应一个粒子运动的稳定态；

（2）方程的每一个解必有一个相应的能量 E；

（3）由于波函数的单值、有限、连续的要求，能量 E 只能取某些分立值——能级或能带。

下面通过一个例子说明以上特点。

例 12-1　有一维无限深势阱，如图 12-10 所示，求其中粒子的波函数和能量。

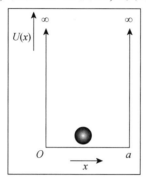

图 12-10　例 12-1 图

解：$U(x) = \begin{cases} 0, & 0 < x < a \\ \infty, & x \leqslant 0, \ x \geqslant a \end{cases}$

对应的薛定谔方程为

$$\left[-\frac{\hbar^2}{2m}\frac{\mathrm{d}^2}{\mathrm{d}x^2} + U(x) \right]\psi(x) = E\psi(x)$$

势阱外有

$$\left[-\frac{\hbar^2}{2m}\frac{\mathrm{d}^2}{\mathrm{d}x^2} + \infty \right]\psi(x) = E\psi(x)$$

由于波函数的有界性，因此 $\Psi(x) = 0$。

势阱内有

$$-\frac{\hbar^2}{2m}\frac{\mathrm{d}^2}{\mathrm{d}x^2}\psi(x) = E\psi(x)$$

令 $k^2 = \dfrac{2mE}{\hbar^2}$，则 $\psi''(x) + k^2\psi(x) = 0$，该微积分的通解为 $\psi(x) = C\sin kx + D\cos kx$。

由波函数自然条件和边界条件可求特定解：

在 $x = 0$ 处，$\psi(0) = 0 \rightarrow D = 0$；

在 $x = a$ 处，$\psi(a) = 0 \rightarrow \sin ka = 0$，$C \neq 0$。

因此，$ka = n\pi(k \neq 0)$，即 $k = \dfrac{n\pi}{a}(n = 1,\ 2,\ 3\cdots)$。

综上，$\psi(x) = C\sin\dfrac{n\pi}{a}x$。

利用归一化条件

$$\int_0^a |\psi(x)|^2 dx = 1$$

可得 $\int_0^a C^2 \sin^2 \dfrac{n\pi x}{a} dx = \dfrac{1}{2} C^2 a = 1$，则

$$C = \sqrt{\frac{2}{a}}$$

$$\psi(x) = \sqrt{\frac{2}{a}} \sin \frac{n\pi}{a} x \quad (n = 1, 2, 3\cdots) \tag{12-19}$$

可以看出，势阱内粒子的波函数，即粒子的状态是不连续的，是量子化的，其量子数为 n。

关于粒子的能量，由 $k^2 = \dfrac{2mE}{\hbar^2}$，$k = \dfrac{n\pi}{a}$，可得

$$E = \frac{\pi^2 \hbar^2}{2ma^2} n^2 \quad (n = 1, 2, 3\cdots) \tag{12-20}$$

由此可以看出，无限深势阱中粒子的能量也是量子化的，相邻两能级之间的间隔为

$$\Delta E = \frac{\pi^2 \hbar^2}{2ma^2}(2n + 1)$$

当 n 增大时，相邻两能级间隔增大；当 a 或 m 增大（宏观尺度）时，能量连续变化，即转化为经典情况。

知识扩展

量子通信

量子通信主要基于量子纠缠态的理论，使用量子隐形传态（传输）的方式实现信息传递。量子通信的过程如下：事先构建一对具有纠缠态的粒子，将两个粒子分别放在通信双方处，将具有未知量子态的粒子与发送方的粒子进行联合测量（一种操作），则接收方的粒子瞬间发生坍塌（变化），坍塌（变化）为某种状态，这个状态与发送方的粒子坍塌（变化）后的状态是对称的，然后将联合测量的信息通过经典信道传送给接收方，接收方根据接收到的信息对坍塌的粒子进行幺正变换（相当于逆转变换），即可得到与发送方完全相同的未知量子态。与量子通信相比，经典通信的安全性和高效性都较差。对于安全性，量子通信绝不会"泄密"，这首先体现在量子加密的密钥是随机的，即使被窃取者截获，也无法得到正确的密钥，因此无法破解信息。另外，分别在通信双方手中具有纠缠态的两个粒子，其中一个粒子的量子态发生变化，另外一方的量子态就会随之立刻变化，并且根据量子理论，宏观的任何观察和干扰，都会立刻改变量子态，引起其坍塌，因此窃取者由于干扰而得到的信息已经破坏，并非原有信息。对于高效性，被传输的未知量子态在被测量之前会处于纠缠态，即同时代表多个状态，如一个量子态可以同时表示 0 和 1 两个数字，7 个这样的量子态就可以同时表示 128 个状态或 128 个数字（0~127）。量子通信的这样一次传送，就相当于经典通信方式速率的 128 倍。可以想象，如果传输带宽是 64 位或者更高，那么效率之差将是惊人的。

2022 年，中国科学技术大学潘建伟院士科研团队与中国科学院大学杭州高等研究院院长王建宇院士团队，通过"天宫二号"和 4 个卫星地面站上的紧凑型量子密钥分发终端，实现了空-地量子保密通信网络的实验演示，相关论文刊登在国际学术期刊《光学》上。

2023 年 6 月，中国科学家将异步匹配技术与响应过滤方法引入量子通信，创造了城际量子密钥率的新纪录——传输距离 201 km 下量子密钥率超过 57 000 bit/s、传输距离 306 km 下量子密钥率超过 5 000 bit/s。

思考题

12-1　普朗克能量子假设的内容是什么？

12-2　怎样理解光的波粒二象性？

12-3　怎样理解微观粒子的波粒二象性？

12-4　波函数的物理意义是什么？

习　题

12-1　波长为 200 nm 的紫外光照射到铝表面，铝的逸出功为 4.2 eV。试求：（1）出射的最快光电子的能量；（2）截止电压；（3）铝的截止波长；（4）入射光光强为 2.0 W·m^{-2} 时，单位时间内打到单位面积上的平均光子数。

12-2　试求波长 $\lambda = 7 \times 10^{-5}$ cm 的红光光子的能量、动量和质量。

12-3　当电子的德布罗意波长与可见光波长（$\lambda = 550$ nm）相同时，它的动能是多少电子伏特？

12-4　粒子在一维无限深势阱中运动，其波函数为

$$\psi_n(x) = \sqrt{\frac{2}{a}} \sin\left(\frac{n\pi x}{a}\right) \quad (0 < x < a)$$

若粒子处于 $n = 1$ 的状态，在 $\left(0, \dfrac{a}{4}\right)$ 区间发现粒子的概率是多少？

习题参考答案

第一章

1-1　$39 \text{ km} \cdot \text{h}^{-1}$

1-2　(1)17.4 s；(2)298 m

1-3　(1) $x^2 + y^2 = 25(\text{SI})$，(2) $\boldsymbol{v} = (10t\cos t^2 \boldsymbol{i} - 10t\sin t^2 \boldsymbol{j})(\text{SI})$

$\boldsymbol{a} = (10\cos t^2 \boldsymbol{i} - 10\sin t^2 \boldsymbol{j}) + (-20t^2)(\sin t^2 \boldsymbol{i} + \cos t^2 \boldsymbol{j})(\text{SI})$

1-4　(1) $\sqrt{y} = \sqrt{x} - 1$；(2) $\boldsymbol{v} = \dfrac{\text{d}\boldsymbol{r}}{\text{d}t} = 2t\boldsymbol{i} + 2(t-1)\boldsymbol{j}$，$\boldsymbol{a} = \dfrac{\text{d}\boldsymbol{v}}{\text{d}t} = 2\boldsymbol{i} + 2\boldsymbol{j}$

1-5　$x(t) = \dfrac{3}{4} - t + 2t^2 - \dfrac{1}{12}t^4$

1-6　(1) $x^2 + y^2 = r^2$，$x = r\sin\dfrac{\omega z}{u}$；(2) $v = \sqrt{r^2\omega^2 + u^2}$；(3) $a = r\omega^2$

1-7　(1) $a = 2.5 \text{ m} \cdot \text{s}^{-2}$；(2) $t = 40 \text{ s}$

1-8　$d = \dfrac{1}{2c}\ln\dfrac{a_0}{a_0 - cv_{\text{d}}^2}$，$t = \dfrac{1}{2\sqrt{ca_0}}\ln\dfrac{\sqrt{a_0} + \sqrt{c}\,v_{\text{d}}}{\sqrt{a_0} - \sqrt{c}\,v_{\text{d}}}$

1-9　$58.7 \text{ m} \cdot \text{s}^{-2}$

1-10　(1) $a = \sqrt{a_{\text{t}}^2 + a_{\text{n}}^2} = \sqrt{b^2 + \left[\dfrac{(v_0 + bt)^2}{R}\right]^2}$，$\theta = \arctan\left(\dfrac{a_{\text{n}}}{a_{\text{t}}}\right) = \arctan\left[\dfrac{(v_0 + bt)^2}{bR}\right]$；

(2) $t = \dfrac{\sqrt{bR} - v_0}{b}$

1-11　(1)452 m；(2) $a_{\text{t}} = 1.88 \text{ m} \cdot \text{s}^{-2}$；$a_{\text{n}} = 9.62 \text{ m} \cdot \text{s}^{-2}$

1-12　(1)$4\pi \text{ rad} \cdot \text{s}^{-2}$；(2)860

1-13　(1) $a_{\text{n}} = 2.30 \times 10^2 \text{ m} \cdot \text{s}^{-2}$，$a_{\text{t}} = 4.8 \text{ m} \cdot \text{s}^{-2}$；(2)3.15 rad；(3)0.55 s

第二章

2-1　$\Delta a = \dfrac{m(a + g)}{m + M}$

2-2　900 m

2-3　(1)3.78×10⁸ J；(2)2.52×10⁶ W

2-4　(1)4×10⁵ N；(2)1.698×10¹⁰ J

2-5　2.92 m

2-6　$141.42 \text{ m} \cdot \text{s}^{-1}$

2-7 $v = v_0 - \dfrac{kt^2}{2m}$; $x = \dfrac{2\sqrt{2}}{3}v_0\sqrt{\dfrac{mv_0}{k}}$

2-8 $\dfrac{1}{2k}$

2-9   (1) $\dfrac{1}{v} = \dfrac{1}{v_0} + \dfrac{k}{m}t$;   (2) $v = v_0 e^{-\frac{k}{m}x}$

2-10 7.9×10^3 m·s^{-1}，地球卫星的运行速度随其距地面高度的增大而减小

2-11 1.8×10^5 Pa

2-12   (1) 1.58×10^{-2} m^3·s^{-1}；(2) 1.5 m

第三章

3-1   (1) $-mv_0\sin\alpha$；   (2) $-2mv_0\sin\alpha$

3-2   (1) 2 N·s, 1 N；(2) 3.04×10^6 N

3-3   (1) 68 N·s；(2) 40 m·s^{-1}

3-4   (1) $v = \dfrac{m}{M+m}v_0$, $p_{\text{木}} = \dfrac{Mm}{M+m}v_0$；   (2) $p_{\text{弹}} = \dfrac{m^2 v_0}{M+m}$；   (3) $I = \dfrac{Mm}{M_0 + m}v_0$

3-5 $\boldsymbol{M}_0 = -40\boldsymbol{k}$, $\boldsymbol{L}_0 = -16\boldsymbol{k}$

3-6   (1) 0, 420 kg·m^2·s^{-1}；(2) 5.33 rad·s^{-1}

3-7 3.03×10^4 m·s^{-1}

3-8   (1) $\boldsymbol{v} = -a\omega\sin(t\omega)\boldsymbol{i} + b\omega\cos(t\omega)\boldsymbol{j}$, $\boldsymbol{a} = -a\omega^2\cos(t\omega)\boldsymbol{i} - b\omega^2\sin(t\omega)\boldsymbol{j}$；
(2) 0；(3) $\boldsymbol{L} = abm\omega\boldsymbol{k}$，角动量守恒

3-9   120 000 J

3-10 $-F_0 R$

3-11 $2F_0 R^2$

3-12   6 000 W

3-13   (1) 98 J；(2) 23 J

3-14 $v = \sqrt{57}$ m·s$^{-1} \approx 7.55$ m·s^{-1}

3-15   (1) 587 m·s^{-1}；(2) 0.002

3-16   (1) $v = \dfrac{3}{5}\sqrt{15}$ m·s^{-1}, $a = 1.5$ m·s^{-2}；   (2) $v = 10$ m·s^{-1}, $a = 1.5$ m·s^{-2}

3-17   5.57 m·s^{-1}

3-18 $\dfrac{k}{2r^2}$

3-19   (1) $E_k = \dfrac{GmM}{6R}$；   (2) $E_p = -\dfrac{GmM}{3R}$；   (3) $E = -\dfrac{GmM}{6R}$

3-20   (1) $W_G = 0.67$ J, $W_T = 0$；(2) $E_k = 0.67$ J, $v = 1.64$ m·s^{-1}；(3) $F_T = 6.34$ N

第四章

4-1 $\dfrac{4}{5}c$

4-2 （1）56.4 m；（2）56.4 m；（3）7.96 m

4-3 7.2 m

4-4 $6\sqrt{5} \times 10^8$ m

4-5 $724.5m_e$

4-6 $V = V_0\sqrt{1 - \dfrac{u^2}{c^2}}$，$\rho = \dfrac{m_0}{V_0}\left(1 - \dfrac{u^2}{c^2}\right)^{-1}$

4-7 $0.005m_0c^2$，$4.896m_0c^2$

第五章

5-1 （1）$\dfrac{\pi}{2}$；（2）$\dfrac{\pi}{3}$

5-2 （1）π；（2）$\dfrac{3}{2}\pi$；（3）$\dfrac{1}{3}\pi$

5-3 （1）运动方程为 $x = 0.1\cos\left(\dfrac{5}{24}\pi t - \dfrac{\pi}{3}\right)$；

（2）点 P 对应的相位是 $\varphi_P = 0$；

（3）到达点 P 的时间 $t = 1.6$ s

5-4 $x = 1.1 \times 10^{-3}\cos\left(400\sqrt{5}\,t - \dfrac{\pi}{2}\right)$

5-5 （1）$A = 0.08$ m；（2）$x = \pm\dfrac{\sqrt{2}}{2}A$；（3）$v = 0.8$ m·s^{-1}

5-6 $x = 0.05\cos\left(2\pi t + \pi - \arctan\dfrac{4}{3}\right)$

5-7 （1）波速与介质的密度、刚度、黏度、固有频率等性质有关，在同一固态介质中，横波和纵波的波速不相同；（2）运动方向如图 1 所示。A 与 E 的相位差为 π、C 与 G 的相位差为 π、A 与 I 的相位差为 2π。

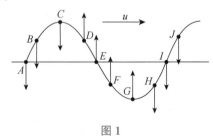

图 1

5-8 （1）在同一介质中，机械波的波长、频率、周期和速度这 4 个量都是不变的；（2）当波从一种介质进入另一种介质中时，机械波的频率和周期是不变的，机械波的波长和速度与介质有关。

5-9 A、B、C、D 的运动方向如图 2 所示，经过 1/4 周期后的波形曲线如图 3 所示。

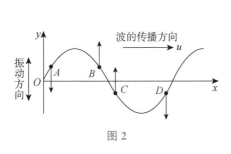

图 2

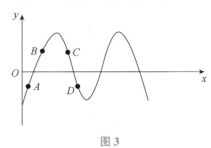

图 3

5-10 （1）$y_p = A\cos\left[\omega\left(t - \dfrac{x}{u}\right) + \varphi\right]$，意义：波的传播是质点的振动相位的传播过程；

（2）波传播的速度是振动状态在介质中的传播速度，而质元的振动速度是质元在其平衡位置附近运动的速度；（3）频率 $\nu = \dfrac{\omega}{2\pi}$，波长 $\lambda = u\dfrac{2\pi}{\omega}$；（4）$y = A\cos\left[\omega\left(t - \dfrac{x}{u}\right)\right] =$

$A\cos\left[2\pi\nu\left(t - \dfrac{x}{u}\right)\right] = A\cos\left[2\pi\left(\nu t - \dfrac{\nu}{u}x\right)\right] = A\cos\left[2\pi\left(\nu t - \dfrac{x}{\lambda}\right)\right] = A\cos\left(2\pi\nu t - kx\right)$

5-11 $r_2 - r_1 = k\lambda$，$\varphi_{21} = 2k\pi$，两点的振动状态相同；

$r_2 - r_1 = (2k + 1)\lambda/2$，$\varphi_{21} = (2k + 1)\pi/2$，两点的振动状态相反。

第六章

6-1 $\Delta x = 3 \times 10^{-3}$ m

6-2 $\lambda = 625$ nm

6-3 9.96×10^{-8} m

6-4 （1）$\tan\theta = 4 \times 10^{-10}$；（2）$l = 7.9$ m

6-5 $\lambda = 600$ nm

6-6 暗纹

6-7 $\lambda = 0.567 \times 10^{-6}$ m，绿色

6-8 产生 135 个明环

6-9 （1）$\lambda_1 = 2\lambda_2$；（2）λ_1 的任一 k_1 级暗纹都有 λ_2 的 $2k_1$ 级暗纹与之重合

6-10 600～760 nm

6-11 $\Delta x = 5 \times 10^{-3}$ m

6-12 （1）2.4×10^{-6} m；（2）0.8×10^{-4} cm；（3）$k = 0$，± 1，± 2

6-13 （1）3.36×10^{-6} m；（2）420 nm

6-14 （1）中央明纹宽度 $\Delta x = 0.6$ m；（2）有 $k' = 0$，± 1，± 2 这 5 个主极大

6-15 22.5°

6-16 （1）通过第一个偏振片后的光强 $I_1 = \dfrac{3}{4}I_0$，通过第二个偏振片后的光强 $I_2 = \dfrac{3}{16}I_0$；

（2）通过第一个偏振片后的光强 $I_1 = I_0/2$，通过第二个偏振片后的光强 $I_2 = \dfrac{1}{8}I_0$

第七章

7-1　$p_2 = 4.43 \times 10^5\,\text{Pa}$

7-2　1.6 kg

7-3　$5.65 \times 10^{-21}\,\text{J}$，$7.72 \times 10^{-21}\,\text{J}$，$7.73 \times 10^3\,\text{K}$

7-4　$2.67 \times 10^5\,\text{Pa}$，400 J，193.2 K

7-5　平动动能为 3 739.5 J，转动动能为 2 493 J，内能为 6 232.5 J

7-6　$1.013 \times 10^5\,\text{J}$

第八章

8-1　$\Delta E = -100\,\text{J}$，温度降低

8-2　吸收的热量为 $1.5 \times 10^6\,\text{J}$，做的功为 $1.5 \times 10^6\,\text{J}$

8-3　（1）$W = 2.72 \times 10^3\,\text{J}$；（2）$W = 2.2 \times 10^3\,\text{J}$

8-4　（1）$\eta = 25\%$；（2）$W = 1\,000\,\text{J}$

8-5　（1）$T_C = 100\,\text{K}$，$T_B = 300\,\text{K}$；（2）$A \rightarrow B$：$W_1 = 400\,\text{J}$；$B \rightarrow C$：$W_2 = -200\,\text{J}$；$C \rightarrow A$：$W_3 = 0$；（3）整个循环过程中气体所做总功为 $W = 200\,\text{J}$，因此吸收的总热量为 $Q = 200\,\text{J}$。

8-6　（1）$Q_1 = 5.34 \times 10^3\,\text{J}$；（2）$W = 1.34 \times 10^3\,\text{J}$；（3）$Q_2 = 4.00 \times 10^3\,\text{J}$

8-7　（1）热机效率增加了 3.85%；（2）热机效率增加了 14.3%，计算结果表明，从理论上来说，降低低温热源温度可以获得更高的热机效率。而实际上，所用低温热源往往是周围的空气或流水，要降低它们的温度是困难的，所以，提高高温热源的温度来获得更高的热机效率是更为有效的途径。

8-8　$0.205\,7\,\text{kJ} \cdot \text{K}^{-1}$

第九章

9-1　$q = \dfrac{Q}{2}$

9-2　（1）小球受到向右的电场力，小球带正电；（2）$q = 3.01 \times 10^{-6}\,\text{C}$；（3）$F_T \approx 0.05\,\text{N}$

9-3　（1）$F \approx 10^{-8}\,\text{N}$，方向向左；（2）$E = \infty$；（3）$E \approx 100\,\text{N/C}$；（4）$E_M > E_N$

9-4　$E = \dfrac{\lambda R}{2\pi \varepsilon_0 R^2}$，方向向右

9-5　$\Phi_{OABC} = 0$，$\Phi_{FGBC} = 300b^2$，$\Phi_{OAED} = -300b^2$，$\Phi_{ABEF} = 200b^2$，$\Phi_{OCDG} = -200b^2$，$\Phi_{DEFG} = 0$

9-6　（1）$E_5 = 0$，$E_{10} \approx 4 \times 10^3\,\text{N/C}$，$E_{50} \approx 9 \times 10^2\,\text{N/C}$；（2）不连续

9-7　（1）$E = \dfrac{kb^2}{4\varepsilon_0}$，平板外两侧电场强度大小处处相等、方向垂直于平面且背离平面；

（2）$E' = \dfrac{k}{2\varepsilon_0}\left(x^2 - \dfrac{b^2}{2}\right)$；（3）$\dfrac{x}{\sqrt{2}}$

9-8 $r < R_1$，$E_1 = 0$；$R_1 < r < R_2$，$E_2 = \dfrac{\lambda_1}{2\pi\varepsilon_0 r}$；$r > R_2$，$E_3 = \dfrac{\lambda_1 + \lambda_2}{2\pi\varepsilon_0 r}$

9-9 $-\dfrac{q}{6\pi\varepsilon_0 l}$

9-10 $\dfrac{\lambda}{4\varepsilon_0}(2\ln 2 + \pi)$

9-11 $\dfrac{1}{4\pi\varepsilon_0 r}\left(\dfrac{1}{r} - \dfrac{1}{a} + \dfrac{1}{b}\right) + \dfrac{Q}{4\pi\varepsilon_0 b}$

9-12 （1）球壳 B 内表面所带电量为-3.0×10^{-8} C，球壳 B 外表面所带电量为5.0×10^{-8} C，球 A 的电势为5.6×10^3 V，球 B 的电势为4.5×10^3 V；（2）球 A 所带电量为2.2×10^{-8} C，球 B 壳内表面带电量为-2.21×10^{-8} C，球 B 壳外表面带电量-0.9×10^{-8} C，球 A 电势为 0，球壳 B 的电势为-7.92×10^2 V

9-13 $U_1 - (U_1 - U_2)\dfrac{\ln(r/R_1)}{\ln(R_2/R_1)}$

9-14 （1）壳层内、外表面的电量分别是 $-q$、$Q+q$；（2）$U_B = \dfrac{Q+q}{4\pi\varepsilon_0 R_2}$，$U_A = \dfrac{q}{4\pi\varepsilon_0 R} - \dfrac{q}{4\pi\varepsilon_0 R_1} + \dfrac{q+Q}{4\pi\varepsilon_0 R_2}$

9-15 $\sigma_1 = \sigma_4 = \dfrac{Q_A + Q_B}{2S}$，$\sigma_2 = -\sigma_3 = \dfrac{Q_A - Q_B}{2S}$

第十章

10-1 $R_1 = 3R_2$

10-2 (a) $B = \dfrac{1}{4}\dfrac{\mu_0 I}{2R}$，方向垂直纸面向外；(b) $B = \dfrac{\mu_0 I}{2\pi R} - \dfrac{\mu_0 I}{2R}$，方向垂直纸面向外；

(c) $B = \dfrac{\mu_0 I}{2\pi R} + \dfrac{\mu_0 I}{2R}$，方向垂直纸面向外

10-3 $B = 0$

10-4 $\dfrac{\mu_0 I l}{2\pi}\ln\dfrac{d_2}{d_1}$

10-5 $-B\pi R^2\cos\alpha$

10-6 （1）$B = \mu_0 I\dfrac{r}{2\pi R_2^2}$，逆时针方向；（2）$B = \dfrac{\mu_0 I}{2\pi r}\left(1 - \dfrac{r^2 - R_2^2}{R_3^2 - R_2^2}\right)$，逆时针方向；

（3）$B = 0$

第十一章

11-1 （1）$\dfrac{\mu_0 I l}{2\pi}\ln\dfrac{b+vt}{a+vt}$；（2）$\dfrac{\mu_0 I l v(b-a)}{2\pi ab}$，顺时针方向

11-2 $-\dfrac{3}{10}B\omega L^2$

11-3　$\dfrac{\mu_0 Iv}{2\pi}\ln\dfrac{2(a+b)}{2a+b}$，$D$ 端电势较高

11-4　-3.68×10^{-3} V，逆时针方向

第十二章

12-1　(1)2 eV；(2)2 V；(3)295.2 nm；(4)2.02×10^{18} m^{-2} · s^{-1}

12-2　2.84×10^{-19} J，9.47×10^{-28} kg · m · s^{-1}，3.16×10^{-36} kg

12-3　5.0×10^{-6} eV

12-4　0.091

参 考 文 献

[1]张三慧. 大学物理学[M]. 3 版. 北京：清华大学出版社，2009.

[2]王晓鸥. 大学物理概论[M]. 北京：高等教育出版社，2013.

[3]王少杰，顾牡，吴天刚. 新编基础物理学[M]. 3 版. 北京：科学出版社，2019.

[4]王少杰，顾牡，王祖源. 大学物理学[M]. 5 版. 北京：高等教育出版社，2017.

[5]王少杰，顾牡，毛骏健. 大学物理学[M]. 上海：同济大学出版社，2002.

[6]东南大学等七所工科院校. 物理学[M]. 7 版. 马文蔚，周雨青，解希顺，改编. 北京：
高等教育出版社，2020.

[7]程守洙，江之永. 普通物理学[M]. 8 版. 北京：高等教育出版社，2023.

[8]王磊. 大学物理学(上册)[M]. 2 版. 北京：高等教育出版社，2017.

[9]白晓明. 飞行特色大学物理(上册)[M]. 3 版. 北京：机械工业出版社，2020.

[10]杨建华，戴兵，秦玉明. 大学物理[M]. 苏州：苏州大学出版社，2016.

[11]周军. 大学物理[M]. 2 版. 北京：国防工业出版社，2015.

[12]李士军. 大学物理[M]. 北京：中国农业出版社，2006.

[13]樊亚萍. 大学物理学[M]. 西安：西安交通大学出版社，2015.

[14]张汉壮. 力学[M]. 4 版. 北京：高等教育出版社，2019.

[15]漆安慎，杜婵英. 普通物理学教程：力学[M]. 3 版. 北京：高等教育出版社，2012.

[16]周衍柏. 理论力学教程[M]. 3 版. 北京：高等教育出版社，2009.

[17]李椿，章立源，钱尚武. 热学[M]. 3 版. 北京：高等教育出版社，2016.

[18]马文蔚. 物理学原理在工程技术中的应用[M]. 2 版. 北京：高等教育出版社，2001.

[19]嘉红霞. 工程应用物理[M]. 上海：上海科学技术出版社，2017.

[20]赵峥. 物理学与人类文明十六讲[M]. 北京：高等教育出版社，2016.

[21]郭奕玲. 物理学史[M]. 北京：清华大学出版社，1993.

[22]弗·卡约里. 物理学史[M]. 戴念祖，译. 桂林：广西师范大学出版社，2002.

[23]卢鹤绂. 哥本哈根学派量子论考释[M]. 上海：复旦大学出版社，1984.

[24]费曼，莱顿，桑兹. 费曼物理学讲义[M]. 郑永令，华宏鸣，吴子仪，等，译. 上海：
上海科学技术出版社，2020.

[25]扬，费里德曼. 西尔斯当代大学物理[M]. 11 版. 邓铁如，徐元英，孟大敏，等，改
编. 北京：机械工业出版社，2018.

[26]ERIC MAZUR. Principles and Practice of Physics[M]. London：Pearson Education Limited，
2015.

[27]SERWAY R A，JEWETT J W. Physics for Scientists and Engineers with Modern Physics[M].
6 th. Pacific Grove：Brooks Cole，2003.